Über die allgemeine, die spezielle und die allgemeinspezielle Relativitätstheorie

Dr. rer. pol. Erik Kolek

Über
die allgemeine,
die spezielle
und die
allgemeinspezielle
Relativitätstheorie

Chroniken der Wirtschaftsinformatik-Physik (CWIP)

Band 1, Auflagen-Nr. 1.1

2024

Impressum

Kolek, Erik (2024). Über die allgemeine, die spezielle und die allgemeinspezielle Relativitätstheorie. In: *Chroniken der Wirtschaftsinformatik-Physik (CWIP)*. Band 1, Auflagen-Nr. 1.1. ISBN: 9783759735935.

Vorwort

In diesem Buch geht es um die inhaltliche Beschreibung der speziellen und allgemeinen Relativitätstheorie von Albert Einstein. Darauf folgt eine Ableitung einer ergänzenden vervollständigten Relativitätstheorie, die in diesem Werk als allgemeinspezielle Relativitätstheorie bezeichnet wird. Es handelt sich bei diesem Buch insgesamt um eine allgemeinverständliche Abhandlung im Fachbereich Wirtschaftsinformatik auf der einen Seite und Physik auf der anderen Seite. Es findet also eine ganzheitliche Betrachtung der Relativitätstheorie statt. Die Struktur der Inhalte wurde entsprechend der Ableitung neu dargestellt, diese beginnt bei der allgemeinen und speziellen Relativitätstheorie von Albert Einstein und endet bei der allgemeinspeziellen Relativitätstheorie von Erik Kolek. Bei allen Theorien steht als Bestandteil immer das Gesetz der konstanten Lichtgeschwindigkeit c im Vordergrund der physikalischen Betrachtung. Das vorliegende Buch richtet sich an die Allgemeinheit der Leserinnen und Leser.

Das Ursprungswerk „Über die spezielle und die allgemeine Relativitätstheorie" wurde 1916 von Albert Einstein verfasst und erst ein Jahr darauf veröffentlicht. Seither hat Albert Einstein an den Inhalten des Ursprungswerks nur den Anhang nach den Aufnahmen der Sonnenfinsternis vom 29. Mai 1919 verändert, weil diese Momentaufnahmen eines bewegten Körpers seine allgemeine Relativitätstheorie bestätigten. Da es sich bei dem vorliegenden Buch um eine erweiterte (all)gemeinverständliche Abhandlung im Fachgebiet Wirtschaftsinformatik-Physik handelt, wird in diesem Buch daher ein Nachdruck aus dem Jahr 2009 und auch nur diese eine Referenz von Albert Einstein zitiert.

Dieses Buch ermöglicht eine einfache und trotzdem genaue Einführung in die allgemeine und die spezielle Relativitätstheorie von Albert Einstein und in die allgemeinspezielle Relativitätstheorie von Erik Kolek. Zum Verstehen dieses Buches werden grundlagenbasierte Kenntnisse über die Mathematik der theoretischen Physik

Kolek, Erik (2024). Über die allgemeine, die spezielle und die allgemeinspezielle Relativitätstheorie. In: *Chroniken der Wirtschaftsinformatik-Physik (CWIP)*. Band 1, Auflagen-Nr. 1.1. ISBN: 9783759735935.

benötigt, da die Inhalte basierend auf einer allgemein wissenschaftlichen und philosophischen Anschauung über diese Relativitätstheorie beschrieben werden.

Das Wissen von Albert Einstein wird zusätzlich leicht verständlich mittels supersymmetrischer und relativistischer Modellierung und Visualisierung vermittelt. Die modellbasierte Repräsentation des Universums als auch von Ausschnitten davon ermöglicht es Leserinnen und Leser, unabhängig davon ob er oder sie ein Studium der Physik absolviert hat, die mehrdimensionale Denkweise von Albert Einstein besser nachzuvollziehen. Aufgrund dieser notwendigen subjektiven deduktiven Denkweise muss die inhaltliche Struktur der Arbeit von Albert Einstein beachtet werden, damit keine inhaltlichen Änderungen entstehen können und da das Ziel dieses Buches ist, die allgemeine und die spezielle Relativitätstheorie nochmals allgemein verständlich und ergänzend dazu möglichst vereinfacht zu vermitteln. Darauf aufbauend wird eine weitere, vervollständigte also eine erweiterte Relativitätstheorie eingeführt, die einfach mittels supersymmetrischer und relativistischer Modellierung und Visualisierung zu finden ist und neue allgemeinspezielle Anschauungen hinsichtlich des gesamten Universums ermöglicht.

Alternative Matrix. Die in diesem Buch strukturierten Inhalte gleichen einer Ableitung von der allgemeinen, über die spezielle hin zur allgemeinspeziellen Relativitätstheorie. Falls die Leserinnen und Leser eine andere Gedankenmatrix nach der Entstehung der Zusammenhänge erfahren möchten, so empfehle ich für die Reihenfolge des Lesens eine klassische Gestaltung dieser Abhandlung nach Albert Einstein: Dritter Abschnitt: Über die spezielle Relativitätstheorie, Zweiter Abschnitt: Über die allgemeine Relativitätstheorie, Erster Abschnitt: Über die Grundlagen der allgemeinen und der speziellen Relativitätstheorie, Vierter Abschnitt: Über die allgemeinspezielle Relativitätstheorie, und schließlich Fünfter Abschnitt: Anhang.

Abstrakter Lesehinweis: Die teilweise langen Inhaltssätze beschreiben jeweils eine für das Verständnis notwendige bildliche Vorstellung, daher sind die Leserinnen und Leser dazu aufgefordert diese Folgerungen mit etwas Geduld und Fleiß zu lesen.

Kolek, Erik (2024). Über die allgemeine, die spezielle und die allgemeinspezielle Relativitätstheorie. In: *Chroniken der Wirtschaftsinformatik-Physik (CWIP)*. Band 1, Auflagen-Nr. 1.1. ISBN: 9783759735935.

Mai 2024.   Dr. rer. pol. Erik Kolek, Diplom-Betriebswirt (FH), M.A., M.Sc.

Kolek, Erik (2024). Über die allgemeine, die spezielle und die allgemeinspezielle Relativitätstheorie. In: *Chroniken der Wirtschaftsinformatik-Physik (CWIP)*. Band 1, Auflagen-Nr. 1.1. ISBN: 9783759735935.

Inhaltsverzeichnis

Kolek, Erik (2024). Über die allgemeine, die spezielle und die allgemeinspezielle Relativitätstheorie. In: *Chroniken der Wirtschaftsinformatik-Physik (CWIP)*. Band 1, Auflagen-Nr. 1.1. ISBN: 9783759735935.

Kolek, Erik (2024). Über die allgemeine, die spezielle und die allgemeinspezielle Relativitätstheorie. In: *Chroniken der Wirtschaftsinformatik-Physik (CWIP)*. Band 1, Auflagen-Nr. 1.1. ISBN: 9783759735935.

Kolek, Erik (2024). Über die allgemeine, die spezielle und die allgemeinspezielle Relativitätstheorie. In: *Chroniken der Wirtschaftsinformatik-Physik (CWIP)*. Band 1, Auflagen-Nr. 1.1. ISBN: 9783759735935.

Kolek, Erik (2024). Über die allgemeine, die spezielle und die allgemeinspezielle Relativitätstheorie. In: *Chroniken der Wirtschaftsinformatik-Physik (CWIP)*. Band 1, Auflagen-Nr. 1.1. ISBN: 9783759735935.

Erster Abschnitt: Über die Grundlagen der allgemeinen und der speziellen Relativitätstheorie

1 Verständliche Ableitung (Deduktion) der Transformation nach Lorentz

Wenn die relative Ausrichtung von zwei Koordinatensystemen (Bezugssystemen) anhand einer Achse (hier X-Achse) beständig aufeinander liegt, dann lässt sich diese Ausrichtung als Problem klären (bzw. lösen), dadurch dass zuerst lediglich Punktereignisse untersucht werden, welche auf der jeweiligen Achse (hier X-Achse) befindlich existieren (Abbildung 1 und 20) (Einstein, 2009). Dieser Punkt existiert hinsichtlich des Bezugssystems K mittels der Horizontalen x sowie der Systemzeit t, hinsichtlich K' sind das x' sowie t', die abgeleitet werden können, falls x sowie t bekannt vorliegen (Einstein, 2009).

Für mehr Details hinsichtlich der verständlichen Ableitung der Lorentz-Transformation sei auf das Ursprungswerk von Albert Einstein (2009) verwiesen (Abschnitt Referenz).

Für x' und t' ergeben sich die Gleichungen (1) und (2) hinsichtlich eines Lichtstrahls, der sich seitlich auf der nicht-negativen X'-Achse des Koordinatensystems K' mit der Lichtgeschwindigkeit c relativ hinsichtlich K bewegt (Einstein, 2009).

(1) $x' = ax - bct$ (Raumgleichung für K') (Einstein, 2009)

(2) $t' = at - \frac{bx}{c}$ (Zeitgleichung für K') (Einstein, 2009)

Für einen Startpunkt des Lichtstrahls hinsichtlich K' existiert stets x' = 0 und für jede weitere Lichtpunktbewegung in dieselbe Richtung x' = 1, 2, 3 usw., demnach gilt nach der Gleichung (1) nun (3) und (4), die zu (5) führt, da $\frac{bc}{a}$ der Systemgeschwindigkeit v pro Zeiteinheit t bzw. t' von K bzw. K' entspricht (Einstein, 2009). Die Raumgleichung für K' (1) lässt sich auch wie die Gleichung (3) schreiben, analog die Gleichung (4) für die Koordinaten des Bezugssystems K (Einstein, 2009).

Kolek, Erik (2024). Über die allgemeine, die spezielle und die allgemeinspezielle Relativitätstheorie. In: *Chroniken der Wirtschaftsinformatik-Physik (CWIP)*. Band 1, Auflagen-Nr. 1.1. ISBN: 9783759735935.

(3) $x' = \frac{x}{a} + \frac{bc}{a} t'$ (Lichtkörperbewegung in K relativ hinsichtlich K') (Einstein, 2009).

(4) $x = \frac{x\prime}{a} + \frac{bc}{a} t$ (Lichtkörperbewegung in K' relativ hinsichtlich K) (Einstein, 2009).

Wird nun in (3) x' oder in (4) x = -1, -2, -3 usw. gesetzt, also die entgegengesetzte Richtung für die Lichtpunktbewegung auf der nicht-positiven X'- bzw. X-Achse ausgewählt, so bleibt auch in diesem Modellszenario die Systemgeschwindigkeit v pro Zeiteinheit t bzw. t' von K und K' konstant, obwohl sich die Zeit in Form des Lichtstrahls zurückbewegt pro Ereignisfoto (Momentfoto) (Einstein, 2009).

Nach der Meinung des Autors ist die von Albert Einstein (2009) beschriebene Lichtausbreitung am einfachsten zu verstehen, wenn sich die Leser einen Film eines bewegten Körpers von zwei verschiedenen Orten vorstellen; von beiden Orten werden Aufnahmen pro Zeiteinheit gemacht, also derselbe Film gedreht. Dieser Film eines Körpers aus dem Universum kann vor und zurück von den Lesern angeschaut werden, beispielsweise ein Film über die Sonnenbewegung. Hierzu könnte die eine Gruppe von Lesern ihre übereinstimmende Filmversion vom Planet Merkur aus aufnehmen und die zweite Gruppe von Lesern bleibt Zuhause auf der Erde. Beide Gruppen würden also den Sonnenaufgang betrachten, die erste Gruppe sieht scheinbar im Vergleich zur zweiten Gruppe von Lesern eine größere Sonne, trotzdem beobachten alle Leser dieselbe Körperbewegung stets pro Zeiteinheit in ihrem jeweiligen Bezugssystem. Dadurch wird die Geschwindigkeit des betrachteten Körpers durch beide Versionen eines gleichzeitig aufgenommenen Films exakt bestimmbar; dafür nutzt Albert Einstein (2009) (hinsichtlich eines winzigen Lichtkörpers) die Lorentz-Transformation.

Die in beiden Systemen vorhandene Geschwindigkeit kann demnach nach b umgeformt werden, das wie zuvor erläutert zur Gleichung (5) führt, in der die Gleichung (6) in einem zweiten Schritt bereits integriert wurde.

Kolek, Erik (2024). Über die allgemeine, die spezielle und die allgemeinspezielle Relativitätstheorie. In: *Chroniken der Wirtschaftsinformatik-Physik (CWIP)*. Band 1, Auflagen-Nr. 1.1. ISBN: 9783759735935.

$$(5)\ b = \frac{av}{c} = \frac{\sqrt{1-\frac{v^2}{c^2}}\,v}{c} \quad \text{(Einstein, 2009)}$$

$$(6)\ a = \frac{1}{\sqrt{1-\frac{v^2}{c^2}}} \quad \text{(Einstein, 2009)}$$

Die Gleichung (6) lässt sich aufgrund des Relativitätsgrundsatzes von Albert Einstein (2009) bestimmen (Abschnitt 6 und 25), das bedeutet ableiten, indem eine zurückgelegte Strecke (Entfernung) der Lichtausbreitung von K aus relativ hinsichtlich K' mithilfe eines unbeweglichen Teststabs beurteilt wird; dieser Weg des Lichts muss von K' aus relativ hinsichtlich K gleich lang sein, wenn hierfür derselbe unbewegliche Maßstab genutzt wird. Albert Einstein (2009) beginnt daher damit sich Ereignisse von K aus auf der X'-Achse (klar) verständlich zu machen, er und seine Leser benötigen hierfür lediglich ein von K aus gemachtes Foto des Ereignisses (Momentfoto); das heißt also, dass sie für die Systemzeit K eine frei wählbare Zahl (wie t = 0) einsetzen müssen. Wenn keine Systemzeit t existiert erhalten sie für x' nach der Gleichung (1) ax (Einstein, 2009). Jetzt machen Albert Einstein (2009) und seine Leser noch ein weiteres Momentfoto zum Zeitpunkt t = 1, anhand dessen sie x' gleich 1 deuten können, weil sie zwei Ereignisse auf der X'-Achse betrachten, jeweils im Bezugssystem K' aufgenommen (bzw. gemessen). Beide Systeme K' und K bzw. die darin zurückgelegten Strecken verhalten sich demnach wie (delta x) Δx zu 1 durch a (Einstein, 2009). Machen jedoch Albert Einstein (2009) und seine Leser von K' aus ein Foto vom Ereignis (Momentfoto) wie vorher beginnend bei t' gleich 0, dann bekommen sie mithilfe der Gleichungen (1) und (2) mittels Wegdenken der Systemzeit t unter Berücksichtigung der Gleichung (5) nun für x' die Gleichung (8). Das Wegdenken der Systemzeit t gelingt Albert Einstein (2009) durch das Additionsverfahren zwischen den Gleichungen (1) und (2) bzw. deren Umformungen zu (9).

Diese Umformungen werden verständlich, das bedeutet im Detail mathematisch modellbezogen auf das Universum hinsichtlich der Lorentz-Transformation erläutert,

Kolek, Erik (2024). Über die allgemeine, die spezielle und die allgemeinspezielle Relativitätstheorie. In: *Chroniken der Wirtschaftsinformatik-Physik (CWIP)*. Band 1, Auflagen-Nr. 1.1. ISBN: 9783759735935.

denn an dieser Stelle macht Albert Einstein (2009) einen Gedankensprung, den seine Leser nur wahrscheinlich (höchst) schwierig nachvollziehen können.

$$(7)\ t = at' - \frac{bx'}{c} = t' = \frac{t}{a} + \frac{b}{ac}x' \text{ (Zeitgleichung für K) (Einstein, 2009)}$$

$$(8)\ t' = at - \frac{bx}{c} = t = \frac{t'}{a} + \frac{b}{ac}x \text{ (Zeitgleichung für K') (Einstein, 2009)}$$

$$(9)\ \frac{x'}{b} = ax - ct \quad \text{UND} \quad \frac{ct'}{a} = ct - bx \quad \text{GLEICH} \quad \frac{x'}{b} + \frac{ct'}{a} = ax - ct + ct - bx$$

EINSETZEN VON t' = 0 GLEICH $\frac{x'}{b} = ax - bx$ GLEICH $x' = [\,x(a - b)]b$

RÜCKSICHT AUF (5) GLEICH $x' = \left[x\left(a - \frac{av}{c}\right)\right]\frac{av}{c}$ GLEICH $x' = \left[\left(a - \right.\right.$

$\left.\left.\frac{av}{c}\right)\frac{av}{c}\right]x$ GLEICH $x' = \left[a\left(a - a\frac{v}{c}\right)\frac{v}{c}\right]x$ GLEICH $x' = \left[a\left(1 - \frac{v}{c}\frac{v}{c}\right)\right]x$ GLEICH

$$x' = a\left(1 - \frac{v^2}{c^2}\right)x \text{ (Einstein, 2009)}$$

Aus der Umformung zu (9) lernen Albert Einsteins (2009) Leser, dass auf ihrem weiteren Ereignisfoto verglichen mit dem vorherigen Momentfoto zwischen den zwei Ereignispunkten auf der X-Achse eine einzige Entfernung zu sehen ist, relativ hinsichtlich K erhalten sie die Strecke gemäß der Gleichung (10).

$$(10)\ \Delta x' = a\left(1 - \frac{v^2}{c^2}\right) \text{ (Einstein, 2009)}$$

Aus der Gleichung (10) lässt sich a (6) ableiten, da $\Delta x' = \Delta x$ bzw. die rechte Seite von (10) gleich 1 durch a sein muss (11) wie in den zwei Ereignisfotos zu sehen ist, die Albert Einstein (2009) zusammen mit seinen Lesern gedanklich aufgenommen haben.

$$(11)\ \frac{1}{a} = a\left(1 - \frac{v^2}{c^2}\right) \text{ GLEICH } a^2 = \frac{1}{1 - \frac{v^2}{c^2}} \text{ GLEICH } a = \frac{1}{\sqrt{1 - \frac{v^2}{c^2}}} \text{ (Einstein, 2009)}$$

Nachdem die Unveränderlichen a (6) und b (5) gemäß der vorherigen Annahmen gefunden wurden, können diese entsprechend wieder in die Gleichungen (1) und (2) eingesetzt werden (Einstein, 2009). Die Konstante a (6) kann für diesen Zweck direkt

Kolek, Erik (2024). Über die allgemeine, die spezielle und die allgemeinspezielle Relativitätstheorie. In: *Chroniken der Wirtschaftsinformatik-Physik (CWIP)*. Band 1, Auflagen-Nr. 1.1. ISBN: 9783759735935.

in die Konstante b (5) integriert werden (Einstein, 2009). Die Geschwindigkeit v kennzeichnet die relative Geschwindigkeit der zwei Bezugssysteme K und K' bzw. von wo aus in den Raum-Zeit-Gleichungen der Lichtstrahl betrachtet wird (Einstein, 2009).

Zusätzlich zur zweiten (y' = y) und zur dritten (z' = z) Gleichung wird durch das Einsetzen der Konstanten a (6) und b (5) in die erste (1) und die vierte (2) Gleichung die Transformation nach Lorentz vollständig bestimmt (Einstein, 2009). Für x' und t' ergeben sich nun die Gleichungen (12) und (13) hinsichtlich eines Lichtstrahls, der sich seitlich in positiver Richtung auf der X'-Achse des Bezugsystems K' mit seiner Geschwindigkeit c relativ hinsichtlich K fortpflanzt (Einstein, 2009).

$$(12)\ x' = \frac{1}{\sqrt{1-\frac{v^2}{c^2}}}x - \frac{\frac{1}{\sqrt{1-\frac{v^2}{c^2}}}v\,\sqrt{1-\frac{v^2}{c^2}}}{c}ct = \frac{x}{\sqrt{1-\frac{v^2}{c^2}}} - \frac{vt}{\sqrt{1-\frac{v^2}{c^2}}} = \frac{x-vt}{\sqrt{1-\frac{v^2}{c^2}}}\ \text{(Einstein, 2009)}$$

$$(13)\ t' = \frac{1}{\sqrt{1-\frac{v^2}{c^2}}}t - \frac{\frac{1}{\sqrt{1-\frac{v^2}{c^2}}}v\,\frac{\sqrt{1-\frac{v^2}{c^2}}}{c}x}{c} = \frac{t}{\sqrt{1-\frac{v^2}{c^2}}} - \frac{v\,\frac{\sqrt{1-\frac{v^2}{c^2}}}{1}x}{1} = \frac{t}{\sqrt{1-\frac{v^2}{c^2}}} - \frac{vx}{\sqrt{1-\frac{v^2}{c^2}}} = \frac{t(\sqrt{1-\frac{v^2}{c^2}})}{1-\frac{v^2}{c^2}} -$$

$$\frac{vx(\sqrt{1-\frac{v^2}{c^2}})}{1-\frac{v^2}{c^2}} = \frac{(\sqrt{1-\frac{v^2}{c^2}})(t-vx)}{1-\frac{v^2}{c^2}} = \frac{(1-\frac{v^2}{c^2})(t-vx)}{\sqrt{1-\frac{v^2}{c^2}}} = \frac{t(1-\frac{v^2}{c^2})-vx(1-\frac{v^2}{c^2})}{\sqrt{1-\frac{v^2}{c^2}}} =$$

$$\frac{t(1-\frac{v^2}{c^2})-(\frac{v}{1}-\frac{vvv}{c^2})x(1-\frac{v^2}{c^2})}{\sqrt{1-\frac{v^2}{c^2}}} = \frac{t(1-\frac{v^2}{c^2})-(\frac{vvvv}{1c^2}-\frac{vvv}{c^2})x(1-\frac{v^2}{c^2})}{\sqrt{1-\frac{v^2}{c^2}}} = \frac{t-\frac{v}{c^2}x}{\sqrt{1-\frac{v^2}{c^2}}}\ \text{(Einstein, 2009)}$$

Mithilfe der vier Gleichungen (12), (y' = y), (z' = z) und (13) wird durch diese vollständige Lorentz-Transformation das Gesetz der konstanten Lichtgeschwindigkeit c auch in der (speziellen) Relativitätstheorie eingehalten (Einstein, 2009). Das Lichtausbreitungsgesetz gilt in der (speziellen) Relativitätstheorie sowohl in dem jeweiligen Bezugssystem K und K' als auch für eine willkürlich ausgewählte Richtung des Lichtstrahls im Bezugssystem K und K' (Einstein, 2009).

Kolek, Erik (2024). Über die allgemeine, die spezielle und die allgemeinspezielle Relativitätstheorie. In: *Chroniken der Wirtschaftsinformatik-Physik (CWIP)*. Band 1, Auflagen-Nr. 1.1. ISBN: 9783759735935.

Die Transformation nach Lorentz muss noch verallgemeinert werden (Abbildung 1) (Einstein, 2009). Wichtig ist hierfür scheinbar nicht, dass die Ausrichtung der Koordinatenachsen von K und K' aufeinander verlaufen und auch nicht, dass eine Translation (Bewegung) mit einer Geschwindigkeit v ausgehend von K' zu K dieselbe Richtung auf der X-Achse besitzt (Einstein, 2009). Die allgemeine Lorentz-Transformation besteht aus ihr selbst im Speziellen und aus einer Raum-Transformation, das dem Austausch eines Bezugssystems im rechten Winkel mit einem anderen, neuen Koordinatensystem mit winkelabweichend verlaufenden Achsen entspricht (Einstein, 2009).

Es entsteht eine sphärische Geometrie nach der allgemeinen Lorentz-Transformation, welche x, y, z, t als lineare gleichartige Eigenschaften hinsichtlich x', y', z', t' mathematisch ausdrückt (Einstein, 2009). Es gilt daher die Beziehung (14) (Einstein, 2009). Diese allgemeine Lorentz-Transformation beinhaltet σ gleich 1 auf ihrer linken Seite (14) hinsichtlich allen auf der X-Achse befindlichen Ereignissen, da durch Elimination (Wegdenken) von y und z sowie y' und z' die Folge (14) überprüfbar ist unter Rücksicht auf x bzw. x' (12) und t bzw. t' (13) (Einstein, 2009).

$$(14)\ \sigma(x^2 + y^2 + z^2 - c^2 t^2) = x^2 + y^2 + z^2 - c^2 t^2 = x'^2 + y'^2 + z'^2 - c'^2 t'^2 =$$

$$(x'\sqrt{1 - \frac{v^2}{c^2}} + vt)^2 + y^2 + z^2 - c^2 (t'\sqrt{1 - \frac{v^2}{c^2}} + \frac{v}{c^2}x)^2 = (\frac{x - vt}{\sqrt{1 - \frac{v^2}{c^2}}})^2 + y'^2 + z'^2 -$$

$$c'^2 (\frac{t - \frac{v}{c^2}x}{\sqrt{1 - \frac{v^2}{c^2}}})^2 \quad \text{(Einstein, 2009)}$$

Kolek, Erik (2024). Über die allgemeine, die spezielle und die allgemeinspezielle Relativitätstheorie. In: *Chroniken der Wirtschaftsinformatik-Physik (CWIP)*. Band 1, Auflagen-Nr. 1.1. ISBN: 9783759735935.

Abbildung 1. Sphärische Geometrie in Albert Einsteins (allgemeiner) Relativitätstheorie.

2 Das Minkowski-Universum mit vier Dimensionen

Diese allgemeine Transformation auf Basis von Lorentz kann ferner besser, das bedeutet treffender (präziser) beschrieben werden, indem allgemein eine Vorstellung von der Zeit $c_i t_i$ für K bzw. $c'_i t'_i$ für K' im vierdimensionalen Modell des Universums implementiert wird, anstatt weiterhin wie gewohnt die erste Veränderliche t für K und die zweite Veränderliche t' für K' für die Zeit im Modellsystem des Universums auf der vierten Dimension allgemein zu akzeptieren (Einstein, 2009). Für diese vier Dimensionen ergeben sich nach Minkowski die Gleichungen 15 bis 18 in allgemeinerer Schreibweise nach der (theoretischen) Physik (Abbildung 2) (Einstein, 2009).

(15) $x_i = x = x' = x'_i$ (Einstein, 2009)

(16) $x_i = y = y' = x'_i$ (Einstein, 2009)

(17) $x_i = z = z' = x'_i$ (Einstein, 2009)

(18) $x_i = c_i t_i = c'_i t'_i = x'_i$ (Einstein, 2009)

Kolek, Erik (2024). Über die allgemeine, die spezielle und die allgemeinspezielle Relativitätstheorie. In: *Chroniken der Wirtschaftsinformatik-Physik (CWIP)*. Band 1, Auflagen-Nr. 1.1. ISBN: 9783759735935.

Aus den Gleichungen 15 bis 18 ergibt sich eine Folge (19), setzen Albert Einstein (2009) und seine Leser $i = 1, 2, 3$ und 4, ausgehend von K relativ hinsichtlich des Bezugssystems K', die übereinstimmend vorgegeben bzw. bedingt ist von der allgemeinen Transformation auf Grundlage von Lorentz.

$$(19) \quad x_i^2 + x_i^2 + x_i^2 + x_i^2 = x_i'^2 + x_i'^2 + x_i'^2 + x_i'^2 \text{ (Einstein, 2009)}$$

Durch diese beschriebene Auswahl (Bestimmung) von x_i-Punktkoordinaten kommt es, dass die Gleichung (14) in der Folge (19) berücksichtigt wird, auch wenn für die statische Systemzeit in K und K' nun eine Bewegung (Veränderung) der Zeit also eine dynamische Systemzeit in K und K' angenommen wird (Einstein, 2009).

Das wird (auch) allgemein in der Folge (19) ersichtlich, dadurch dass eine erdachte x_i-Zeit-Koordinate (für die Systemzeit im Modell des Universums) exakt übereinstimmend innerhalb der Transformationsgleichung (14) enthalten ist genauso wie alle drei sonstigen x_i-Raum-Koordinaten (Einstein, 2009). Das ist der Grund, warum allgemeine Gesetze der Natur betreffend der Systemzeit x_i genauso wie der Systemraum x_i als vier Punktkoordinaten in der [allgemeinen und damit auch in der speziellen (als auch in der allgemeinspeziellen)] Relativitätstheorie berücksichtigt bzw. bestimmt sind (Einstein, 2009).

Minkowski hat für jedes x_i als einen Universumspunkt (bzw. eine Ereigniskoordinate) ausgewählt (bestimmt) das $i = 1, 2, 3$ und 4 ist, wodurch das Universum (Kontinuum) mit vier Dimensionen (als vierdimensionales Modell) darstellbar wird (Einstein, 2009). Wenn also im Raum mit drei Dimensionen dessen Physik ein *Ereignis* (zeitabhängig verursacht bzw. geschehen durch Objekte im Universum wie das zeitliche Zusammentreffen zweier Körper) darstellt, dann stellt in einem Raum mit vier Dimensionen dessen Physik (wiederum) das *Dasein* (die zeitunabhängige Verbindung aller Körper im Universum wie die des Menschen auf der Erde im Sonnensystem in der Milchstraße usw.) dar; vorausgesetzt ein Universum (Kontinuum) mit entsprechender Anzahl an Dimensionen existiert wirklich (Einstein, 2009).

Kolek, Erik (2024). Über die allgemeine, die spezielle und die allgemeinspezielle Relativitätstheorie. In: *Chroniken der Wirtschaftsinformatik-Physik (CWIP)*. Band 1, Auflagen-Nr. 1.1. ISBN: 9783759735935.

Zum besseren Verständnis für die Leser dieses Buches aufbauend auf Albert Einstein (2009) betreffend des Unterschieds zwischen Ereignis und Dasein: Weil ein Mensch aufgrund seiner x_i-Punktkoordinaten als ein Objekt mit dem Universum um ihn herum kollidiert (Ereignis, das jederzeit stattfindet) und deswegen gleichzeitig ein Körper im Universum repräsentiert, gelten für ihn betrachtet als ein Körper dieselben (allgemeinen) Naturgesetze wie im Universum (Kontinuum). Denn nach der (allgemeinen) Relativitätstheorie von Albert Einstein (2009) ist der Mensch vielmehr zu verstehen wie ein in dieser Gegenwart existierender (eingeschlossener) Körper der verbunden mit dem Universum (Kontinuum) ist (Dasein). Die Frage nach der Existenz des Menschen (Ereignis) sollte dadurch zu erklären sein, wenn nach dieser Relativitätstheorie von Albert Einstein (2009) allgemein die Systemzeit als vierte Dimension akzeptiert (gelebt) wird, wodurch die Existenz des Menschen (Ereignis) so sein sollte wie das zeitlose (unendliche) Universum (Kontinuum) in dem diese Existenz des Menschen (Ereignis) stattfindet (Dasein).

Ein (nicht-euklidisches) Universum mit vier Dimensionen (Bezugssystem K) besitzt die darin (mathematisch) verwurzelte Analogie nach der dieser Untersuchung zu Grunde gelegten Geometrie hinsichtlich eines Universums mit drei Dimensionen (Bezugssystem K'), das die Geometrie nach Euklid einhält, wodurch beide Arten von Universen trotz unterschiedlicher Anzahl an Dimensionen annähernd gleich erscheinen (Einstein, 2009). Wird beispielsweise für ein Universum mit drei Dimensionen K' das modernere kartesische Bezugsystem (Koordinatensystem) mit x'_i-Ereignissen und für $i = 1$, 2 und 3 eingeführt als gleichzeitiger Startpunkt der Expansion des dreidimensionalen Universums K' und vierdimensionalen Universums K, dann bedeuten x'_i von K' linear gleichartige Eigenschaften hinsichtlich x_i von K, da diese (Raum-)Eigenschaften die Bedingung (20) gleichartig einhalten als ob zusätzlich (Zeit-)Eigenschaften enthalten wären wie in der Bedingung (19) (Einstein, 2009).

(20) $x_i^2 + x_i^2 + x_i^2 = x'^2_i + x'^2_i + x'^2_i$ (Einstein, 2009)

Kolek, Erik (2024). Über die allgemeine, die spezielle und die allgemeinspezielle Relativitätstheorie. In: *Chroniken der Wirtschaftsinformatik-Physik (CWIP)*. Band 1, Auflagen-Nr. 1.1. ISBN: 9783759735935.

Eine Beziehung zu (19) wird durch diese Modellüberlagerung (Modellanalogie) zwischen den Bezugsystemen (Universen) K und K' (20) vervollständigt (Einstein, 2009). Ein Universum (Kontinuum) nach Minkowski ist allgemein anhand dessen Naturgesetze vorschriftsmäßig genauso zu verstehen wie ein Raum mit vier Dimensionen in dem die Geometrie nach Euklid gilt [aufgrund der erdachten (phantasierten) Koordinate für die Systemzeit]; ein Universum (Kontinuum) nach Minkowski mit (bzw. ab) vier Dimensionen als Bezugssystem (Koordinatensystem) besitzt aufgrund der Transformation nach Lorentz eine *Rotation* in der (allgemeinen) Relativitätstheorie (Einstein, 2009).

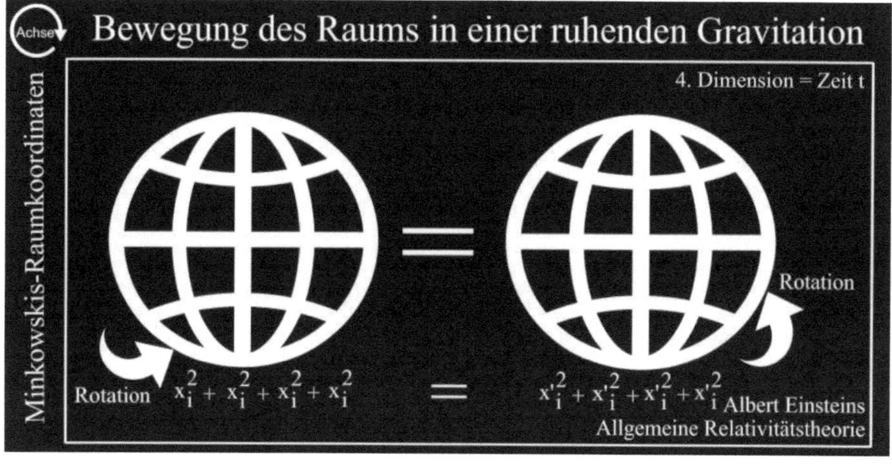

Abbildung 2. Bewegung des Raums in Albert Einsteins (allgemeiner) Relativitätstheorie.

3 Zur allgemeinen Relativitätstheorie bestätigt mittels Erfahrungstheorie

Bei der Erfahrungstheorie handelt es sich um keinen Deduktionsgedankenfluss, sondern um einen Induktionsgedankenfluss, der eine fortwährende schablonenhafte erkenntnisbasierte Modellperspektive erfordert, der (wiederum) einen (systematisierten) Ablauf des Entstehens (von Erkenntnissen) nach der Erfahrungstheorie ermöglicht (Einstein, 2009). Diese Erkenntnisse (Annahmen) repräsentieren (nur) komprimierte Gedanken (Zusammenlegungen) auf Grundlage

Kolek, Erik (2024). Über die allgemeine, die spezielle und die allgemeinspezielle Relativitätstheorie. In: *Chroniken der Wirtschaftsinformatik-Physik (CWIP)*. Band 1, Auflagen-Nr. 1.1. ISBN: 9783759735935.

von hohen Summen an Individualerkenntnissen (zum Beispiel gegeben in Fachartikeln) die (stets) als (geteilte, das bedeutet gemeinsame) Erfahrungssätze verstanden werden, welche einen Vergleich durchleben zur Ermittlung erfahrungsbasierter (feststehender) allgemeinerer Sätze (Theorien) (Einstein, 2009). Der Fortschritt aller Wissenschaften wirkt von dieser Modellperspektive ausgehend wie eine zweidimensionale Wissensmatrix (Katalogisierungsmodell), (also) wie das Modellergebnis reiner empirischer Forschung (Einstein, 2009).

Die vorherige Modellperspektive (Gedankenweise) entkräftet jedoch auf keinen Fall eine physikalisch-reale Erfahrbarkeit aufgrund des Induktionsgedankenflusses (einen Erfahrungsablauf aufgrund von Bezugskörpern, wie Fachartikeln, zur Generierung einer flachen Wissensmatrix, der empirischen Modellwissenschaft) (Einstein, 2009). Diese Modellperspektive beinhaltet beispielsweise keine zentrale Aufgabe, wie die Eingebung (Ideengenerierung) und den Deduktionsgedankenfluss, der für den Fortschritt einer einzig wahren (präzisen) Wissenschaftsform notwendig ist (Einstein, 2009). Beispielsweise in dem Moment ab dem diese Wissenschaftsform selbst die einfachste Modellreife des Wissens übertroffen hat, ist die Ursache für erfahrungsbasierte (theoriegedankenbasierte) Entwicklungen des Wissenschaftsmodells keineswegs nur mittels einer rein katalogisierenden (systematisierenden, ordnenden) Aufgabe möglich (Einstein, 2009). Stattdessen sollte jeder Wissenschaftler gezielt Fortschritte machen, (nur) inspiriert aufgrund von physikalisch-realen Erfahrungssituationen, in dem die Wissenschaftler eine (geteilte, das bedeutet gemeinsame) systematisierte Gedankenstruktur (Modellmatrix) aufbauen (und visualisieren), welche nach der Logik einer erfahrungsgemäß (größtenteils) niedrigen Anzahl an Grundgedanken (Prinzipien, Sätzen, Axiomen) entspricht (Einstein, 2009). Eine (individuell) systematisierte Gedankenstruktur (Modellmatrix) bezeichnet Albert Einstein (2009) als gesamte Modellannahme (alle Modellhypothesen, Meta-Gedankenmodell) (bzw. einzeln erdachte Theoriebestandteile des Gesamtmodells der Wissenschaft). Jedes Gesamtmodell (Meta-Gedankenmodell) der Wissenschaft bezieht seinen Existenzanspruch aus einer

Kolek, Erik (2024). Über die allgemeine, die spezielle und die allgemeinspezielle Relativitätstheorie. In: *Chroniken der Wirtschaftsinformatik-Physik (CWIP)*. Band 1, Auflagen-Nr. 1.1. ISBN: 9783759735935.

höheren (und wachsenden) Anzahl an individuellen Erfahrungssituationen, die im Gesamtmodell alle miteinander verbunden sind, deswegen findet sich in diesem Gesamtmodell keine *Falschheit* (Einstein, 2009).

Wird das Gesamtmodell (Meta-Gedankenmodell) der Wissenschaft als eine Ansammlung von individuellen Erfahrungssituationen mit hoher Komplexität aufgrund zahlreicher Verbindungen zwischen den Individualerfahrungen betrachtet, können unterschiedliche Modellhypothesen (Modellannahmen, Modellgedanken) entstehen, welche zusammengelegt trotzdem keine Überschneidung besitzen und daher nicht wirklich sinngemäß aneinander gleich sind (Einstein, 2009). Gerade weil diese Überschneidung von Modellannahmen (Modelltheorien) extrem groß erscheinen kann aufgrund ihrer durch Erfahrungstheorie erreichbaren Folgen, ist es (nur höchst) schwierig (nicht nur für Wissenschaftler) möglich, diese erdenkbaren (erfahrbaren) Folgen gemäß (gesammelter individuell) erlebten Erfahrungssituationen nachzuvollziehen, hinsichtlich derer sich inhaltlich das Gesamtmodell (Meta-Gedankenmodell) der Wissenschaft differenzieren lässt und zwar anhand seiner einzelnen theoriebasierten (gedankenbasierten) Modellbestandteilen, die sich inhaltlich jedoch aneinander gleichen (Einstein, 2009).

Eine entsprechende Überschneidung zwischen zwei grundsatzverschiedenen Modelltheorien im Gesamtmodell (Meta-Gedankenmodell) einer Wissenschaft findet sich zum Beispiel in dem (heute noch zweidimensionalen) Wissenschaftsbereich Biologie, deren im Modell enthaltenen Theorien von allgemeingültigerer Wichtigkeit für Lebewesen wie Menschen sind (Einstein, 2009). In der Biologie kann unterschieden werden zwischen der Entwicklungstheorie und der Theorie nach Darwin, beide haben gemeinsam, dass diese hypothesenbasierte Begründungen dafür liefern, wie die Evolution von Lebewesen (in diesem immer schneller expandierenden Universum) stattfindet (Einstein, 2009). In der ersten Theorie erfolgt dies über die Annahme, dass einmal gewonnene Eigenschaften (wie das Wissen) vererbt werden, und in der letzteren Theorie erfolgt dies über eine davon zu differenzierenden

Kolek, Erik (2024). Über die allgemeine, die spezielle und die allgemeinspezielle Relativitätstheorie. In: *Chroniken der Wirtschaftsinformatik-Physik (CWIP)*. Band 1, Auflagen-Nr. 1.1. ISBN: 9783759735935.

Annahme, und zwar dass ein Streit um das (vierdimensionale) Sein mittels Auswahl der Aufzucht (von nur starken Lebewesen) gewonnen wird (Einstein, 2009).

In Albert Einsteins (allgemeiner) Relativitätstheorie im Vergleich mit Isaac Newtons Gravitationstheorie existiert das beschriebene Szenario einer hohen Überschneidung von Folgen (zwischen einer Anzahl von Theorien, also zwischen zwei Theorien die beide im Gesamtmodell (Meta-Gedankenmodell) der Physik (gedanklich) anerkannt sind) (Einstein, 2009).

Die vorliegende Überschneidung zwischen Einsteins (allgemeiner) Relativitätstheorie und Newtons Gravitationstheorie ist sehr groß, so dass bis heute lediglich eine geringe Anzahl an erfahrbaren (erdenkbaren) Konsequenzen von Einsteins (allgemeiner) Relativitätstheorie gemäß der Erfahrungstheorie (induktiv) zu entdecken waren, hinsichtlich deren Konsequenzen aufgrund der Relativität der Gravitation von Bezugskörpern ein veraltetes (einseitiges) Physikmodell keineswegs führte – obwohl eine folgenschwere Differenzierbarkeit zwischen den Grundprinzipien beider Theorien besteht (Einstein, 2009). In seinem Abschnitt 3 (über die Erfahrungstheorie) möchte Albert Einstein (2009) (aufgrund von zwei im Physikgesamtmodell enthaltenen Gravitationstheorien) die hervorzuhebenden (also zur Unterscheidung geeigneten) Folgen ein letztes Mal (induktiv) untersuchen, sowie ebenfalls alle bis heute diesbezüglich zusammengetragenen Individualerfahrungen (daher nur) in aller Kürze diskutieren.

3.1 Der Perihelpunkt vom Planet Merkur auf seiner Ellipsenbewegung

Ein allein fliegender Planet, wie der Merkur, der um einen Stern, wie die Sonne, kreist, sollte gemäß der klassischen Bewegungstheorie und der klassischen Gravitationstheorie eine Ellipsenbewegung um diesen Stern formen (oder exakter ausgedrückt um einen geteilten Massenschwerpunkt zwischen dem Stern und dem Planeten) (Abbildung 3) (Einstein, 2009). Der Stern (oder der geteilte Massengravitationspunkt) befindet sich dabei innerhalb der Ellipsenbahn in einem

Kolek, Erik (2024). Über die allgemeine, die spezielle und die allgemeinspezielle Relativitätstheorie. In: *Chroniken der Wirtschaftsinformatik-Physik (CWIP)*. Band 1, Auflagen-Nr. 1.1. ISBN: 9783759735935.

Sammelpunkt (Brennpunkt), so dass die Entfernung zwischen dem Stern und dem Planeten im Bewegungsablauf des Planetenumlaufjahres ausgehend von einem Minimumwert zu einem Maximumwert steigt sowie wieder auf den Minimumwert schrumpft (Einstein, 2009). Wird allgemein anstelle des klassischen Gravitationsgesetzes ein davon verschiedenes Gesetz in die Gleichung eingefügt, dann wird allgemein festgestellt, dass diese Bahnbewegung gemäß dieser Theorie unverändert ablaufen sollte, so dass die Entfernung zwischen dem Stern und dem Planeten im Wechsel steigt sowie sinkt; jedoch würde der von einer (gleichförmigen) Geraden vorgegebenen zwischen dem Stern und dem Planeten liegende Winkel bei einer derartigen Zeitperiode sich um 360 Grad unterscheiden [von dem Perihelpunkt (Sternnähe) zum Perihelpunkt (Sternferne)] (Einstein, 2009). Diese Gerade seiner Bahnellipse würde (durch die Winkelabweichung) demnach eine offene darstellen, die innerhalb des Zeitablaufs einen ringartigen Bereich der Bahnoberfläche (zwischen einem Kreisjahr hinsichtlich der minimalsten Planetenentfernung und des Kreisjahres hinsichtlich der maximalsten Planetenentfernung) ausmalt (Einstein, 2009).

Gemäß der allgemeinen Relativitätstheorie, die sich bekanntlich von der klassischen Theorie leicht unterscheidet, wird jetzt auch eine gleichartige geringe Differenz hinsichtlich der Kepler-Newtonschen Bahnmechanik erfolgen, so dass der von einer Radiusgeraden ausgehend von dem Stern zum Planeten zwischen dem Perihelpunkt sowie einem unterhalb angegebenen Winkel hinsichtlich eines ganzen Bahnumlaufswinkels (das bedeutet in der Physik von dem Winkel 2π als üblicher absolutes Winkelmaß) sich um den Ausdruck (21) unterscheidet (Einstein, 2009). (Dabei repräsentiert a die größere Ellipsenhalbachse, e steht für die Exzentrizität der Ellipse, c zeigt die Lichtbewegungsgeschwindigkeit an, sowie T die Umlaufzeit) (Einstein, 2009).

(21) $24\pi^3 a^2 \,/\, T^2 c^2 (1 - e^2)$ (Einstein, 2009)

Allgemein ist das ebenfalls entsprechend formulierbar: Gemäß der allgemeinen Relativitätstheorie dreht sich die größere Ellipsenachse sinngemäß wie eine

Kolek, Erik (2024). Über die allgemeine, die spezielle und die allgemeinspezielle Relativitätstheorie. In: *Chroniken der Wirtschaftsinformatik-Physik (CWIP)*. Band 1, Auflagen-Nr. 1.1. ISBN: 9783759735935.

Linienbewegung um einen Stern (Einstein, 2009). Die Rotation muss gemäß der Mechanik bei dem Planet Merkur 43 Bogensekunden alle 100 Jahre aufweisen, hinsichtlich der sonstigen Planeten um unseren Stern, der Sonne, jedoch extrem gering ausfallen, so dass für die Drehung keine Feststellung (Konstatierung) möglich sein darf (Einstein, 2009).

In Wirklichkeit fanden Astronomen heraus, dass die klassische Mechanik zu ungenau ist, um die gesehene Merkurbahnbewegung mittels einer nach den heute existierenden Beobachtungsmöglichkeiten erreichbaren Genauigkeit auszurechnen (Einstein, 2009). Unter Rücksicht auf alle veränderlichen Einflusskräfte, die alle sonstigen Planeten auf Merkur haben, wird ersichtlich (Lever-Rier 1859 sowie Newcomb 1895), dass eine nicht begründete Perihelpunktbewegung der Merkurbahnlinie weiterhin fortbestand, die sich von den übrigen Planetenbahnen +43 Bogensekunden alle 100 Jahre keinesfalls spürbar abweicht (Einstein, 2009). Diese Abweichung des empirischen Ergebnisses, das übereinstimmt mit dem Resultat der allgemeinen Relativitätstheorie, macht eine geringe Anzahl an Bogensekunden aus (Einstein, 2009).

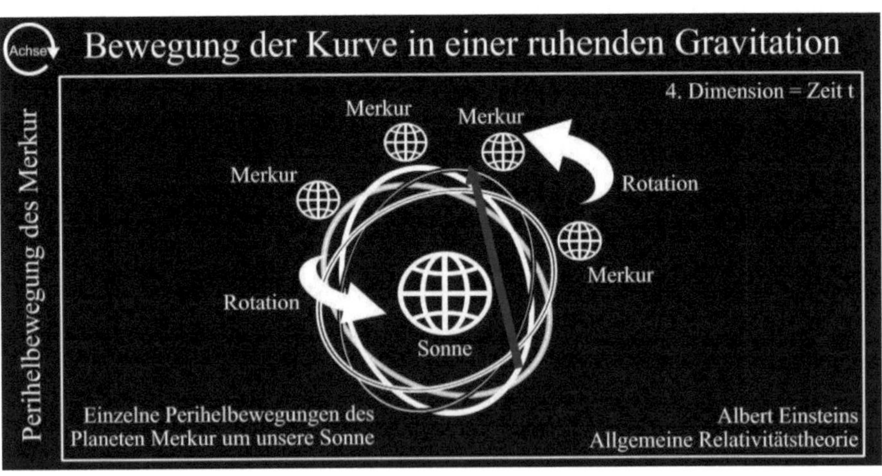

Abbildung 3. Bewegung der Bahnkurve in Albert Einsteins (allgemeiner) Relativitätstheorie.

Kolek, Erik (2024). Über die allgemeine, die spezielle und die allgemeinspezielle Relativitätstheorie. In: *Chroniken der Wirtschaftsinformatik-Physik (CWIP)*. Band 1, Auflagen-Nr. 1.1. ISBN: 9783759735935.

3.2 Die durch das Schwerefeld bedingte Lichtbewegungsumleitung

Im Abschnitt 10 wird beschrieben, dass gemäß der allgemeinen Relativitätstheorie ein Lichtkörperstrahl mittels einem Schwerefeld eine Biegung zu erhalten hat, die der Biegung ähnelt, die eine Bahnlinie von einem durch ein Schwerefeld beschleunigter Bezugskörper (Massepunkt) zu erleben hat (Einstein, 2009). Ein Lichtkörperstrahl, der an einem Raum-Zeit-Körper vorbeiläuft, muss nach der allgemeinen Relativitätstheorie von Albert Einstein (2009) (erst) nach diesem Körper hin umgeleitet werden; der Umleitungswinkel α muss bei diesem Lichtkörperstrahl, welcher in einer Entfernung von Ω Sternradien an diesem Himmelskörper vorbeiläuft,

(22) $\alpha = 1{,}7$ Sekunden $/ \Delta$ (Einstein, 2009)

ausmachen (Einstein, 2009). Albert Einstein (2009) fügt hinzu, dass diese Umleitung gemäß der Theorie zu 50 Prozent durch das (klassische) Gravitationsfeld des Sterns, unserer Sonne, zu 50 Prozent durch die von diesem Stern stammende bzw. (selbst) geschaffene Veränderung der Geometrie („Biegung") des Raums entsteht.

Dieses Resultat ermöglichte eine Überprüfung durch das Experiment mittels photographischer Sonnenmomentaufnahmen während einer völligen Sternfinsternis (Einstein, 2009). Diese Sonnenfinsternis soll lediglich daher abzuwarten sein, da hinsichtlich jeder sonstigen Zeit die mittels dem Sternenlicht beschienene Atmosphärenstrahlung entsprechend hell scheint, so dass alle sternnahen Sonnen (Fixsterne) nicht zu sehen sein können (Einstein, 2009).

Das erwartete Bild lässt sich einfach anhand der Abbildung 4 erkennen (Einstein, 2009). Würde kein Stern existieren, dann wäre allgemein eine praktisch (nahezu) endlos weit entfernte Sonne in der Richtung R_1 zu beobachten (Einstein, 2009). Aufgrund der Umleitung durch den Stern wird allgemein dieser Fixstern jedoch in der Richtung R_2 beobachtet, das bedeutet, in einem minimal höheren Abstand ausgehend von dem Sternzentrum, als dies der physikalischen Wirklichkeit gleicht (Einstein,

Kolek, Erik (2024). Über die allgemeine, die spezielle und die allgemeinspezielle Relativitätstheorie. In: *Chroniken der Wirtschaftsinformatik-Physik (CWIP)*. Band 1, Auflagen-Nr. 1.1. ISBN: 9783759735935.

2009); der gesehene Fixstern sollte sich also an einem anderen Ort weiter links anstatt rechts durch die Lichtumleitung befinden.

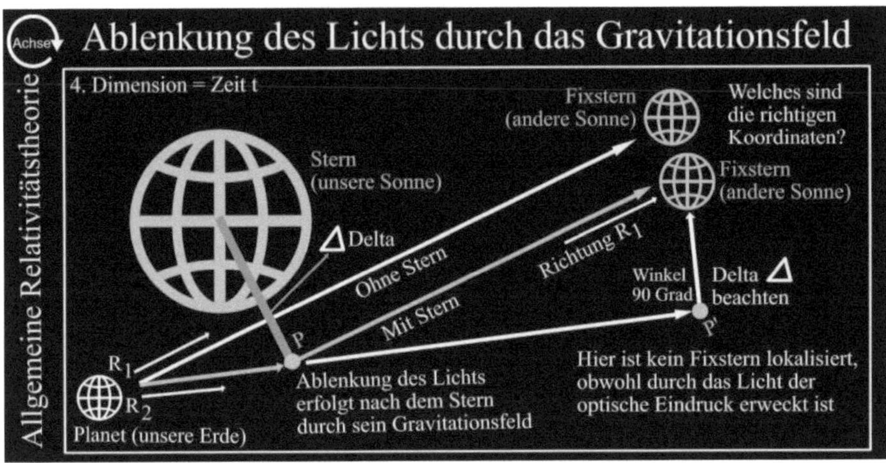

Abbildung 4. Die Lichtumleitung durch das Gravitationsfeld eines Sterns gesehen, das bedeutet, beobachtet von R_1 aus.

In der Praxis erfolgt diese Überprüfung nach der folgenden Methode (Einstein, 2009). Alle Fixsterne in dem Raum-Zeit-Bereich des Sterns, hier unserer Sonne, sind während einer (völligen) Sternfinsternis zu fotografieren (Einstein, 2009). Zusätzlich wird eine zweite Fotomomentaufnahme der gleichen Fixsterne gemacht, sobald der Stern an einem anderen Ort des Raum-Zeit-Bereichs steht (das bedeutet mehrere Zeitperioden danach bzw. davor) (Einstein, 2009). Die während einer Sternfinsternis gemachten Sonnenfotos sollen demnach hinsichtlich des Vergleichsmomentfotos radial nicht nach innen (sondern vom Sternzentrum nach außen) um eine Größe fortbewegt sein, die dem (vorherigen) Winkel α gleicht (Einstein, 2009).

Albert Einstein (2009) und seine Leser können der Astronomical Royal Society dankbar sein für die Überprüfung dieses wegweisenden Resultats. Nicht durch den ersten Weltkrieg und die durch diesen erzeugten Belastungen gedanklicher Art aufgehalten worden zu sein, schickt diese drei ihrer wichtigsten Astronomen (Eddington, Crommelin und Davidson) los und hat zwei Expeditionen mit Ausrüstung

Kolek, Erik (2024). Über die allgemeine, die spezielle und die allgemeinspezielle Relativitätstheorie. In: *Chroniken der Wirtschaftsinformatik-Physik (CWIP)*. Band 1, Auflagen-Nr. 1.1. ISBN: 9783759735935.

versorgt, um die Sternfinsternis am 29. Mai 1919 in Sobral (Brasilien) sowie auf der Insel Principe (Westafrika) die Fotomomentaufnahmen festzuhalten (Einstein, 2009). Die erwarteten relativen Abweichungen der Sterndunkelheitsaufnahmen verglichen mit den Sternhelligkeitsaufnahmen machten lediglich geringfügige hundertstel Millimeter aus (Einstein, 2009). Die Voraussetzungen, die gegenüber der Genauigkeit der Momentaufnahmen und deren physikalischen Abmessung bestanden, sind demnach hoch gewesen (Einstein, 2009).

Dieses Resultat dieser Vermessung bewies die allgemeine Relativitätstheorie in absolut zufriedenstellender Art (Einstein, 2009). Die Bestandteile im rechten Winkel der gesehenen sowie kalkulierten Ablenkungen (Umleitungen) der Lichtstrahlen der Fixsterne (gemessen in Bogensekunden) werden in der nächsten Tabelle erfasst (Einstein, 2009):

Sternnummer	1. Koordinate		2. Koordinate	
	gesehen	kalkuliert	gesehen	kalkuliert
2	+ 0,95	+ 0,85	− 0,27	− 0,09
3	− 0,20	− 0,12	+ 1,00	+ 0,87
4	− 0,11	− 0,10	+ 0,83	+ 0,74
5	− 0,29	− 0,31	− 0,46	− 0,43
6	− 0,10	− 0,04	+ 0,57	+ 0,40
10	− 0,08	+ 0,09	+ 0,35	+ 0,32
11	− 0,19	− 0,22	+ 0,16	+ 0,02

Tabelle 1. Gesehene und kalkulierte Sternabweichungen gemessen in Bogensekunden (Einstein, 2009, S. 86).

3.3 Die Rotveränderung von Spektralgeraden

Im Abschnitt 11 wird aufgezeigt, dass innerhalb eines Bezugssystem K', das gegen ein Galileisches Koordinatensystem K rotiert, die Richtungsgeschwindigkeit (der Bewegung der Zeit bzw.) von Zeigerdrehungen (Zeigergängen) der ruhend platzierten gleichbeschaffenen Uhrmaschinen von ihrer Lage sich nicht unabhängig darstellt (Abbildung 5) (Einstein, 2009). Albert Einstein (2009) und seine Leser möchten diese

Kolek, Erik (2024). Über die allgemeine, die spezielle und die allgemeinspezielle Relativitätstheorie. In: *Chroniken der Wirtschaftsinformatik-Physik (CWIP)*. Band 1, Auflagen-Nr. 1.1. ISBN: 9783759735935.

Beziehung (Abhängigkeit) mengenmäßig durchdenken. Die Uhrzeigermaschine, welche von der Scheibenmitte mit der Entfernung r abgelegt wird, besitzt relativ hinsichtlich K die Richtungsgeschwindigkeit

(23) $v = wr$ (Einstein, 2009),

falls w die Drehungsgeschwindigkeit der Kreisebene (K') hinsichtlich K bedeutet (Einstein, 2009). Bedeutet v_0 die Anzahl der Zeigerbewegungen auf dem Uhrzifferblatt je Zeitperiode (einheitliche Zeitkoordinate) (Laufgeschwindigkeit) relativ hinsichtlich K, wenn das Uhrzifferblatt fest abgelegt ist bzw. sich nicht bewegt, dann gleicht die Zeigerlaufgeschwindigkeit v des mit einer Richtungsgeschwindigkeit v relativ hinsichtlich K fortgepflanzten, relativ zu der Kreisebene fest abgelegten (ruhenden) Uhrzifferblatts nach Abschnitt 32

(24) $v = v_0\sqrt{(1 - v^2/c^2)}$ (Einstein, 2009),

bzw. ergänzt um eine ausreichende Präzision

(25) $v = v_0\sqrt{(1 - 1/2 \times v^2/c^2)}$ (Einstein, 2009),

bzw. ebenfalls gleichzusetzen mit

(26) $v = v_0\sqrt{(1 - w^2r^2/2c^2)}$ (Einstein, 2009).

Wird allgemein mithilfe von $+\Omega$ die Abweichung des Leistungspotenzials der Zentrifugalwechselwirkung zwischen der Lage des Uhrzifferblatts sowie dem Kreiszentrumspunkt, das bedeutet die nicht positive aufgenommene Arbeitsleistung, die allgemein in entgegengesetzter Richtung der Zentrifugalwechselwirkung des einheitlichen Massenpunkts zuzugeben ist, damit diese von dem Uhrablagepunkt auf der sich bewegenden Kreisebene zu dem Zentrumspunkt befördert (transportiert) werden kann, dann gleicht

(27) $+\Omega = - w^2r^2/2$ (Einstein, 2009),

dann entsteht allgemein

Kolek, Erik (2024). Über die allgemeine, die spezielle und die allgemeinspezielle Relativitätstheorie. In: *Chroniken der Wirtschaftsinformatik-Physik (CWIP)*. Band 1, Auflagen-Nr. 1.1. ISBN: 9783759735935.

(28) $v = v_0 \sqrt{(1 + \Omega/c^2)}$ (Einstein, 2009).

Daraus wird allgemein zuerst erkannt, dass sich zwei übereinstimmend zusammengesetzte (beschaffene) Uhrzifferblätter mit einer unterschiedlichen Entfernung vom Kreisebenenzentrumspunkt sich unterschiedlich schnell bewegen (nicht der Lauf ist gemeint wie die des Zeitablaufs, sondern nur die Bewegung der Uhrzeiger), dieses Resultat besitzt ebenfalls von einem Stehpunkt des mit dieser Kreisebene drehenden Augenzeugens (Beobachters) Geltung (Einstein, 2009).

Weil jetzt – ausgehend unserer Kreisebene nachgeprüft – ein Schwerefeld besteht, welches das Wirkungspotenzial Ω hat, dann muss das erzeugte Ergebnis erst hinsichtlich von Schwerefeldern gültig sein (Einstein, 2009). Weil Albert Einstein (2009) und seine Leser Spektralgeraden zusätzlich ein ausstrahlendes (emittierendes) Teilchen (Quant) als die Zeit (Uhrzeigermaschine) betrachten können, dann ist das Axiom gültig:

Jedes Teilchen kann eine Frequenzzahl absorbieren oder emittieren, die von dem Wirkungspotenzial eines Schwerefeldes nicht unabhängig ist, innerhalb dessen sich das Quant bewegt (Einstein, 2009).

Die Schwingungszahl (Frequenzzahl) jedes Teilchens, welches sich verbunden mit einer Körperoberfläche bewegt, muss ein wenig geringer als eine Schwingung eines Teilchens des gleichen Massenelements sein, welches sich innerhalb des körperfreien Universumraums (bzw. verbunden mit einer winzigeren Körperoberfläche innerhalb unserer Welt) bewegt (Einstein, 2009). Weil Ω analog ist zu $-KM/r$, worin K für die klassische Schwerefeldkonstante, M für die Masse, r für den Radius des Weltkörpers steht, dann sollte eine Rotveränderung an einer Sternellipsoidoberfläche hergestellten Spektralgeraden im Vergleich mit der Erdellipsoidoberfläche hergestellten Spektralgeraden gleich dem Wert

(29) $(v - v_0)/v_0 = -KM/c^2 r$ (Einstein, 2009)

zu beobachten sein (Einstein, 2009).

Kolek, Erik (2024). Über die allgemeine, die spezielle und die allgemeinspezielle Relativitätstheorie. In: *Chroniken der Wirtschaftsinformatik-Physik (CWIP)*. Band 1, Auflagen-Nr. 1.1. ISBN: 9783759735935.

Im Falle unserer Sonne umfasst die anzunehmende Rotveränderung circa zwei Mal ein Millionstel der Lichtwellenlänge (Einstein, 2009). Die Masse M und der Radius r sind allgemein nicht klar gegeben für die Fixsterne, daher ist für diese Sterne keine wahre (plausible) Kalkulation denkbar (Einstein, 2009).

Ob die Rotveränderungswirkung (der Gravitationsfelder) wirklich besteht, entspricht heute vorwegnehmend einer geschlossenen Frage, deren Antwort heute rückblickend mit beträchtlicher Motivation von allen Astronomen zu erarbeiten sein musste (Einstein, 2009). Im Fall unseres Sonnenkörpers erscheint ein Bestehen dieser Wirkung aufgrund der Geringheit schwierig beobachtbar (Einstein, 2009). Forschende wie Grebe sowie Bachem, Evershed sowie Schwarzschild, und Perot halten alle aufgrund von selbst (und im Falle von Grebe und Bachem ebenfalls fremd durch Evershed sowie Schwarzschild) durchgeführten Messbeobachtungen, das Bestehen der Wirkung für (von der Natur) fest vorgegeben, wohingegen sonstige Forschende, vor allem Julius sowie John wegen ihren Messbeobachtungen gegensätzlicher Meinung oder von einer Beweismöglichkeit des bis heute empirisch vorliegenden Datenbeobachtungsmaterials keinesfalls sicher sind (Einstein, 2009).

Innerhalb der Statistikanalysen hinsichtlich der Fixsterne erscheinen durchschnittliche Geradenveränderungen in Richtung der nicht kurzwelligen Spektraldimension immer zu bestehen (Einstein, 2009). Jedoch lässt die bis heute vorliegende Auswertung des (subjektiven) Beobachtungsmaterials noch immer keinerlei überzeugende Entscheidungsannahme diesbezüglich zu, ob diese Veränderung tatsächlich durch eine Schwerefeldwirkung begründet ist (Einstein, 2009). Eine Zusammenfassung der Messbeobachtungen samt umfänglicher Debatte ausgehend von dem Betrachtungspunkt der Frage, die Albert Einstein (2009, S. 89) und seine Leser interessiert, ist allgemein enthalten in der Aufstellung von Freundlich E. mit dem Titel „Prüfung der allgemeinen Relativitätstheorie" veröffentlicht in „Die Naturwissenschaften 1919, H. 35, S. 520" im „Verlag [...] Springer, Berlin".

Kolek, Erik (2024). Über die allgemeine, die spezielle und die allgemeinspezielle Relativitätstheorie. In: *Chroniken der Wirtschaftsinformatik-Physik (CWIP)*. Band 1, Auflagen-Nr. 1.1. ISBN: 9783759735935.

Offenbar müssen die folgenden Kalenderjahre eine überzeugende Entscheidungsannahme liefern (Einstein, 2009). Da eine Rotveränderung der Spektralgeraden existiert mittels dem Gravitationswirkungspotenzial, ist Albert Einsteins (2009) allgemeine Relativitätstheorie beständig. Gleichzeitig muss das Verständnis der Geradenveränderung, sobald dieses Wissen als eine Folge ursprünglich anhand des Gravitationswirkungspotenzials verstanden ist, bedeutende Gedanken hinsichtlich der Körpermassen in unserem Universum bringen (Einstein, 2009).

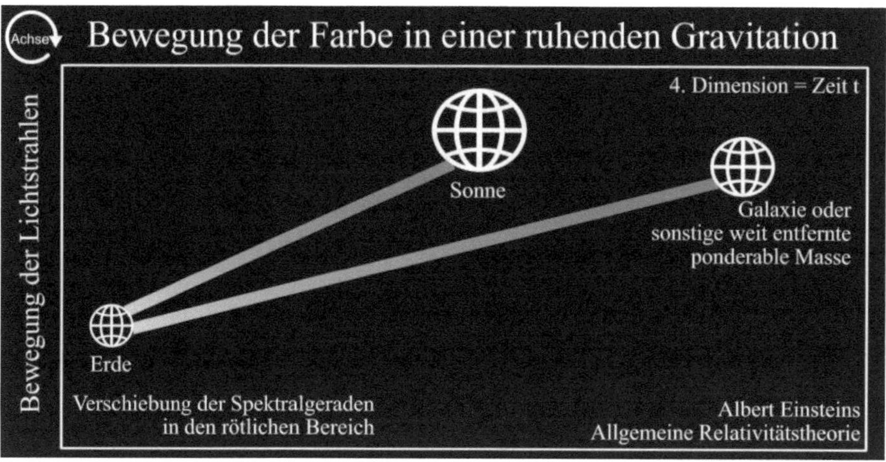

Abbildung 5. Die Lichtfarbgebung durch das Gravitationsfeld eines Sterns gesehen, das bedeutet, beobachtet von der Erde aus.

4 Die Raumstruktur in Verbindung mit Albert Einsteins allgemeiner Relativitätstheorie

Seit der Veröffentlichung der allerersten Ausgabe von seinem Buch (1916) hat die Erfahrung von Alberst Einstein (2009) und seinen Lesern über die Raumstruktur innerhalb des Ganzen (Kosmosproblem) eine bedeutende Evolution erlebt, welche ebenfalls innerhalb einer (all)gemeinverständlichen Repräsentation dieses Gegenstands zu bemerken (bzw. zu lernen oder zu erfahren) ist (Abbildung 6).

Kolek, Erik (2024). Über die allgemeine, die spezielle und die allgemeinspezielle Relativitätstheorie. In: *Chroniken der Wirtschaftsinformatik-Physik (CWIP)*. Band 1, Auflagen-Nr. 1.1. ISBN: 9783759735935.

Albert Einstein (2009) hatte seinen vorherigen (anfänglichen) Gedanken hinsichtlich des Gegenstands Raumstruktur zwei Annahmen (Theorien) als Grundlagen zugeordnet:

1. In der Raumstruktur als Ganzes existiert eine von Null unterschiedliche durchschnittliche Materiedichte, die an jedem Ort gleich besteht (Einstein, 2009).

2. Die Ausbreitung (oder die „Radiuslinie") der Raumstruktur im Ganzen existiert in keiner Abhängigkeit hinsichtlich der Zeit (Einstein, 2009).

Für Albert Einstein (2009) waren diese zwei Theorien (Aufstellungen, Ableitungen) gemäß seiner allgemeinen Relativitätstheorie zusammengeknüpft, jedoch lediglich in dem Fall, falls allgemein den Gravitationsfeldgleichungen ein angenommener Term hinzugefügt wurde, die seine Relativitätstheorie inhaltlich nicht benötigte, und auch nicht von dem denkbaren Theoriepunkt als von der Natur so vorgegeben wirkte („Term über die Kosmologie in den Gravitationsfeldgleichungen").

Seine zweite Annahme erschien Albert Einstein (2009) in diesem Zeitpunkt notwendig, weil er rückblickend (einen Erwartungsgedanken) bemerkte, (in der Form) das allgemein in unendliche Diskussionshypothesen (Gedankenspekulationen) geschleift (gerutscht) werden könnte, sollte allgemein von dieser zweiten Hypothese abgewichen werden.

Schon in seinen 1920er Kalenderjahren aber fand der aus Russland stammende Mathematiker Friedman, dass von dem völlig gedanklichen Theorieauffassungspunkt eine diversifizierte (abweichende, andere) Hypothese naturgegebener existierte (Einstein, 2009). Friedman verstand beispielsweise, dass es nicht auszuschließen ist, die erste Annahme aufrechtzuerhalten, dabei nicht den inhaltlich eher unnatürlichen Term innerhalb der Gravitationsfeldgleichungen einzufügen, sobald allgemein hierzu eine Entscheidung vorlag, die zweite Annahme zu verwerfen (Einstein, 2009). Albert Einsteins (2009) anfängliche Gravitationsfeldgleichungen gestatten beispielsweise ein Lösungssystem (Bezugssystem), innerhalb dessen eine „Radiuslinie des

Kolek, Erik (2024). Über die allgemeine, die spezielle und die allgemeinspezielle Relativitätstheorie. In: *Chroniken der Wirtschaftsinformatik-Physik (CWIP)*. Band 1, Auflagen-Nr. 1.1. ISBN: 9783759735935.

Kontinuums (Universums)" nicht unabhängig ist hinsichtlich der Zeit (Raumexpansion). Gemäß dieses Standpunkts ist es allgemein möglich übereinstimmend mit Friedman anzunehmen, dass Albert Einsteins (2009) allgemeine Relativitätstheorie eine Raumvergrößerung erfordern kann (jedoch nicht benötigt).

Kaum ein paar Ellipsoidbahnjahre der Erde danach veranschaulichte Edwin Powell Hubble mittels seiner Spektralanalysen an außergalaktischen Wolkennebeln („milchige Wolkenstraßen"), dass die von den Wolken verschickten Spektralgeraden eine mit dem Abstand der Wolken gleichmäßig steigende Rotveränderung aufweisen (Einstein, 2009). Die Rotveränderung ist gemäß Albert Einsteins (2009) und der seiner Leser heutigen Erfahrung übereinstimmend mit dem Doppler-Grundsatz lediglich als eine Wachstumsbewegung des (betrachteten) Sternkörpersystems (Bezugssystems, Koordinatensystems) innerhalb des Ganzen zu verstehen – wie dies die Analyse der Gravitationsfeldgleichungen nach Friedman (als eine Folge) bedingt. Dieses Auffinden (Entdecken, Beobachten) durch Hubble ist (dieser Folge gleichend bzw.) entsprechend demnach als eine Evaluation der (allgemeinen) Relativitätstheorie zu verstehen (Einstein, 2009).

Für Albert Einstein (2009) existiert jedoch eine folgenschwere Inkongruenz, das bedeutet eine nicht ausreichende Übereinstimmung (Koinzidenz) als Einschränkung (Begrenzung, Limitation) der Hubbleschen Beobachtung (Entdeckung, Auffindung). Eine (gedanklich wenig angreifbare) Gedankenauslegung (Interpretationsannahme) der durch Hubble entdeckten den Galaxien zugeordneten Geradenveränderungen als ein Raumwachstum lenkt zu einem Expansionsstart, der „lediglich" vor circa 10 hoch 9 Kalenderjahren begonnen hat, obwohl die (theoretische) Astronomiephysik dies mit hoher Sicherheit für möglich hält, dass die Entstehung aller Sternkörper und Sternkörpersysteme entscheidend längere Zeitperioden benötigt hat (Einstein, 2009). Es ist bis heute nicht ganz verständlich, wie diese fehlenden Übereinstimmungen (Inkoinzidenzen, Inkongruenzen) auszugleichen (mit Gleichungen zu lösen) sein müssen (Einstein, 2009). Denn dazu fehlt bis heute noch Erfahrung im

Kolek, Erik (2024). Über die allgemeine, die spezielle und die allgemeinspezielle Relativitätstheorie. In: *Chroniken der Wirtschaftsinformatik-Physik (CWIP)*. Band 1, Auflagen-Nr. 1.1. ISBN: 9783759735935.

astronomischen und physikalischen Sinn von Verständnis und Beobachtung hinsichtlich von außerhalb unseres Sonnensystems befindlichen Sternen und Sternsystemen.

Albert Einstein (2009) möchte, dass seine Leser ebenfalls lernen, dass eine Annahme über die Raumexpansion in Verbindung mit allen durch die Astronomie gesammelten (empirischen) Messdatenbeobachtungen keinerlei Entscheidungstheorie hinsichtlich eines unendlichen bzw. endlichen Raums (auf drei Dimensionen) gestatten, obwohl die anfängliche mathematische Raumannahme keine Offenheit (Unendlichkeit) eines Raums als ein Ergebnis zulieβ.

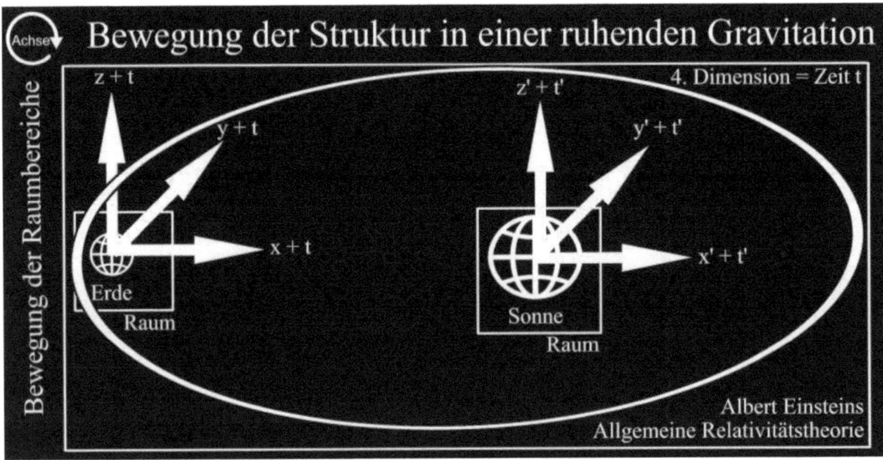

Abbildung 6. Die Raumstruktur durch das Gravitationsfeld eines Sterns gesehen, das bedeutet, beobachtet von der Erde aus.

5 Raumtheorie sowie deren Relativität im Allgemeinen

Es ist kennzeichnend für die klassische Physik, dass diese zusätzlich zur Materie dem Raum sowie der Zeit jeweils ein voneinander nicht abhängiges wirkliches Vorhandensein (Bestehen) zuzuordnen hat (Einstein, 2009). Das liegt daran, dass aus der klassischen Bewegungstheorie die Beschleunigungsdefinition stammt (Einstein, 2009). In der klassischen Theorie drückt Beschleunigung jedoch lediglich

Kolek, Erik (2024). Über die allgemeine, die spezielle und die allgemeinspezielle Relativitätstheorie. In: *Chroniken der Wirtschaftsinformatik-Physik (CWIP)*. Band 1, Auflagen-Nr. 1.1. ISBN: 9783759735935.

„Richtungsbeschleunigung im Raum" aus (Einstein, 2009). Der klassische Raum hat demnach „unbeweglich" zu sein, bzw. geringstenfalls als „nicht beschleunigt" zu gelten, so dass allgemein die Richtungsbeschleunigung, welche aus der Bewegungstheorie stammt, mit einem physikalischen Sinn als ein Wert anzuschauen möglich ist (Einstein, 2009). Gleiches ist bei der Zeit gültig, die natürlich auch in die Beschleunigungsdefinition eingeht (Einstein, 2009). Sogar Newton sowie seine damaligen Kritiker empfanden es als unlogisch, dass allgemein dem Raum und seinem Bewegungsstatus eine Physikrealität zuzuordnen war; jedoch existierte zu dieser Zeit keine sonstige Möglichkeit, falls allgemein der Bewegung ein sinnvolles Verständnis zugeordnet werden sollte (Einstein, 2009).

Eine merkwürdige Theorie ist es bereits, dass allgemein einem Raum eigentlich eine Physikrealität zuzuordnen ist, vor allem einem ungefüllten Raum (Einstein, 2009). Hinsichtlich so einer Annahme haben die Philosophen seit dem Beginn ihrer Wissenschaft sich stets wiederholend gewehrt (Einstein, 2009). Annähernd so begründete dies Descartes (Einstein, 2009): Raum erscheint gleichwertig hinsichtlich Expansion zu sein, Expansion jedoch erscheint hinsichtlich Körper abhängig zu sein. Demnach existiert ohne Körper kein Raum, das bedeutet kein unausgefüllter Raum (Einstein, 2009). Eine Begrenzung so einer Schlussfolgerung besteht vor allem hierin (Einstein, 2009): Korrekt ist es freilich, dass die Definition Expansion seinen Ursprung in der Erfahrung hat, welche Albert Einstein (2009) und seine Leser bei der Einlagerung (Anfassen) hinsichtlich (fester) Körper machten. Hieraus ist jedoch keine allgemeine Folgerung möglich, dass die Expansionsdefinition unbegründet wäre innerhalb Szenarien, welche keinen Grund zu der Formung dieser Definition bedingen sollten (Einstein, 2009). So eine Dimensionierung hinsichtlich Definitionen ist ebenfalls auf Umwegen mittels ihres Beitrags hinsichtlich eines Verständnisses von Ergebnissen der Empirie sinnvoll (Einstein, 2009). Eine Hypothese, Expansion wäre mit Körpern verknüpft, erscheint deswegen freilich inhaltlich nicht fundiert zu sein (Einstein, 2009). Albert Einstein (2009) und seine Leser haben jedoch an späterer Stelle zu verstehen, dass Descartes Meinung mittelbar durch die allgemeine

Kolek, Erik (2024). Über die allgemeine, die spezielle und die allgemeinspezielle Relativitätstheorie. In: *Chroniken der Wirtschaftsinformatik-Physik (CWIP)*. Band 1, Auflagen-Nr. 1.1. ISBN: 9783759735935.

Relativitätstheorie bewiesen wird, das ist mit einem Körnchen Wahrheit zu bemerken. Der Grund warum Descartes diese sonderbar scheinende Meinung gedacht hat, muss wahrscheinlich die Emotion gewesen sein, dass allgemein einem (nur) „unmittelbar erlebbaren" Gegenstand wie einem Raum mit fehlender, dringlicher Erfordernis keinerlei Physikrealität zugeordnet werden darf (Einstein, 2009).

Eine gedankliche Herkunft dieser Raumdefinition, oder deren Erfordernis, erscheint viel unbewusster zu sein, wie dies wegen den menschlichen Psychologieeigenarten wahr sein kann (Einstein, 2009). Alle früheren Geometrieexperten benutzten psychologische Gegenstände (Linien, Punkte, Oberflächen), jedoch keine etwa hinsichtlich des Raums als ein Raum, wie dies die späteren untersuchenden Geometriemathematiker gemacht haben (Einstein, 2009). Die Definition des Raums erscheint jedoch angeregt durch manch einfache Erfahrung zu sein (Einstein, 2009). Allgemein könnte eine Box abgestellt worden sein (Einstein, 2009). Hierin können allgemein Gegenstände in beliebiger Systematisierung reingesetzt werden, damit die Box sich füllt (Einstein, 2009). Das Vorhandensein dieser (möglichen) Systematisierungen gleicht einer Funktion des gegenständlichen Körpers Box, ein Ding, das zusammen mit einer Box existiert, ein von einer Box „umfasster Raum" (Einstein, 2009). Das ist ein Ding, das hinsichtlich unterschiedlicher Boxen unterschiedlich besteht, ein Ding, das völlig wie von der Natur vorgegeben mit fehlender Abhängigkeit von der Box denkbar ist, unabhängig davon falls sich eigentlich Gegenstände innerhalb dieser Box befinden bzw. keine darin platziert sind (Einstein, 2009). Falls sich keinerlei Gegenstände innerhalb der Box befinden, dann wirkt sein Raum „unausgefüllt" (bzw. „offen") (Einstein, 2009).

Albert Einsteins (2009) und die von seinen Lesern gedachte Raumdefinition erscheint bis jetzt mit der Box verknüpft. Für Albert Einstein (2009) und seine Leser zeigt sich jedoch, dass alle den Box-Raum beschreibenden Systematisierungsmöglichkeiten nicht abhängig hiervon sein können, wie breit sich die Boxbegrenzungen darstellen. Ist es nicht allgemein möglich diese Breite gegen Null zu reduzieren, jedoch ohne

Kolek, Erik (2024). Über die allgemeine, die spezielle und die allgemeinspezielle Relativitätstheorie. In: *Chroniken der Wirtschaftsinformatik-Physik (CWIP)*. Band 1, Auflagen-Nr. 1.1. ISBN: 9783759735935.

hierbei deswegen den (vorgesehenen) „Raumplatz" (der Box) als einen Verlust zu akzeptieren (Einstein, 2009)? Die Einfachheit von so einem Gedankengrenzablauf erscheint nachvollziehbar, sowie jetzt existiert für die menschliche Psychologie ein Raum mit fehlender Box, der unabhängige Gegenstand, der trotzdem als extrem unreal wirkt, falls allgemein der Ursprung dieser Definition vernachlässigt wird (Einstein, 2009). Allgemein wird verstanden, dass Descartes es nicht gefiel, den Raum, selbstständig hinsichtlich gegenständlicher Körper, wie ein Objekt anzuschauen, das trotz fehlender Materie bestehen sollte (Einstein, 2009). Die Herangehensweise von Kant, diese Zumutung mittels Verneinung der Objektgestalt des Raums eliminieren zu versuchen, darf deswegen eigentlich nicht als eine Theorie zu verstehen sein (Einstein, 2009). Die Systematisierungsmöglichkeiten, geometrisch aufgrund des Stauraums der Box gegeben, erscheinen mit dem gleichen Sinn nicht subjektiv gestaltet wie eine Box an sich sowie alle in dieser Box ablegbaren Gegenstände (Einstein, 2009). (Die fehlende Materie stört Descartes jedoch keinesfalls hieran, diesen Raum als eine grundsätzliche Definition anzusehen innerhalb der von ihm abgeleiteten Geometrieanalyse (Einstein, 2009). Der Kommentar hinsichtlich des luftleeren Raums (Vakuums) in einem „Quecksilber-Barometer" macht sicher die verbleibenden Duallisten (Kartesianer) (argumentativ) wehrlos (Einstein, 2009). Jedoch erscheint es keinesfalls verneinbar zu sein, dass bereits auf dieser einfachsten Entwicklungsstufe die Raumdefinition oder unser Raum, erkannt als ein eigenständiger wirklicher Gegenstand, ein wenig Unvollständigkeit innehat (Einstein, 2009).

Die Möglichkeiten, wie die Körper in Räumen (Boxen) ablegbar sind, gleichen dem Gegenstand nach der Geometrie von Euklid auf drei Dimensionen, die durch ihre axiomatische Gestaltung den fälschlichen (illusionären) Eindruck schnell erwecken kann, dass diese sich in Verbindung bringen lässt mit erfahrbaren Zuständen (Einstein, 2009).

Kolek, Erik (2024). Über die allgemeine, die spezielle und die allgemeinspezielle Relativitätstheorie. In: *Chroniken der Wirtschaftsinformatik-Physik (CWIP)*. Band 1, Auflagen-Nr. 1.1. ISBN: 9783759735935.

Falls jetzt gemäß der vorherig beschriebenen Methode, nach einer Erfahrung hinsichtlich dem „Auffüllen" einer Box, die Raumdefinition gestaltet erscheint, dann stellt dieser Gedanke zuerst einen *limitierten* Raum dar (Einstein, 2009). Die Limitation wird jedoch unwichtig, da allgemein dem Anschein nach immer eine größer dimensionierte Box einführbar ist, die eine kleiner dimensionierte Box einbezieht (Einstein, 2009). Ein Raum wird dadurch zu einem dinglichen Unbegrenztem (bzw. Unendlichem) (Einstein, 2009).

Albert Einstein (2009) möchte jetzt an dieser Stelle keinesfalls hierüber sprechen, dass die Verständnisse hinsichtlich der drei Dimensionen sowie der „Euklidheit" (Gleichheit) des Raums begründet sind durch (verhältnismäßig einfachste) Erfahrungen, stattdessen möchte er die Aufgabe der Raumdefinition innerhalb der Verbesserung der Physikdenkweise vorerst mit davon verschiedenen Gedankenpunkten veranschaulichen.

Falls eine kleiner dimensionierte Box b innen im Leerraum einer größer dimensionierten Box B relativ ruhend daliegt, dann gleicht der Leerraum von b einem Bestandteil des Leerraums von B, sowie zu diesen zwei Boxen zählt das gleiche diese zwei umfassende „Raumkonstrukt" (Einstein, 2009). Schwieriger jedoch erscheint das Verständnis zu sein, falls b hinsichtlich B bewegt sei (Einstein, 2009). Darauf wird allgemein dazu tendiert dies so nachzuvollziehen, b umfasst immer den gleichen Raum, jedoch handelt es sich um einen nicht-konstanten (variablen) Raumbestandteil des Raums B (Einstein, 2009). Allgemein erscheint darauf erforderlich, allen Boxen ihren speziellen (unbegrenzt angenommenen) Raum zuzuschreiben und zu denken, dass die zwei Raumkonstrukte einer gegen den anderen nicht ruhend existieren (Einstein, 2009).

Erst nachdem allgemein eine Bewusstheit hinsichtlich dieser Verworrenheit (Chaos) (der Räume) entwickelt wurde, wirkt unser Raum nicht mehr analog zu einem eingegrenzten Behältnis (Medium), innerhalb dessen die gegenständlichen Körper herumschwirren (Einstein, 2009). Jetzt jedoch müssen Albert Einstein (2009) und

Kolek, Erik (2024). Über die allgemeine, die spezielle und die allgemeinspezielle Relativitätstheorie. In: *Chroniken der Wirtschaftsinformatik-Physik (CWIP)*. Band 1, Auflagen-Nr. 1.1. ISBN: 9783759735935.

seine Leser allgemein verstehen, dass keine endliche Anzahl an Räumen existiert, von denen alle gegen alle Räume fortgepflanzt bestehen. Das Konstrukt Raum analog zu einer nicht abhängig hinsichtlich der Körper existierenden Objektivität zählt bereits zu dem volkstümlichen Verstehen, ein wissenschaftliches Verstehen jedoch ist der Gedankenblitz hinsichtlich des Vorhandenseins von einer nicht endenden Anzahl von gegensätzlich nicht ruhender Räume (Einstein, 2009). Dieser letzte Einfall erscheint freilich gedanklich erforderlich, hatte jedoch als ein Gedankenansatz innerhalb der Wissenschaftsdenkweise längere Zeit keinerlei größere Aufgabe (Einstein, 2009).

Worum geht es jedoch bei der gedanklichen Herkunft der Zeitdefinition (Einstein, 2009)? Dieses Konstrukt ist verlässlich in Zusammenhang zu bringen hinsichtlich der Wirklichkeit der „menschlichen Erinnerung", und hinsichtlich der Verschiedenheit von (gegenwärtigem) Sinnerlebnis und (gedachter) Erfahrung als eine Sinnvorstellung (Einstein, 2009). Eigentlich muss hier hinterfragt werden, ob für die Menschen diese Verschiedenheit von Sinnerlebnis und Erfahrung (oder reine Phantasie) ein dingliches gedankliches direkt Objektives darstellt (Einstein, 2009). Alle haben erfahren, dass sie anzweifelten, ob sie Dinge sinngebend erlebten bzw. nur davon träumten (Einstein, 2009). Es ist anzunehmen, dass die beschriebene Verschiedenheit nach dem zuordnenden Sinn (Handlung) als ein Gedanke entsteht (Einstein, 2009).

Unserer „Erfahrung" ordnen wir ein Sinnerlebnis zu, das als „davor" verstanden ist gegenüber den „jetztigen Sinnerlebnissen" (Einstein, 2009). Es handelt sich um einen gestalterischen Systematisierungsgrundsatz hinsichtlich (psychologischer) Sinnerlebnisse, die Anwendbarkeit dieses Grundsatzes führt zu einer Begründung des nicht-objektiven Zeitkonstrukts, das bedeutet dieses Zeitverständnis, das der Systematisierung von Sinnerlebnissen von Einzelnen gleicht (Einstein, 2009).

Nicht-Subjektivierung des Zeitkonstrukts (Einstein, 2009). Gedankenvorstellung (Einstein, 2009). Mensch A („Albert Einstein") sieht als Sinnerlebnis einen „Blitz" (Einstein, 2009). Albert Einstein (2009) erfährt (lernt) hierbei ebenfalls die gleiche

Kolek, Erik (2024). Über die allgemeine, die spezielle und die allgemeinspezielle Relativitätstheorie. In: *Chroniken der Wirtschaftsinformatik-Physik (CWIP)*. Band 1, Auflagen-Nr. 1.1. ISBN: 9783759735935.

Verhaltensweise des Menschen B („ich"), welcher die Verhaltensweise von Erik Kolek mit seinem Sinnerlebnis „Blitz gesehen" in einer Relation (Gleichung) denkt. Das ist der Grund dafür, dass Albert Einstein (2009) mir sein (bzw. unser gemeinsames) Sinnerlebnis „Blitz gesehen" (gedanklich) zuschreibt. Bei Albert Einstein (2009) kommt das Verständnis zustande, dass an diesem „Blitz gesehen" ebenfalls weitere Menschen beteiligt sind. Der „gesehene Blitz" erscheint jetzt als kein rein individuelles Sinnerlebnis in den Gedanken, stattdessen als ein Sinnerlebnis (bzw. nun lediglich als ein „mögliches Sinnerlebnis") weiterer Menschen (Einstein, 2009). Demnach kommt entsprechend das Verständnis zustande, dass der „gesehene Blitz", welcher anfänglich als ein „Sinnerlebnis" seine Erfassung in unserem Gedankenbewusstsein bekam, jetzt ebenfalls als ein (nicht-subjektives) „Punktereignis" (event point) verstanden ist (Einstein, 2009). Die Vorstellung (Verkörperung) jedes Punktereignisses jedoch gleicht dem, was die Menschen denken, sobald sie sich auf eine „außenliegende Realitätswelt" beziehen (Einstein, 2009).

Albert Einstein (2009) und seine Leser lernten, dass sie sich hierzu hingezogen denken, allen Erfahrungen eine Systematisierung der Zeit zuzuordnen nach der Methode: Falls β nach α sowie Ω nach β, dann gleicht ebenfalls Ω nach α (Aufeinanderfolge von „Erfahrungen"). Was passiert jetzt nach dieser Denkweise mit allen Punktereignissen, welche die Menschen ihren Erfahrungen zuzuschreiben gewohnt sind (Einstein, 2009)? Am einfachsten ist dies scheinbar zu denken, dass die Zeitsystematisierung von Ereignissen besteht, welche der Zeitsystematisierung der Erfahrungen gleicht (Einstein, 2009). Das machten Menschen ebenfalls nicht speziell sowie ohne Bewusstsein, solange bis kritische Gedanken gültig aufkamen (Einstein, 2009). Beispielsweise ist es möglich, dass eine akustische Zeitsystematisierung von Erfahrungen hinsichtlich einer visuellen Zeitsystematisierung von Ereignissen auseinandergeht, das allgemein dazu führt, dass die Zeitsystematisierung von Ereignissen nur schwierig anhand der Zeitsystematisierung von Erfahrungen ausmachbar ist (Einstein, 2009).

Kolek, Erik (2024). Über die allgemeine, die spezielle und die allgemeinspezielle Relativitätstheorie. In: *Chroniken der Wirtschaftsinformatik-Physik (CWIP)*. Band 1, Auflagen-Nr. 1.1. ISBN: 9783759735935.

Damit eine Nicht-Subjektivierung der (außenliegenden Welt unserer) Realität entstehen kann, wird hierzu noch ein weiterer gestalterischer Einfall benötigt (Einstein, 2009): Der event point stellt sich ebenfalls in einem Raum platziert dar, keinesfalls allein innerhalb der Zeitkoordinate.

In dem Vorherigen versuchten Albert Einstein (2009) und seine Leser zu verstehen, wie alle Konstrukte Zeit, Raum sowie event point mit allen Erfahrungen in eine gedankliche Relation einfügbar sind. Denkend veranschaulicht entsprechen diese unbeeinflussten Kreationen durch die Intelligenz des Menschen, Methoden für das Denken, welche dafür geeignet sind, alle Erfahrungen in einer Beziehung zu gestalten sowie hierdurch diese leichter im Überblick zu behalten (Einstein, 2009). Das Experiment, diese Grundsätze anhand empirischer Referenzen zu erlernen, wird veranschaulichen, in welchem Maß Menschen von diesen Sätzen wirklich abhängig existieren (Einstein, 2009). Menschen lernen entsprechend ihre Selbstständigkeit (im Denken) kennen, die bei einer bestehenden Anforderung einen passenden Gedanken aufzubauen, immer einen schwierigen Vorgang darstellt (Einstein, 2009).

Hinsichtlich derjenigen Bildvorstellung bezüglich der gedanklichen Herkunft von den Konstrukten Raum-Zeit-event point (Albert Einstein und seine Leser möchten diese in kürzerer Form als „raumbezogen" bezeichnen in dem Gegenteil zu den Konstrukten gemäß der gedanklichen Welt) müssen Albert Einstein (2009) und seine Leser zusätzlich dinglich Beschreibendes ergänzen. Albert Einstein (2009) und seine Leser lernten das Raumkonstrukt verbunden mit Erfahrungen mit Boxen sowie Systematisierung von objektiven Körpern innerhalb dieser Boxen. Das beschriebene Verständnisdesign erfordert demnach bereits das Konstrukt (Modellvorstellung) eines objektiven Körpers (beispielsweise „Box") (Einstein, 2009). Genauso haben ebenfalls alle Menschen, die für das Design eines nicht-subjektiven Zeitverständnisses vorzustellen waren, innerhalb dieses Beziehungssystems ihre Aufgabe als objektive Körper übernommen (Einstein, 2009). Albert Einstein (2009) meinte deswegen, dass

Kolek, Erik (2024). Über die allgemeine, die spezielle und die allgemeinspezielle Relativitätstheorie. In: *Chroniken der Wirtschaftsinformatik-Physik (CWIP)*. Band 1, Auflagen-Nr. 1.1. ISBN: 9783759735935.

bevor seine Leser an die Modellkonstrukte Raum sowie Zeit denken können, die Gestaltung der Konstrukte von objektiven Körpern zu erfolgen hat.

Die beschriebenen raumbezogenen Konstrukte zählen insgesamt schon zu einer populären Denkweise hinsichtlich von verwandten Konstrukten in der gedanklichen Welt, beispielsweise Freude, Start, Grund etc. (Einstein, 2009). Hinsichtlich der physikalischen und insgesamt naturwissenschaftlichen Denkweise erscheint diese Gedankenbildung jetzt kennzeichnend, dass diese grundsätzlich alle „raumbezogenen" Konstrukte einzeln zu nutzen (denken) versucht sowie mit diesen Konstrukten jede gesetzliche Relation zu formulieren bezweckt (Einstein, 2009). Die Quantenphysiker denken Klänge sowie Färbungen hinsichtlich Bewegungen (Frequenzen) zu verkleinern, die Psychologen suchen Verstand sowie Sorge in auffälligen Abläufen, und zwar so, dass das Gedankliche insgesamt aus der Kausalitätsmatrix (Kausalitätsnexus) des Existierenden (Denkenden) entfernt werden kann, demnach nirgendwo als eigenständiger Knotenpunkt innerhalb der Kausalitätsverknüpfungen (Gedankenverbindungen) vorkommt (Einstein, 2009). Dieses Verständnis, das diese Summierung der Kausalitätsgedanken (Verbindungsknoten) mithilfe der ausschließlichen Nutzung von lediglich „raumbezogenen" Konstrukten nach diesem Grundsatz für erreichbar ansieht, gleicht sicher dem Grund, warum Beziehungen allgemein heute als „Stofflichkeit" gedacht werden (Relation zwischen Materie und Gedanken) [davor hatten die „Stoffe" diese Aufgabe als ein Grundsatzkonstrukt (Freiheit zwischen Materie und Gedanken)] (Einstein, 2009).

Weshalb erscheint das Denken erforderlich, diese Grundsätze einer Naturwissenschaftsdenkweise anhand der überirdischen Gebieten nach Platon abzuleiten sowie anzustreben, derselben erdgebundenen Ursprung zu erkennen (Einstein, 2009)? Aufklärung (Einstein, 2009): Damit die Konstrukte hinsichtlich ihres anhängenden Verbots entbunden werden, sowie dadurch höhere Selbstständigkeit innerhalb des Denkdesigns (der Satzkreation bzw. der

Kolek, Erik (2024). Über die allgemeine, die spezielle und die allgemeinspezielle Relativitätstheorie. In: *Chroniken der Wirtschaftsinformatik-Physik (CWIP)*. Band 1, Auflagen-Nr. 1.1. ISBN: 9783759735935.

Konstruktgestaltung) herzustellen. Hume sowie Mach führten diese besinnende Kritik ein, dies gleicht einem auf beide zurückzuführenden dauerhaften Erfolg (Einstein, 2009).

Wissenschaftler haben die Konstrukte objektiver Körper (inklusive einem bedeutenden Spezialgedanken „Festkörper"), Raum, Zeit aus der allgemeinen (populären) Denkweise transferiert, konkretisiert sowie abgeändert (Einstein, 2009). Deren erstes wichtiges Ergebnis repräsentierte die Ableitung der Geometrie nach Euklid (Einstein, 2009). Die damit verbundene anfängliche (axiomatische) Ausdruckweise müssen Albert Einstein (2009) und seine Leser beachten, denn diese kann ihre empirische Herkunft (Platzierungsorte von Festkörpern) verschleiern. Empirische Herkunft haben nach dem speziellen Sinn ebenfalls der Raum mit seinen drei Dimensionen und seine Beschreibung nach Euklid (der Raum kann ausnahmslos mit übereinstimmend großen „Würfeln" aufgefüllt werden) (Einstein, 2009).

Die Feinheit (Subtilität) des Raumverständnisses vergrößerte sich mit der Erkenntnis, dass Körper niemals komplett bewegungslos existieren (Einstein, 2009). Jeder Körper ist flexibel verformbar sowie deformiert sein Füllvolumen, wenn sich die Temperatur ändert (Einstein, 2009). Die Formen, derjenigen denkbaren Orte die mittels der Geometrie nach Euklid zum Gestalten (Beschreiben) ausgewählt vorgegeben erscheinen müssen, können daher keinesfalls ohne die Theorien (Gleichungen) aus der Physik bestimmt werden (Einstein, 2009). Weil jedoch unsere Physik während ihrer (gedanklichen) Definition der Konstrukte bereits die Geometrie zu nutzen hat, dann kann ein empirischer Grad dieser Geometrie lediglich innerhalb der Grenzen der Physik insgesamt ermittelt und evaluiert werden (Einstein, 2009).

Gemäß desselben Sinnbilds (Empirie zur Geometrie UND Geometrie zur Physik) ist ebenfalls an den Atomismus zu denken sowie seinem Verständnis hinsichtlich der nicht unendlichen Teilungsmöglichkeit (Einstein, 2009). Weil subatomar ausgedehnte Räume können keinesfalls ausgemessen werden (Einstein, 2009). Ebenfalls erfordert der Atomismus hierzu, den Gedanken an trennscharf und nicht-dynamisch

Kolek, Erik (2024). Über die allgemeine, die spezielle und die allgemeinspezielle Relativitätstheorie. In: *Chroniken der Wirtschaftsinformatik-Physik (CWIP)*. Band 1, Auflagen-Nr. 1.1. ISBN: 9783759735935.

festgelegten Wandflächen von Festkörpern nach diesem Grundsatz aufzulösen (Einstein, 2009). Demnach existieren genau verstanden keinerlei unabhängige Theorien über die Platzierungsorte von Festkörpern, auch keinesfalls im Erfahrungsgebiet der Makroquantenphysik (Einstein, 2009).

Dennoch folgerte keiner hieraus, das Raumkonstrukt aufzulösen; weil dieses wirkte notwendig in einem sich erstklassig hervortuenden Wissenschaftsgesamtsystem der Naturphysik (Einstein, 2009). Im 19. Jahrhundert war Mach es allein, welcher begründet beabsichtigte das Raumkonstrukt zu verwerfen (bzw. zu eliminieren), dadurch dass dieser den Raum mittels dem Konstrukt einer Summierung aller heutigen Entfernungen (Abstände) jedes Materiepunkts auszutauschen bezweckte (Einstein, 2009). (Mach unternahm den beschriebenen Gedankengang, weil er ein Verständnis hinsichtlich der Körperträgheit gewinnen wollte, das nach der Meinung von Albert Einstein (2009) befriedigend ist.)

Ein Raumzeitfeld (Einstein, 2009). Innerhalb der klassischen Theorie haben Zeit sowie Raum zwei Aufgaben (Einstein, 2009). Die erste Aufgabe ist es Beeinflusster (Träger) oder Rastergitter (Rahmen) zu sein hinsichtlich der physikalischen Begebenheiten (dem Geschehen), hinsichtlich dem alle Punktereignisse mittels der räumlichen Koordinaten sowie der Zeitkoordinate charakterisiert sind (Einstein, 2009). Alle Materie besteht nach dem Grundsatz aus „Materiepunkten" zusammengesetzt gedacht, derjenigen Mechaniken das Physikgeschehen vorgeben (Einstein, 2009). Werden sich die Materiepunkte gleichbleibend (kontinuierlich) vorgestellt, dann erfolgt das sozusagen vorübergehend (behelfsmäßig) innerhalb dieser Szenarien, innerhalb denen Wissenschaftler deren unstetige Gestaltung keinesfalls darstellen wollen bzw. können (Einstein, 2009). Innerhalb dieses Szenarios können kleinste Teilchen (Volumenbestandteile) von Materie fast gleich betrachtet werden hinsichtlich der Materiepunkte, zumindest solange diese Anschauung nur Mechaniken beinhaltet sowie keine Prozesse, derjenigen gedanklichen Erklärung aufgrund von Mechaniken bis dahin unausführbar bzw.

Kolek, Erik (2024). Über die allgemeine, die spezielle und die allgemeinspezielle Relativitätstheorie. In: *Chroniken der Wirtschaftsinformatik-Physik (CWIP)*. Band 1, Auflagen-Nr. 1.1. ISBN: 9783759735935.

unsinnig erschien (beispielsweise Temperaturverschiebungen, Chemieprozesse) (Einstein, 2009). Raum sowie Zeit hatten die zweite Aufgabe wie ein „Trägheitssystem" gedanklich zu funktionieren (Einstein, 2009). Trägheitssysteme (Körperinertialsysteme) wurden hinsichtlich aller vorstellbaren Koordinatensysteme (Systeme von Bezugskörpern) deswegen präferiert angenommen, weil hinsichtlich dieser Bezugssysteme das Trägheitsprinzip Geltung verlangte (Einstein, 2009).

Die Bedeutung hiervon gleicht der „physikalischen Realität", die nicht abhängig ist von denjenigen Lebewesen (Subjekten), die diese Wirklichkeit denken und erfahren, die zu verstehen war bestehend aus Zeit sowie Raum auf der einen Seite sowie aus, hinsichtlich derer, bewegten gleichbleibend bestehenden Materiepunkten auf der anderen Seite – zumindest dem Begriff nach (Einstein, 2009). Der Gedankeneinfall des freien Bestehens von Zeit sowie Raum ist allgemein bildhaft entsprechend auszudrücken (Einstein, 2009): Falls alle Materie verschwinden würde, dann würde demnach Zeit sowie Raum einzeln weiterhin bestehen (wie eine Vorstellung von einem Ort innerhalb dem sich das Physikgeschehen abspielt).

Die Verbesserung des beschriebenen Verständnisses entstand aufgrund der Etablierung, welche vorerst nicht mit der Frage der Existenz von (Materie-)Zeit-Raum in Zusammenhang zu bringen wirkte – ein Zustandekommen eines Feldkonstrukts sowie desselben gedanklichen Folge, den Teilchengedanken (Materiepunkt) dem Begriff nach auszutauschen (Einstein, 2009). Innerhalb des Rastergitters (Gedankenmatrix) der Newtonschen Physikgesetze wurde das Feldkonstrukt als ein Unterstützungsgedanke akzeptiert, innerhalb Szenarien, innerhalb derer Physiker alle Materie als ein Zusammenhang (Kontinuum) betrachteten (Einstein, 2009). Zum Beispiel während der Beobachtung der Wärmeübertragung innerhalb eines Festkörpers beschreibt sich sein Status hierdurch, dass innerhalb jedes Körperpunkts hinsichtlich jeder festlegbaren Zeitkoordinate eine Temperaturerfahrung zusammenhängt (Einstein, 2009). Das bedeutet mathematisch (Einstein, 2009): Eine Temperaturerfahrung T beschreibt analog zu einer mathematischen Gleichung

Kolek, Erik (2024). Über die allgemeine, die spezielle und die allgemeinspezielle Relativitätstheorie. In: *Chroniken der Wirtschaftsinformatik-Physik (CWIP)*. Band 1, Auflagen-Nr. 1.1. ISBN: 9783759735935.

(Eigenschaft) der raumbezogenen Ausdehnung (räumliche Koordinationsfunktion) innerhalb der Zeitkoordinate t (Feldtemperatur). Die Physik der Wärmeübertragung gleicht einem örtlichen Relationsbezugssystem (Differentialgleichungssystem), das jeden Spezialfall der Wärmeübertragung ausdrückt (Einstein, 2009). Dieselbe Temperaturerfahrung T gleicht einem leicht zu verstehenden Erfahrungsbeispiel hinsichtlich des Feldverständnisses (bzw. Feldbegriffs) (Einstein, 2009). Ein Feld gleicht einem Wert [bzw. einem Bündel von Werten (Vektor)], der als eine Eigenschaft die Raum-Zeit-Koordinationsbewegung abbildet (Einstein, 2009). Eine weitere beispielhafte Erfahrung gleicht der Abbildung der Flüssigkeitsmechanik (Einstein, 2009). Innerhalb allen Flüssigkeitspunkten (Flüssigkeitsteilchen) existiert jederzeit die bestimmte Geschwindigkeitsbewegung v, welche anhand ihrer drei „Bestandteile" hinsichtlich der Koordinatensystemachsen mengenmäßig denkbar ist (Vierervektor) (Einstein, 2009). Alle Geschwindigkeitsbestandteile in einem (vierdimensionalen) Punktereignis (Feldbestandteile) gleichen ebenfalls gemäß dieser Bewegungserfahrung den Eigenschaften hinsichtlich Raumkoordination (x, y, z) sowie Zeitkoordination (t) (Einstein, 2009).

Hinsichtlich der beschriebenen Feldbegriffe (Temperaturfeld, Flüssigkeitsfeld) erscheint für diese bestimmend zu sein, dass diese lediglich innerhalb von schweren (gewichtigen, wägbaren, ponderablen) Punktmassen entstehen; die Physiker möchten lediglich einen Status der Materie angeben (Einstein, 2009). An Stellen an denen Materie nicht existierte, hier wurde – übereinstimmend mit der Etablierungsanekdote des Feldverständnisses – ebenfalls keinerlei Feldkontinuum angenommen (Einstein, 2009). Jetzt fanden Physiker jedoch in einem ersten Quartil bezogen auf die Kalenderjahre 1800 bis 1900 heraus, dass alle Überlagerungs- und Krümmungsbeobachtungen der Lichtstrahlen mit erheblicher Genauigkeit zu begründen waren, falls allgemein die Lichtstrahlen analog zu einem Wellenteilchenfeld verstanden wurden, das sich einem bewegten Vibrationsfeld innerhalb eines flexiblen Festkörpers gänzlich gleich darstellte (Einstein, 2009). Entsprechend dachten die Physiker es sei deswegen gleichungsbedingt erforderlich,

Kolek, Erik (2024). Über die allgemeine, die spezielle und die allgemeinspezielle Relativitätstheorie. In: *Chroniken der Wirtschaftsinformatik-Physik (CWIP)*. Band 1, Auflagen-Nr. 1.1. ISBN: 9783759735935.

das Feldkonstrukt zu etablieren, welches ebenfalls unabhängig von schwerer Materie in einem körperlosen Raum bestehen kann (Einstein, 2009).

Dieser Sachverhalt kreierte ein situationsbedingtes Paradoxon, da das Feldverständnis übereinstimmend mit seiner Herkunft anschließend eingegrenzt wirkte, Trägheitszustände innerhalb eines schweren Festkörpers darzustellen (Einstein, 2009). Das wirkte desto entsprechend richtigerer anzunehmen, ab dem Zeitpunkt da Physiker als Überzeugung die Theorie teilten, dass alle Felder analog zu bewegten relativierbaren Zuständen zu verstehen seien, das das Vorhandensein der Materie erforderte (Einstein, 2009). Entsprechend dachten die Physiker es sei notwendig, ebenfalls innerhalb des bis heute als körperlos erfassten Raums an jedem Ort das Vorhandensein von Materie gutzuheißen, welche sie als „Ätherkonstrukt" (Materiekonstrukt) bezeichneten (Einstein, 2009).

Diese Selbstständigkeit dieses Feldverständnisses gegenüber einer Theorie über die Notwendigkeit von tragender Materie gleicht einem der entscheidendsten Psychologieprozesse innerhalb der Evolution der Physikdenkweise (Einstein, 2009). Innerhalb des dritten bis vierten Quartils hinsichtlich der Kalenderjahre 1800 bis 1900 existierte nach der Veröffentlichung von Faradays sowie Maxwells Forschungsergebnissen eine stets verständlicher werdende Auffassung, dass eine feldbezogene Erklärung elektromagnetischer Prozesse gegenüber der Betrachtung aufgrund von punktbewegten Vorstellungen sehr fortschrittlich erschien (Einstein, 2009). Mit der Etablierung eines Feldverständnisses innerhalb der Elektrodynamik war Maxwell in der Lage, das Bestehen von elektromagnetischen Teilchenwellen zu prognostizieren, derjenigen grundsätzliche Gleichheit hinsichtlich aller Lichtkörperwellen bereits aufgrund einer Analogie mit der Bewegungsgeschwindigkeit keine Zweifel offen ließ (Einstein, 2009). Folglich integrierte (absorbierte) die Elektrodynamik in ihrem Grundsatz die Optik (Einstein, 2009). Der gedankliche Effekt dieser großen Leistung bestand daraus, dass das

Kolek, Erik (2024). Über die allgemeine, die spezielle und die allgemeinspezielle Relativitätstheorie. In: *Chroniken der Wirtschaftsinformatik-Physik (CWIP)*. Band 1, Auflagen-Nr. 1.1. ISBN: 9783759735935.

Feldverständnis hinsichtlich einem physikalischen Rastergitter der Newtonschen Mechanik schrittweise höhere Freiheit erlangte (Einstein, 2009).

Jedoch trotzdem wurde vorübergehend bereitwillig gedacht, dass alle Elektromagnetfelder analog zu den Momentzuständen des Ätherkonstrukts zu verstehen sind, sowie die Physiker dachten mit hoher Begeisterung daran deren Momentzustände gleich zu sich bewegenden Momenten festzulegen (Einstein, 2009). Nachdem ihre Erklärungsversuche immer versagten, akzeptierten die Physiker allmählich, diese bewegte Auslegung (als falsche Sinndeutung bzw. Interpretation) wegzudenken (Einstein, 2009). Nach wie vor merkten die Physiker sich aber die Auffassung, dass alle Elektromagnetfelder Momentzustände eines Ätherkonstrukts entsprächen; das war die Sachlage nahe des nächsten Jahrhunderts (Einstein, 2009).

Der angenommene Äthergedanke bewirkte folgende Fragestellung (Einstein, 2009): Woraus besteht das Verhalten des Äthers in seiner Bewegungsrelation hinsichtlich der schweren Körper? Hat das Ätherkonstrukt (selbst) dieselbe Körpermechanik bzw. sind die Ätherbestandteile vergleichsweise gegenseitig unbewegt (Einstein, 2009)? Eine hohe Anzahl durchdachter Versuche sind hinsichtlich der Beantwortung letzterer Frage durchgeführt worden (Einstein, 2009). Innerhalb dieses Kontexts erschienen bedeutende Erkenntnisse ebenfalls relevant zu werden, das sind die Abweichung (Aberration) aller Fixsterne als eine Folge der Jahresbewegung unserer Erde und die „Doppler-Wirkung" (Effekt der Relativmechanik aller Fixsterne hinsichtlich der Schwingung der die Erde erreichenden Lichtstrahlen mit bestimmter Strahlungsschwingung) (Einstein, 2009). Alle Resultate der beschriebenen Fakten sowie Versuche (davon ausgenommen, der Michelson-Morley-Versuch) begründete Lorentz gemäß der Theorie, dass das Ätherkonstrukt keine Beteiligung an der Mechanik (Bewegung) von schweren (gewichtigen) Körpern aufzeigt, sowie dass alle Bestandteile des Ätherkonstrukts nicht eine Relativmechanik gegenseitig besitzen (Einstein, 2009). Das Ätherkonstrukt wurde sozusagen entsprechend gedacht gleich zu der Beschaffenheit von einem vollkommen unbewegten Raum (Einstein, 2009).

Kolek, Erik (2024). Über die allgemeine, die spezielle und die allgemeinspezielle Relativitätstheorie. In: *Chroniken der Wirtschaftsinformatik-Physik (CWIP)*. Band 1, Auflagen-Nr. 1.1. ISBN: 9783759735935.

Diese Studie von Lorentz bewirkte jedoch weiterhin einiges (Einstein, 2009). Diese (Analyse von Lorentz) beschrieb alle zu diesem Zeitpunkt akzeptierten Elektromagnetismus-Prozesse sowie Optik-Prozesse innerhalb schwerer Massekörper gemäß der Theorie, dass die Wirkung einer schweren Masse hinsichtlich dem Elektrofeld (sowie entgegengesetzt) lediglich dadurch begründet erscheint, dass alle Quanten einer Masse Elektrobestandteile umfassen, welche innerhalb der Quantenmechanik (Teilchenbewegung) beteiligt sind (Einstein, 2009). Lorentz veranschaulichte hinsichtlich dem Experiment der Wissenschaftler Michelson sowie Morley, dass sein Resultat zumindest keinen Gegensatz bedeute hinsichtlich einer Annahme über das unbewegte Ätherkonstrukt (Einstein, 2009).

Allein aufgrund der ganzen passenden Gedanken gleichte die Entwicklung der Theorie (von Allem) trotzdem noch keiner vollkommenen Befriedigung, sowie genau anhand der nächsten Begründung (Einstein, 2009). Die Newtonsche Bewegung, die mit aller Sicherheit bestätigbar sein sollte, durch ihre mit hoher Annäherung möglichen Geltung, beschreibt die Lehrmeinung der Gleichheit jedes Trägheitssystems (oder Trägheitsraums) mit der Ausdrucksweise jedes Gesetzes der Natur (Skalar von Naturgesetzen hinsichtlich der Transformation von dem einen auf das nächste Trägheitssystem) (Einstein, 2009). Alle Elektromagnetismus- sowie Optikversuche machten das gleiche samt hoher Präzision erlernbar (Einstein, 2009). Jedoch die Grundlage zur Annahme über den Elektromagnetismus entstand aufgrund der Vorliebe für ein spezielles Trägheitsbezugssystem, gewissermaßen das eines unbewegten Ätherlichts (Einstein, 2009). Dieses Verständnis dieser annahmebasierten Grundlage existierte noch völlig unzureichend (Einstein, 2009). Bestand dafür keinerlei Anpassung dieser Grundlage, die – analog zur Newtonschen Bewegung – eine Gleichheit der Trägheitsbezugssysteme (spezieller Relativitätsgrundsatz) einhalten kann (Einstein, 2009)?

Eine Modifikation der Newtonschen Theorie, als eine Beantwortung hinsichtlich dieser Fragestellung, gleicht der speziellen Relativitätstheorie (Einstein, 2009). Die

Kolek, Erik (2024). Über die allgemeine, die spezielle und die allgemeinspezielle Relativitätstheorie. In: *Chroniken der Wirtschaftsinformatik-Physik (CWIP)*. Band 1, Auflagen-Nr. 1.1. ISBN: 9783759735935.

Theorie integriert aus der Maxwell-Lorentz-Annahme eine Bedingung für die Gleichförmigkeit der Lichtkörpergeschwindigkeit innerhalb eines inhaltsleeren Raums (Einstein, 2009). Damit die (geradlinige) Bewegungsgleichförmigkeit (des Lichts) mit der Gleichheit der Trägheitsbezugssysteme (spezieller Relativitätsgrundsatz) übereinstimmt, kann kein uneingeschränkter Ausdruck von Gleichzeitigkeit existieren; zusätzlich folgend sind Übergänge nach Lorentz hinsichtlich der Zeitkoordinate sowie Raumkoordination bezüglich der Transformation von dem einem zu dem anderen Trägheitssystem (Inertialbezugssystem) (Einstein, 2009). Ein gesamter Sinn der speziellen Relativitätstheorie erscheint innerhalb des Grundsatzes eingebunden (Einstein, 2009): Alle Gesetze der Natur verhalten sich konstant (wie die Lichtgeschwindigkeit) hinsichtlich aller Lorentz-Übergänge. Die Bedeutung dieses Ausdrucks besteht hierin, dass die Theorie alle denkbaren Gesetze der Natur mit einer koinzident ausgewählten (bestimmten) Methode festlegt (bzw. eingrenzt) (Einstein, 2009).

Auf welche Weise versteht (begreift) Albert Einstein (2009) in seiner speziellen Relativitätstheorie den Raumzustand? An erster Stelle hat allgemein der Gedanke zugelassen zu werden, dass alle vier Dimensionen unserer Realität vor dieser Relativitätstheorie bereits etabliert waren (Einstein, 2009). Ebenfalls innerhalb der Newtonschen Bewegung wird ein Ereignispunkt (event point) mit vier Werten örtlich gefunden, gewissermaßen mit drei Raumkoordinaten sowie mit einer Zeitkoordinate; eine Summierung aller „event points" befindet sich physikalisch denkend demnach innerhalb einer auf vier Dimensionen gleichbleibenden Vielfältigkeit eingeschlossen (Einstein, 2009). Jedoch nach Newtons Bewegungstheorie teilt sich das aus vier Dimensionen bestehende Raumkontinuum gegenständlich auf in eine Zeit auf einer Dimension sowie in aus drei Dimensionen bestehenden Raumformen, die hinsichtlich dem Kontinuum lediglich mit Gleichzeitigkeit betrachtete event points einschließen (Einstein, 2009). Diese Aufteilung gilt hinsichtlich aller Trägheitssysteme gleich (Einstein, 2009). Eine ab zwischen zwei ausgewählten event points bestehende Gleichzeitigkeit betrachtet als ein Trägheitssystem geschieht (gedanklich)

Kolek, Erik (2024). Über die allgemeine, die spezielle und die allgemeinspezielle Relativitätstheorie. In: *Chroniken der Wirtschaftsinformatik-Physik (CWIP)*. Band 1, Auflagen-Nr. 1.1. ISBN: 9783759735935.

gleichzeitig hinsichtlich der Gleichzeitigkeit von diesen event points (bzw. dieser Inertialbezugssysteme) hinsichtlich aller (ebenfalls gleichzeitig bestehenden) Trägheitssysteme (Einstein, 2009). Das gleicht der Meinung, falls allgemein ausgedrückt wird, in der Newtonschen Bewegung besteht eine Zeit universell (also absolut im Raumkontinuum) (Einstein, 2009). Nach Albert Einsteins (2009) spezieller Relativitätstheorie existiert die Zeit verschieden. Der Grundgedanke von event points, die in Gleichzeitigkeit mit dem betrachteten event (system) bestehen, gilt natürlich hinsichtlich eines auswählten Trägheitssystems, jedoch nun abhängig hinsichtlich einer Auswahl (Bestimmtheit) eines Trägheitssystems (Einstein, 2009). Eine Weltanschauung mit vier Dimensionen bleibt jetzt ein einziger objektiver Körper, der jeden in Gleichzeitigkeit existierenden event point getrennt einschließt; ein „Heute" (bzw. die Zeit) hat für ein geometrisch expandiertes Raumkontinuum keine gültige Objektivität mehr (Einstein, 2009). Das gleicht der Beziehung, dass allgemein eine Zeitkoordinate sowie die (drei) Raumkoordinaten wegen ihrer Objektivität untrennbar als eine Welt mit vier Dimensionen zu verstehen sind, falls allgemein der Sinn objektiver Relationen losgelöst von einem vernachlässigbaren klassischen Belieben formuliert werden muss (Einstein, 2009).

Weil Albert Einsteins (2009) spezielle Relativitätstheorie eine Gleichheit der Trägheitssysteme physikalisch erklärte, evaluierte diese den Widerspruch in der deswegen unhaltbaren Annahme hinsichtlich eines unbewegten Ätherkonstrukts. Physiker waren deswegen veranlasst den Gedanken aufzugeben, dass ein Elektromagnetfeld gleich einem Status einer tragenden Materie verstehbar existiere (Einstein, 2009). Ein Feldkonstrukt erscheint dadurch wie ein unzerlegbarer Bestandteil einer physikbasierten Erklärung, unzerlegbar mit der gleichen Bedeutung hinsichtlich dem Materiekonstrukt innerhalb der klassischen Bewegungstheorie (Einstein, 2009).

Bislang lenkten Albert Einstein (2009) und seine Leser ihr Interessenbewusstsein hierauf, in welcher Hinsicht unsere Verständnisse von Zeit sowie Raum mittels der

Kolek, Erik (2024). Über die allgemeine, die spezielle und die allgemeinspezielle Relativitätstheorie. In: *Chroniken der Wirtschaftsinformatik-Physik (CWIP)*. Band 1, Auflagen-Nr. 1.1. ISBN: 9783759735935.

speziellen Relativitätstheorie abgeändert worden waren. Jetzt jedoch möchten Albert Einstein (2009) und seine Leser die Bestandteile betrachten, die die spezielle Relativitätstheorie aus der Newtonschen Bewegung entfernt hat. Ebenfalls in dieser Theorie besitzen alle Gesetze der Natur lediglich in dem Fall Gültigkeit, falls eine Raum-Zeit-Darstellung als Grundlage ein Trägheitssystem hat (Einstein, 2009). Ein Inertialgrundsatz sowie der Grundsatz hinsichtlich der Gleichförmigkeit der Lichtkörpergeschwindigkeit müssen lediglich hinsichtlich eines Trägheitssystems gültig sein (Einstein, 2009). Ebenfalls alle Feldtheorien verlangen Bedeutung sowie Gültigkeit lediglich hinsichtlich der Trägheitssysteme (Einstein, 2009). Analog zur Newtonschen Bewegung gleicht demnach ebenfalls in der speziellen Relativitätstheorie ein Raumkonstrukt einem unabhängigen Bestandteil einer Beschreibung der physikbasierten Realität (Einstein, 2009). Ein (Trägheits-)Raum(-System) – bzw. exakter ausgedrückt, der (objektivierte) Raum(-Körper) verknüpft hinsichtlich einer lokalisierten Zeitkoordinate – besteht weiterhin, falls allgemein das Feldkonstrukt und das Materiekonstrukt entfernt gedacht wird (Einstein, 2009). Dieses Körperkonstrukt mit vier Dimensionen (Raum von Minkowski) gleicht gedanklich einem Tragenden aller Materie sowie eines Feldes (Einstein, 2009). Die Trägheitsraumsysteme samt den dort lokalisierten Zeitmomenten gleichen lediglich bevorrechtigten Bezugssystemen mit vier Koordinatendimensionen, welche untereinander mittels der geradlinigen Übergänge (Transformationen) nach Lorentz verbunden existieren (Einstein, 2009). Weil innerhalb dieses Körperkonstrukts mit vier Dimensionen nicht weitere Bestandteile bestehen, die eine Objektivität des „Heute" darstellen, erfährt das Verständnis hinsichtlich des Ereignisses sowie Entstehens natürlich keine gesamte Aufhebung, jedoch trotzdem eine Komplexität (Einstein, 2009). Daher wirkt dies naturübereinstimmender, die physikalische Realität gedanklich gleichzusetzen mit einer Existenz auf vier Dimensionen (x, y, z, t) anstelle wie bislang dem Entstehen dieses Daseins auf drei Dimensionen (x, y, z) (Einstein, 2009).

Kolek, Erik (2024). Über die allgemeine, die spezielle und die allgemeinspezielle Relativitätstheorie. In: *Chroniken der Wirtschaftsinformatik-Physik (CWIP)*. Band 1, Auflagen-Nr. 1.1. ISBN: 9783759735935.

Der in der speziellen Relativitätstheorie beschriebene (beinahe) ruhende (praktisch starre) Raum mit vier Dimensionen gleicht nämlich einer Ähnlichkeit mit vier Dimensionen des unbewegten (starren) Ätherkonstrukts mit drei Dimensionen nach Lorentz (Einstein, 2009). Ebenfalls hinsichtlich der speziellen Relativitätstheorie ist der Ausdruck gültig (Einstein, 2009): Der Raum wird seit dem Urknall vorliegend sowie selbstständig bestehend vorausgesetzt für die physikalische Zustandsbeschreibung. Ebenfalls die spezielle Relativitätstheorie behebt demnach keinesfalls Descartes' Besorgnis hinsichtlich eines unabhängigen, wahrhaftig überdies Nicht-A-posteriori-Seins eines „inhaltlosen Raums" (Einstein, 2009). Auf welche Weise diese Begrenzung mit der allgemeinen Relativitätstheorie ausgelöst werden soll, das darzustellen, entspricht der tatsächlichen Zielsetzung der in diesem Abschnitt aufgeführten grundlegenden Gedanken (Einstein, 2009).

Ein Raumzustand innerhalb Albert Einsteins allgemeiner Relativitätstheorie (Einstein, 2009). Albert Einsteins (2009) Relativitätstheorie entsteht insbesondere aus der Ableitung seiner Zielvorstellung (Motivation), eine Übereinstimmung zwischen Massenträgheit sowie Massenschwere verstehen zu können. Allgemein wird ein Trägheitssystems K_1 angenommen, das nach der Physik einem leeren Raum gleicht (Einstein, 2009). Dies bedeutet, innerhalb des betrachteten Raumbestandteils (K_1) gibt es weder einen Feldbegriff sinngemäß nach Albert Einsteins (2009) spezieller Relativitätstheorie noch Materiebegriff (nach der klassischen Bedeutung). Hinsichtlich K_1 soll gleichmäßig das zweite Koordinatensystem K_2 bewegt sein (Einstein, 2009). K_2 gleicht hier demnach keinem Trägheitssystem (Einstein, 2009). Hinsichtlich K_2 beschleunigt würden alle Testmassen bewegt, sowie natürlich unbeeinflusst sein hinsichtlich deren Zustands nach der Physik und Chemie (Einstein, 2009). Hinsichtlich K_2 existiert demnach der Status, der allgemein – zumindest mit einer ersten Annäherung – keine Verschiedenheit zulässt hinsichtlich eines Schwerefeldes (Einstein, 2009). Diese beobachtbare Gegebenheit stimmt demnach mit der Überlegung überein (Einstein, 2009): Ebenfalls K_2 erscheint sinngleich ein „Trägheitssystem" zu sein, jedoch existiert hinsichtlich K_2 das (gleichförmige)

Kolek, Erik (2024). Über die allgemeine, die spezielle und die allgemeinspezielle Relativitätstheorie. In: *Chroniken der Wirtschaftsinformatik-Physik (CWIP)*. Band 1, Auflagen-Nr. 1.1. ISBN: 9783759735935.

Schwerefeld (innerhalb dieser Relation wird die Herkunft des Gravitationsfeldes gedanklich vernachlässigt). Sobald allgemein demnach ein Schwerefeld innerhalb des Rastergitters (Rahmenmatrix) dieser Anschauung aufgenommen wird, dann hat ein Trägheitssystem keinen objektiven Sinn mehr, jedoch nur, wenn der beschriebene „Gleichheitsgrundsatz" (Äquivalenzbegriff) als eine Folge erweitert für eine willkürliche Relativmechanik der Koordinatensysteme gilt (Einstein, 2009). Falls dies denkbar erscheint, eine hinsichtlich diesem Grundsatz widerspruchsfreie Theorie aufzubauen, dann gleicht diese aufgrund der gedanklichen Gestaltung (automatisch) einer erfahrungsbasiert fest bestehenden Wahrheit über die Äquivalenz von Massenträgheit sowie Massenschwere (Einstein, 2009).

Mit vier Koordinaten beobachtet gleicht die Transformation zwischen K_1 und K_2 einem krummlinigen Übergang anhand von vier Dimensionen (Einstein, 2009). Daraus leitet sich jetzt eine Fragestellung ab (Einstein, 2009): Welche Art von krummlinigen Übergängen kann allgemein akzeptiert oder auf welche Weise kann eine Transformation nach Lorentz generalisiert werden? Um eine Antwort auf diese Fragestellung zu finden erscheint der nächste Gedanke entscheidend zu sein (Einstein, 2009).

Ein Trägheitssystem sinngemäß der vorausgehenden Relativitätstheorien (klassische und spezielle Mechanik) bekommt eine Funktion zugeordnet (Einstein, 2009): Dimensionsunterschiede (Koordinatenabstände) sind mit (unbewegten) „starren" Teststäben messbar. Weitere Dimensionsunterschiede (Zeitabstände) mit (unbewegten) „starren" Zeigeruhren (Einstein, 2009). Dieser Eigenschaftsgedanke erfährt eine Erweiterung um den Gedanken, dass hinsichtlich der Vielfältigkeit (Mannigfaltigkeit) relativ zur Positionierung unbewegter Einheitsstäbe alle Axiome hinsichtlich dieser „Abstände" nach der Geometrie nach Euklid gültig sind (Einstein, 2009). Mithilfe der Resultate von Albert Einsteins (2009) spezieller Relativitätstheorie entsteht eine Folge allgemein anschließend aufgrund einer grundsätzlichen Denkweise, dass eine solche direkte Gedankenannahme nach der

Kolek, Erik (2024). Über die allgemeine, die spezielle und die allgemeinspezielle Relativitätstheorie. In: *Chroniken der Wirtschaftsinformatik-Physik (CWIP)*. Band 1, Auflagen-Nr. 1.1. ISBN: 9783759735935.

Physik hinsichtlich von Koordinatendimensionen von relativ hinsichtlich Trägheitssystemen (K_1) bewegten Linienelementsystemen (K_2) verschwindet. Wenn jedoch diese Physik wahr erscheint, [dass keine Übergänge (Transformationen) existieren,] dann gleichen alle Punktkoordinaten lediglich eher einer Systematisierung des „Benachbart-Seins" (bzw. der Koexistenz) [sowie dadurch ebenfalls einem Dimensionsausmaß (Krümmungsintensität) unseres Raums], jedoch keinerlei messbaren Funktionen unseres Raums (Einstein, 2009). Allgemein wird es entsprechend denkbar, alle Übergänge hinsichtlich willkürlicher unendlichen Dimensionierungen fortzusetzen; Transformationen als ein Begriff ist hier keine genaue Gleichungsform (Einstein, 2009). Das involviert der allgemeine Relativitätsgrundsatz (Einstein, 2009). Alle Gesetze der Natur können hinsichtlich willkürlicher stetiger Koordinatentransformationen nur kovariant existieren, (beispielsweise kann demnach die Raum-Zeit K_1 zwar benachbart aber trotzdem differierend beschleunigt sein zur Raum-Zeit K_2) (Einstein, 2009). Die beschriebene Konsequenz (im Zusammenhang hinsichtlich einer Folge denkbarster folgerichtiger Klarheit von Naturgesetzen) begrenzt alle nach dieser Bedingung möglichen (allgemeinen) Gesetze der Natur unterschiedlich höher, wodurch eine koinzidente Gleichsetzung mit dem speziellen Relativitätsgrundsatz undenkbar wird (Einstein, 2009).

Dieser Denkprozess wird größtenteils mit einem Feldverständnis analog zu einem unabhängigen Konstrukt bekräftigt (Einstein, 2009). Da alle hinsichtlich K_2 gültigen Naturgesetze (allgemein) analog zu einem Schwerefeld zu verstehen sind, wird dabei eine Fragestellung hinsichtlich des Vorhandenseins der Materie vernachlässigt, die die Feldeigenschaft bewirkt (Einstein, 2009). Dieser Denkprozess macht die Gesetze ebenfalls nachvollziehbar, wieso alle Naturgesetze über das materielose Schwerefeld direkt mit dem Einfall über die allgemeine Raumrelativität verbunden werden sinngleich zu den Naturgesetzen hinsichtlich von Feldern allgemeingültiger Klasse (falls beispielsweise das Elektromagnetfeld existiert) (Einstein, 2009). Albert Einstein (2009) und seine Leser verfügen erfahrungskoinzident über eine geeignete

Kolek, Erik (2024). Über die allgemeine, die spezielle und die allgemeinspezielle Relativitätstheorie. In: *Chroniken der Wirtschaftsinformatik-Physik (CWIP)*. Band 1, Auflagen-Nr. 1.1. ISBN: 9783759735935.

Begründung für ihre Theorie, so dass ein „feldloser" Minkowski-Raumbegriff einen gemäß den Naturgesetzen denkbaren Spezialfall repräsentiert, sowie selbstverständlich einen möglichst am einfachsten zu verstehenden Spezialfall. Dieser Raumbegriff wird hinsichtlich der zugeschriebenen messbaren Funktion (Metrik) damit beschrieben, so dass $dx_1{}^2 + dx_2{}^2 + dx_3{}^2$ einem Quadrat gleicht bestehend aus dem mit der Einheitsmetrik (Maßstab) abgetragenen raumbasierten Entfernung zwischen zwei bis ins Unendliche (ad infinitum) klein (infinitesimal) nebeneinander befindlicher Ereignispunkte auf einer räumlichen Querfläche auf drei Dimensionen (Dreieck) (Satz des Pythagoras), unterdessen $dx_4{}^2$ einer mit übereinstimmender Zeiteinheitsmetrik (bzw. einem mit koinzidenten Zeitmaßstab) abgetragenen zeitbezogenen Entfernung zwischen den zwei Punktereignissen mit geteilten Raumkoordinaten (x_1, x_2, x_3) gleicht (Einstein, 2009). Das alles führt – das auf Basis von Übergängen (Transformationen) nach Lorentz einfach verstehbar wird – dazu, dass dieser Wert ds^2 (30) aufgrund seiner Objektivität eine sinngebende Metrik darstellt (Einstein, 2009).

(30) $ds^2 = dx_1{}^2 + dx_2{}^2 + dx_3{}^2 - dx_4{}^2$ (Einstein, 2009)

Diese Metrik gleicht gemäß der Mathematik der Konstellation (also der zueinander bestehenden Sternenstellung), dass der Wert ds^2 (30) hinsichtlich der Lorentz-Übergänge als ein Maßstab eine Invariante bzw. ein Skalar repräsentiert; [das bedeutet erstmal nur die Abstände (Entfernungen, Strecken) zwischen den Sternen als Punktnachbarn können viel größer oder kleiner sein] (Einstein, 2009).

Wird allgemein jetzt dem Raumzustand übereinstimmend mit dem allgemeinen Relativitätsgrundsatz unterstellt ein willkürlicher kontinuierlicher (unendlich kleiner) Übergang der Punktkoordinaten existiert, dann kann der aufgrund seiner Objektivität bedeutungsvolle Wert in einem erneuerten Bezugssystem (mit veränderten Koordinatenabständen) ausgedrückt werden mithilfe der Relation (31), wofür hinsichtlich aller Angaben (Indizes) i sowie k jede Verbindung (bzw. jeder Übergang

Kolek, Erik (2024). Über die allgemeine, die spezielle und die allgemeinspezielle Relativitätstheorie. In: *Chroniken der Wirtschaftsinformatik-Physik (CWIP)*. Band 1, Auflagen-Nr. 1.1. ISBN: 9783759735935.

oder Transformation) des Modelltensors 11, 12, 13, 14, 21, 22, 23, 24, 31, 32, 33, 34, 41, 42, 43 und 44 aufsummiert werden muss (Vierervektor) (Einstein, 2009).

(31) $ds^2 = g_{ik}dx_idx_k$ (Einstein, 2009)

Alle g_{ik} gleichen jedoch jetzt keinen Unveränderlichen, stattdessen Eigenschaften aller Punktkoordinaten, die mithilfe der beliebig bestimmten Koordinatentransformation ausgewählt bestehen (Einstein, 2009). Dennoch gleichen alle g_{ik} keinen beliebigen Eigenschaften dieser modifizierten Punktkoordinaten, stattdessen natürlich diesen Eigenschaften, so dass das Gleichungssystem (31) mithilfe einer kontinuierlichen Koordinatentransformation auf vier Dimensionen nochmal zurück zum Gleichungssystem (30) veränderbar (transformierbar) ist (Einstein, 2009). Sodass das denkbar bestehe, haben alle Eigenschaften g_{ik} bestimmte generell „kovariante" Voraussetzungsgleichungssysteme einzuhalten, die Riemann bereits vor mehr als 50 Jahren noch vor der Ableitung von Albert Einsteins (2009) allgemeiner Relativitätstheorie aufstellte („Riemann-Voraussetzung"). Übereinstimmend mit dem Gleichheitsgrundsatz (Äquivalenzaxiom) modelliert (31) innerhalb einer allgemeinen kovarianten Ausdrucksweise das Schwerefeld innerhalb des Spezialfalls, falls alle g_{ik} diese „Riemann-Voraussetzung" einhalten (Einstein, 2009).

Die Theorie hinsichtlich einem unabhängigen Schwerefeld als ein Allgemeinfall hat demnach die nächste Voraussetzung einzuhalten (Einstein, 2009). Die Gravitationstheorie besteht erfahrungsübereinstimmend, falls diese „Riemann-Voraussetzung" eingehalten wird; diese Theorie hat jedoch einen geringeren Gestaltungsumfang (gedanklich verglichen mit π), grenzt demnach geringer ein, wie eine „Riemann-Voraussetzung" (Einstein, 2009). Damit besteht eine Theorie über ein unabhängiges Gravitationsfeld annähernd komplett festgelegt, deren genaue Ableitung in diesem Abschnitt keine tiefere Erklärung erfordert (Einstein, 2009).

Jetzt haben sich Albert Einstein (2009) und seine Leser befähigt nachzuvollziehen, auf welche Weise die Transformation (der speziellen Relativitätstheorie hin) zu der allgemeinen Relativitätstheorie einen Raumzustand abändert. Übereinstimmend mit

Kolek, Erik (2024). Über die allgemeine, die spezielle und die allgemeinspezielle Relativitätstheorie. In: *Chroniken der Wirtschaftsinformatik-Physik (CWIP)*. Band 1, Auflagen-Nr. 1.1. ISBN: 9783759735935.

der Newtonschen Theorie sowie speziellen Relativitätsmechanik besitzt ein Raum (Raum-untrennbar-von-Zeit, kurz gesagt Raum-Zeit) ein unabhängiges Sein verglichen mit dem Materiebegriff oder Feldbegriff (Einstein, 2009). Damit dieses Raum-Anfüllende(-Etwas), hinsichtlich der Punktkoordinaten Unselbstständige, erst erfahrbar gestaltbar wird, hat das Raum-Zeit-System oder Trägheitssystem mithilfe seiner charakteristischen Metriken bereits seit dem Urknall als bestehend verstanden zu sein, da im entgegengesetzten Fall keine Modelldarstellung dieses „Raum-Anfüllenden" denkbar bestehen würde (Einstein, 2009). Wird allgemein der Denkweise gefolgt, dass es kein Raum-Anfüllendes (beispielsweise kein Raum-Feld) gedanklich gibt, dann existiert stets nachher wie vorher ein messbarer Raumzustand nach (30), welcher ebenfalls die Inertialverhaltensweise von einem innerhalb diesem Raum hineinbewegten Testbezugskörpers ausdrücken würde (Einstein, 2009). Koinzident mit der allgemeinen Relativitätstheorie beweisend besitzt ein Raum hinsichtlich einem „Raum-Anfüllenden", hinsichtlich der Punktkoordinaten Unselbstständigen, kein spezielles Sein (Einstein, 2009). Allgemein kann beispielsweise das unabhängige Schwerefeld mittels aller g_{ik} (analog zu Koordinateneigenschaften) ausgedrückt werden mittels Umformung aller das Gravitationsfeld modellierenden Gleichungssysteme (Einstein, 2009). Sobald allgemein ein Schwerefeld, das bedeutet alle Eigenschaften g_{ik} gedanklich fehlen, dann existiert keinesfalls noch der Raumzustand der Art (30), stattdessen ist gar kein Raum mehr vorhanden, ebenfalls nicht eine „Raumtopologie" (also auch keine Räume in Räumen usw.) (Einstein, 2009). Erfahrungsübereinstimmend bestimmen alle Eigenschaften g_{ik} keinesfalls lediglich ein Feld, stattdessen in Gleichzeitigkeit ebenfalls alle metrischen sowie topologischen Gestaltungsmöglichkeiten von (räumlicher) Vielfältigkeit (Einstein, 2009). Der Raumzustand der Art (30) gleicht sinngemäß in der allgemeinen Relativitätstheorie keinesfalls sozusagen einem Raumzustand mit fehlendem Feldzustand, stattdessen einem Sonderfall eines g_{ik}-Feldes, hinsichtlich diesem alle g_{ik} [hinsichtlich dem ausgewählten Bezugssystem (gedanklich systematisierte Vorstellung von Koordinaten), dem kein objektiver Sinn

Kolek, Erik (2024). Über die allgemeine, die spezielle und die allgemeinspezielle Relativitätstheorie. In: *Chroniken der Wirtschaftsinformatik-Physik (CWIP)*. Band 1, Auflagen-Nr. 1.1. ISBN: 9783759735935.

zuordenbar ist] Größen aufweisen, welche unabhängig hinsichtlich der Punktkoordinaten sind; ein inhaltsloser Raumzustand, das bedeutet ein Raumzustand mit fehlendem Feldzustand, kann keinesfalls existieren (Einstein, 2009).

Also lag Descartes doch entsprechend richtig (mit seiner Wahrheit), als dieser meinte das Vorhandensein des inhaltslosen Raums aufzugeben muss erforderlich sein (Einstein, 2009). Diese Auffassung wirkt natürlich nicht nachvollziehbar, bis allgemein die gemäß der Physik wahrnehmbare Realität nicht mehr nur innerhalb der schweren Körper gedanklich sichtbar wird (Einstein, 2009). Der Gedanke an ein Feld analog zu einem Träger der Realität verknüpft mithilfe des allgemeinen Relativitätsgrundsatzes veranschaulicht erstmals die tatsächliche Wahrheit des Descartes' Gedankens (Einstein, 2009): Ein „feld-loser" Raumzustand existiert nicht.

Allgemeine Gravitationsfeldtheorie (Einstein, 2009). Eine Annahme über das unabhängige Schwerefeld mithilfe der Grundlage von Albert Einsteins allgemeiner Relativitätstheorie erscheint deswegen einfach zu verstehen, da Albert Einstein (2009) und seine Leser daran (gedanklich) anzuknüpfen erlaubt ist, dass ein „feld-loser" Minkowski-Raumzustand übereinzustimmen hat mit einer metrischen Eigenschaft nach (30) der verallgemeinerten Gravitationsfeldtheorie. Mithilfe dieses Spezialfalls entsteht als eine Folge die Gravitationstheorie aufgrund einer Generalisation, der fast überhaupt nicht Belieben anhaftet (Einstein, 2009). Eine daran anknüpfende Erweiterung dieser Gravitationstheorie erscheint keineswegs entsprechend verständlich mit dem allgemeinen Relativitätsgrundsatz vorgegeben zu sein; die Weiterentwicklung dieser Theorie wurde im vorherigen Jahrhundert mit unterschiedlichen Gedankenansätzen ausprobiert (Einstein, 2009). Jedes dieser Gedankenexperimente teilt folgende Auffassung, die physikalische Realität ist analog zu einem Feld zu verstehen, dieses Feld stellt die Generalisation unseres Schwerefeldes, die Feldtheorie die Generalisation der Theorie über ein unabhängiges Schwerefeld dar (Einstein, 2009). Albert Einstein (2009) nahm jetzt an, eine wirklichste (realste) Ausdruckweise hinsichtlich der Generalisation nach vielen

Kolek, Erik (2024). Über die allgemeine, die spezielle und die allgemeinspezielle Relativitätstheorie. In: *Chroniken der Wirtschaftsinformatik-Physik (CWIP)*. Band 1, Auflagen-Nr. 1.1. ISBN: 9783759735935.

Versuchen verstehbar aufschreiben zu können, er betrachtete sich jedoch bislang unfähig auszudenken, ob diese allgemeine Gravitationsfeldtheorie mit allen Erfahrungsmöglichkeiten konfrontiert bestehen kann.

Eine Generalisation ist allgemein folgendermaßen beschreibbar (hinsichtlich einem Schwerefeld also dem Feld der Gravitation) (Einstein, 2009). Ein unabhängiges Schwerefeld aller g_{ik} besitzt übereinstimmend mit der zugrundeliegenden Induktion (Herleitung) mithilfe des inhaltslosen „Minkowski-Raums" eine symmetrische Funktion g_{ik} gleich g_{ki} (g_{34} gleich g_{43} etc.) (Einstein, 2009). Ein Feld im Allgemeinfall erscheint mit der gleichen Beschaffenheit, jedoch mit einer anti-symmetrischen Funktion g_{ik} ungleich g_{ki} (g_{34} ungleich g_{43} etc.). Eine Deduktion (Ableitung) der Gravitationsfeldtheorie gleicht vollkommen dem Spezialfall eines unabhängigen Schwerefeldes (Einstein, 2009).

Hinsichtlich der vorherigen allgemeinen Überlegung erscheint eine Fragestellung hinsichtlich der speziellen Feldtheorie zweitrangig (Einstein, 2009). Diese wichtigste Fragestellung lautet heute, ob die Gravitationsfeldgesetze hinsichtlich ihrer in diesem Abschnitt betrachteten Beschaffenheit einfach zur Wahrheit leiten können (Einstein, 2009). Albert Einstein (2009) bezieht sich hiermit auf die Gravitationsfeldtheorie, die die physikalische Realität (unter Berücksichtigung eines Raumzustands mit vier Dimensionen) mithilfe eines Feldes vollständig darstellen kann. Unser heutiger Jahrgang an Physikern tendiert dazu, auf diese (wichtigste) Fragestellung nicht mit einem Ja antworten zu können; dieser Physiker-Jahrgang meint als eine Folge der heutigen Ausdrucksweise dieser Quantenmechanik, dass ein Status von einem Raum(-System) keinesfalls (wie Albert Einstein glaubt) unmittelbar, stattdessen lediglich unmittelbar mittels Darstellung von Zahlenstatistiken aller innerhalb diesem Raum(-System) erfahrbaren Messergebnissen beschreibbar ist; die überwiegende Meinung wirkt (gedanklich) eingrenzend (Interpretation), dass eine versuchsweise evaluierte dualistische Lichtnatur (Körperwellengestaltung) lediglich mit so einem entsprechenden Mindestmaß an Realitätsverständnis erfahrbar wäre (Einstein, 2009).

Kolek, Erik (2024). Über die allgemeine, die spezielle und die allgemeinspezielle Relativitätstheorie. In: *Chroniken der Wirtschaftsinformatik-Physik (CWIP)*. Band 1, Auflagen-Nr. 1.1. ISBN: 9783759735935.

Albert Einstein (2009) theoretisiert, dass solch eine umfangreiche denkbare Wissensablehnung (Logikproblem) mittels unserer wirklichen Erfahrung, (die dem heutigen Wissen gleicht), inzwischen (dem Sinn nach) ohne Logik (bzw. als eine Falschheit) besteht sowie dass die Allgemeinheit (an Physikern bzw. allgemein die Menschheit) sich hiervon aufgefordert denken muss, die Methode zur Gravitationsfeldrelativitätstheorie bis zur Vollendung (Vervollständigung) weiterzuentwickeln.

Kolek, Erik (2024). Über die allgemeine, die spezielle und die allgemeinspezielle Relativitätstheorie. In: *Chroniken der Wirtschaftsinformatik-Physik (CWIP)*. Band 1, Auflagen-Nr. 1.1. ISBN: 9783759735935.

Zweiter Abschnitt: Über die allgemeine Relativitätstheorie

6 Spezieller und allgemeiner Relativitätsgrundsatz

Der physikalische Grundsatz der speziellen Relativität bezieht sich auf jede gleichmäßige Bewegung (Einstein, 2009). Jede Bewegung stellt eine relative dem allgemeinen Verständnis entsprechende Bewegung dar (Einstein, 2009). Nach Albert Einstein (2009) kann für zwei Körper deren vorkommenden Bewegung analog in zwei gleichförmigen Relativitätsbewegungen ausgedrückt werden: (1) der Körper K ist relativ zum Körper K' bewegt und (2) der Körper K' ist relativ zum Körper K bewegt, also beide Körper bewegen sich in umgekehrter Relativität zueinander.

Für die Aussage (1) gilt der Körper K', für die Aussage (2) der Körper K als Bezugssystem (Einstein, 2009). Die Auswahl eines Bezugssystems hinsichtlich der Bewegung eines Körpers hat im Allgemeinen keinen Einfluss auf die alleinige Darstellung der Relativitätsbewegung (Einstein, 2009). Die relative Bewegung einer Anzahl von Körpern zueinander ist im engeren Sinne durch die Natur gegeben, dies darf jedoch nicht inhaltlich mit dem Relativitätsgrundsatz im weiteren Sinne vertauscht werden, der den bisherigen Analysen (in den Abschnitten 21 bis 37) als eine Grundlage diente (Einstein, 2009).

Der aufgezeigte Grundsatz beinhaltet zwar, dass für die Darstellung eines jeden Ereignisses der Körper K als auch der Körper K' als Bezugssystem gewählt werden könnte (da dies der Natur entspricht) (Einstein, 2009). Dieser Grundsatz beinhaltet nach Albert Einstein (2009) zusätzlich: Werden allgemeine Gesetze der Natur aufgrund der Erfahrung formuliert, dadurch dass (1) der Körper K' als Bezugssystem oder (2) der Körper K als Bezugssystem gewählt wird, dann werden allgemein für beide Ausdrücke exakt gleichbedeutende Gesetze ermittelt, zum Beispiel für die Mechanik oder die Lichtgeschwindigkeit im luftleeren Raum. Einfacher ausgedrückt (Einstein, 2009): Zur physikalischen Darstellung von allgemein vorhandenen Naturprozessen kann kein Bezugssystem gegenüber einem davon verschiedenen

Kolek, Erik (2024). Über die allgemeine, die spezielle und die allgemeinspezielle Relativitätstheorie. In: *Chroniken der Wirtschaftsinformatik-Physik (CWIP)*. Band 1, Auflagen-Nr. 1.1. ISBN: 9783759735935.

Bezugsystem, wie K zu K' als auch K' zu K, vorgezogen werden. Ob eine Korrektheit oder Falschheit dieses Grundsatzes im weiteren Sinne vorliegt kann lediglich mittels Erfahrung durch einen Forschenden entschieden werden, das bedeutet aber nicht dass dessen Inhalt im Vorhinein zwingend korrekt oder falsch sein muss wie der Grundsatz im engeren Sinne, da in diesem nicht die Eigenschaften Bewegungsrichtung als auch Bezugssystem vorkommen (Einstein, 2009).

Bis jetzt wurde auf keinen Fall die Gleichgültigkeit jedes Bezugssystems K hinsichtlich der Darstellung von allgemeinen Naturgesetzen ausgedrückt (Einstein, 2009). Die Vorgehensweise glich eher nachkommender (Einstein, 2009). Albert Einstein (2009) traf zuerst die Hypothese, dass ein Bezugssystem K mit einem bestimmten Bewegungsstatus existiert, so dass relativ zu diesem das Galileische Prinzip gültig ist: Eine einzelne unabhängige, von jeder sonstigen ausreichend entfernte Punktmasse pflanzt sich geradlinig sowie gleichförmig fort. Die allgemeinen Naturgesetze müssten gleichsam einfach bestehen hinsichtlich des Galileischen Bezugssystems K (Einstein, 2009). Zusätzlich zu K müsste jedes Bezugssystem K' vorzuziehen und genauso wie K exakt gleichbedeutend für die Darstellung allgemeiner Naturgesetze nutzbar sein, die relativ hinsichtlich K eine gleichförmig und geradlinige Bewegung ohne Rotation besitzen: Jedes dieser Bezugsysteme ist als Galileisches Bezugssystem zu bezeichnen (Einstein, 2009). Der Relativitätsgrundsatz ist lediglich für Galileische Bezugssysteme gültig, jedoch nicht für davon durch andere Bewegung abweichende Bezugssysteme (Einstein, 2009). Inhaltlich wird sich hier bezogen auf den speziellen Relativitätsgrundsatz oder die spezielle Relativitätstheorie (Einstein, 2009).

Im Gegenteil dazu wird unter dem allgemeinen Relativitätsgrundsatz die Annahme verstanden: Jedes Bezugssystem, wie K und K' etc., ist zur Naturdarstellung (Modellierung und Visualisierung allgemeiner Naturgesetze) gleichermaßen heranziehbar, unabhängig von dessen Bewegungsstatus (Einstein, 2009). An dieser Stelle muss sofort angemerkt werden, dass aufgrund physikalischer Tatsachen, die

Kolek, Erik (2024). Über die allgemeine, die spezielle und die allgemeinspezielle Relativitätstheorie. In: *Chroniken der Wirtschaftsinformatik-Physik (CWIP)*. Band 1, Auflagen-Nr. 1.1. ISBN: 9783759735935.

jetzt noch nicht wichtig sind, die eben aufgestellte Annahme mit einer allgemeineren Annahme ausgetauscht wird (Einstein, 2009).

Da sich der spezielle Grundsatz der Relativität nach dessen Veröffentlichung etabliert hat, sollte es auf jeden Verstand anziehend wirken nach einer Abstraktion (Verallgemeinerung) zu forschen, also eine Weiterentwicklung hin zu einem allgemeineren Relativitätsgrundsatz zu versuchen (Einstein, 2009). So ein Versuch wirkt zuerst unmöglich durch eine nachvollziehbare, wohl gänzlich zutreffende Untersuchung (Einstein, 2009). Ein Leser soll sich innen in einen gleichförmig bewegten Körper K denken (Einstein, 2009). Wenn K stets gleichförmig bewegt ist, fällt dem Leser die Fahrtbewegung des Körpers nicht auf (Einstein, 2009). Deswegen ist es auch so, dass der oder die Lesende die physikalische Tatsache ohne innere Abneigung dahingehend verstehen kann, dass der Körper ruht, ein anderer Körper K' jedoch bewegt sein müsste (Einstein, 2009). Dieses Verständnis ist natürlich auch entsprechend dem speziellen Relativitätsgrundsatz physikalisch völlig korrekt (Einstein, 2009).

Wird die gleichförmige Bewegung des Körpers K nun verändert in eine ungleichförmige Bewegung, durch heftiges abbremsen des Körpers K, dann erlebt ein innenbefindlicher Leser in gleicher Richtung der Vorwärtsbewegung einen gleichwertig heftigen Schubs (Einstein, 2009). Eine Beschleunigungsbewegung eines Körpers K zeigt sich relativ hinsichtlich diesem in dem Körperverhalten nach der Mechanik, denn das Verhalten gemäß der Mechanik ist verschieden vom davor veranschaulichten Beispiel, deswegen wirkt es so als wäre es unmöglich, dass dieselben Mechanikgesetze gültig sind relativ hinsichtlich des ungleichförmig bewegten Körpers K und relativ hinsichtlich des gleichförmig bewegten das bedeutet ruhenden Körpers K (Einstein, 2009). Nun ist verständlich, dass das Galileische Prinzip relativ hinsichtlich ungleichförmig bewegter Bezugssysteme ungültig ist (Einstein, 2009). Deswegen ist es zuerst notwendig, widersprechend zum allgemeinen Relativitätsgrundsatz ungleichförmig bewegten Bezugskörpern eine Klasse

Kolek, Erik (2024). Über die allgemeine, die spezielle und die allgemeinspezielle Relativitätstheorie. In: *Chroniken der Wirtschaftsinformatik-Physik (CWIP)*. Band 1, Auflagen-Nr. 1.1. ISBN: 9783759735935.

physikalischer nicht dynamischer Wirklichkeit zuzuordnen (Einstein, 2009). Nachfolgend wird jedoch demnächst festgestellt werden, dass diese Schlussfolgerung nicht überzeugend ist (Einstein, 2009).

7 Das Feld der Gravitation

Eine Frage wie: „Wieso fallen Körper, die hochgehoben und anschließend frei gegeben werden, wieder zurück auf einen Planeten, wie der Erde?" beinhaltet normalerweise die Antwort der klassischen Physik: „Da diese von der Masse eines Planeten, wie die der Erde, eine Anziehung erleben" (Einstein, 2009). Diese Antwort wird durch eine modernere Physik leicht abweichend ausgedrückt aufgrund des nächsten Arguments (Einstein, 2009). Mittels detaillierter Untersuchung von elektromagnetischen Phänomenen haben Physiker sich die Meinung gebildet, dass so eine bezogen auf die Entfernung direkt bestehende Wechselwirkung nicht existiert (Einstein, 2009). Wird beispielsweise ein Stück Eisen durch einen Magnet angezogen, dann dürfen sich Leser nicht mit der Meinung abfinden, dass ein Magnet durch den freien Raum dazwischen das Stück Eisen unvermittelt beeinflusst, stattdessen sollten sich Leser nach Faraday vorstellen, dass physikalisch in dem Raum um diesen Magnet herum irgendetwas Wirkliches beständig verursacht wird, das Magnetfeld genannt wird (Einstein, 2009). Dieses Feld ist wiederum selbst magnetisch einwirkend auf das Stück Eisen, wodurch das Eisen sich hinsichtlich des Magnets fortzupflanzen versucht (Einstein, 2009). Ob das magnetische Feld eine Zwischendefinition (für das Feld der Gravitation) darstellt, soll an dieser Stelle nicht besprochen werden, da dessen Anspruch (eine Begriffsklärung zu sein) eigentlich austauschbar ist (Einstein, 2009). Lediglich sollte angemerkt sein, dass Leser mithilfe dieser Zwischendefinition die elektromagnetischen Phänomene, vor allem die Bewegung von elektromagnetischen Wellen, um einiges besser theoriebasiert modellieren und visualisieren können als ohne Zwischendefinition (Einstein, 2009). Genauso kann von Lesern auch die Wechselwirkung der Gravitation verstanden werden (Einstein, 2009).

Kolek, Erik (2024). Über die allgemeine, die spezielle und die allgemeinspezielle Relativitätstheorie. In: *Chroniken der Wirtschaftsinformatik-Physik (CWIP)*. Band 1, Auflagen-Nr. 1.1. ISBN: 9783759735935.

Eine Einflusswirkung eines Planeten, wie der Erde, auf einen Körper erfolgt nicht unmittelbar (Einstein, 2009). Ein Planet produziert in seiner räumlichen Nähe ein Feld der Gravitation (Einstein, 2009). Sein Gravitationsfeld nimmt Einfluss auf einen Körper und ist der Grund für dessen Fallbeschleunigung (Einstein, 2009). Übereinstimmend mit der Erfahrung nimmt gemäß einem speziellen Naturgesetz die Einflussstärke bzw. Wechselwirkung auf ein Bezugssystem ab, sobald der Abstand von einem Planeten, wie der Erde, schrittweise erhöht wird (Einstein, 2009). (Albert Einstein (2009) macht an dieser Stelle eine wissenschaftsbasierte Voraussage, denn die Raumfahrt war in dem Jahr der Fertigstellung der allgemeinen Relativitätstheorie 1916 noch nicht praktisch erprobt.) Dieses Naturgesetz lässt sich passend zur folgenden Annahme formulieren (Einstein, 2009): Für die korrekte Modellierung und Visualisierung der Reduzierung der Wechselwirkung der Gravitation mit steigendem Abstand vom wirkenden Bezugskörper, müssen die Raumeigenschaften des Gravitationsfeldes anwendbar sein, das sollte ein völlig spezielles Naturgesetz abbilden können. Das legt die Vorstellung nahe, dass ein Bezugskörper, wie die Erde, unmittelbar das Gravitationsfeld in seiner direkten räumlichen Umgebung produziert, seine Intensität und Wirkungsrichtung mit höherem Abstand sind demnach von dem Naturgesetz vorgegeben, das die Raumeigenschaften des Gravitationsfeldes an sich beinhaltet (Einstein, 2009).

Das elektrische und magnetische Feld hat im Gegenteil zum Gravitationsfeld keine erstaunlich unerwartete Eigenschaft, die für ein Naturgesetz von grundsätzlicher Wichtigkeit ist (Einstein, 2009). Die Beschleunigung von Körpern hängt nicht im schwächsten zusammen mit deren Materie und physikalischen Beschaffenheit, sondern allein mit der Wechselwirkung der Gravitation, dem Schwerefeld (Einstein, 2009). Zum Beispiel fallen nach Einstein (2009) in diesem Schwerefeld (im Vakuum) ein Stück Eisen sowie ein Stück Plastik exakt gleich, unabhängig davon ob diese mit oder ohne identischer Startgeschwindigkeit herabfallen gelassen werden. Dieses höchst exakt anerkannte Naturgesetz kann ebenfalls abweichend beschrieben werden mithilfe der anschließenden Betrachtung (Einstein, 2009).

Kolek, Erik (2024). Über die allgemeine, die spezielle und die allgemeinspezielle Relativitätstheorie. In: *Chroniken der Wirtschaftsinformatik-Physik (CWIP)*. Band 1, Auflagen-Nr. 1.1. ISBN: 9783759735935.

Newtons Gesetz der Bewegung besagt, dass die

(Wechselwirkung) = (Massenträgheit) × (Körperbeschleunigung) entspricht,

hierbei ist die Massenträgheit eine kennzeichnende Unveränderliche beschleunigter Körper (Einstein, 2009). Entspricht jetzt nach Albert Einstein (2009) die antreibende Wechselwirkung der Gravitation, also dem Schwerefeld, dann ist demgegenüber die

(Wechselwirkung) = (Massenschwere) × (Schwerefeldstärke),

hierbei ist die Massenschwere auch eine kennzeichnende Unveränderliche für die beschleunigten Körper. Mithilfe dieser zwei Beziehungen kann gefolgert werden nach Albert Einstein (2009):

(Körperbeschleunigung) = (Massenschwere)/(Massenträgheit) × (Schwerefeldstärke).

Wird nun übereinstimmend mit der Erfahrung angenommen, dass bei einem vorhandenen Gravitationsfeld (Schwerefeld) die Körperbeschleunigung nicht abhängig von der Art und physikalischen Beschaffenheit von Körpern sondern immer gleich ist, dann ist auch die Beziehung zwischen der Massenträgheit und Massenschwere für jeden Körper immer dieselbe (Einstein, 2009). Diese Beziehung kann durch eine geeignete Auswahl der Größen gleich 1 gesetzt werden, so ist das Naturgesetz gültig: Die Massenschwere und Massenträgheit von Körpern bestehen (immer) gleich zueinander (Einstein, 2009).

Die klassische (Newtonsche) Mechanik hat dieses zentrale Naturgesetz allerdings bemerkt, jedoch keine Aussage darüber getroffen (Einstein, 2009). Soll eine zufriedenstellende Aussage entstehen, so muss eingesehen werden (Einstein, 2009): Eine gleiche Eigenschaft von Körpern beschreibt abhängig von der Situation deren Massenträgheit bzw. Massenschwere. Inwieweit dieses Naturgesetz wirklich gilt, sowie wie dessen Aussage verknüpft ist mit dem allgemeinen Relativitätsgrundsatz, soll im folgenden Abschnitt erläutert werden (Einstein, 2009).

Kolek, Erik (2024). Über die allgemeine, die spezielle und die allgemeinspezielle Relativitätstheorie. In: *Chroniken der Wirtschaftsinformatik-Physik (CWIP)*. Band 1, Auflagen-Nr. 1.1. ISBN: 9783759735935.

8 Die Gleichstellung von Massenträgheit mit der Massenschwere als eine Begründung des allgemeinen Relativitätsgrundsatzes

Wird ein großer Würfel nicht gefüllten Weltalls (mittels der Koordinatenwerte x, y, z, t) erdacht, möglichst außerhalb entfernt von großen Massen wie Sternen, so dass mit ausreichender Präzision die Aussage gilt, die vorgegeben ist durch den Galileischen Grundsatz (Einstein, 2009). Worauf es denkbar wird, für diesen Kosmosteil ein Galileisches Bezugssystem auszuwählen, relativ hinsichtlich diesem unbewegliche Ereignisse unbeweglich sind, nicht ruhende Punkte stets in gleichförmig geradliniger Bewegung sind (Einstein, 2009).

Es kann ein weiteres Bezugssystem ausgewählt werden als ein ausgedehnter trotzdem kleinerer Würfel in den beschriebenen Kosmoswürfel projiziert in der Form eines Raums, worin sich ein Beobachter aufhält und Geräte zur Verfügung hat (Einstein, 2009). Für den Beobachter besteht selbstverständlich die Massenschwere nicht (Einstein, 2009). Um nicht mit dem geringsten Schubs hinsichtlich des Raumbodens gemächlich zur Raumdecke zu schweben, muss sich der Beobachter mit Seilen am Raumboden festmachen (Einstein, 2009).

Mittig an der Raumdecke außen ist eine Halterung samt Strick festgemacht und daran beginnt jetzt ein Leser mit gleichbleibender Kraftanstrengung zu ziehen (Einstein, 2009). Darauf startet der Raum inklusive des Beobachters eine gleichförmig beschleunigte Bewegung aufwärts (Einstein, 2009). Wenn diese Aufwärtsbewegung eingeschätzt wird ausgehend eines weiteren Bezugssystems, an welchem kein Seil zum Ziehen angebracht ist, sollte die Reisegeschwindigkeit des Beobachters im Zeitablauf in das Unglaubliche ansteigen (Einstein, 2009).

Wie wird dagegen dieser Ablauf durch den Beobachter im Raum bewertet (Einstein, 2009)? Die Raumbeschleunigung wird durch den Raumboden mittels Gegenwirkung auf diesen Beobachter transferiert (Einstein, 2009). Der Beobachter sollte demnach diese Wirkung mit seinen Beinen ausgleichen, falls dieser nicht den Raumboden mit

Kolek, Erik (2024). Über die allgemeine, die spezielle und die allgemeinspezielle Relativitätstheorie. In: *Chroniken der Wirtschaftsinformatik-Physik (CWIP)*. Band 1, Auflagen-Nr. 1.1. ISBN: 9783759735935.

der gesamten Körperlänge fühlen möchte (Einstein, 2009). Dieser Beobachter steht also im Raum genauso wie ein anderer Beobachter in einem Raum eines Raumes auf einem Planeten, wie der Erde (Einstein, 2009). Wenn der im Raum stehende Beobachter einen Körper aus seiner Hand fallen lässt, dann sollte die auf den Körper einwirkende Raumbeschleunigung stoppen, deshalb wird sich der Körper relativ hinsichtlich des Raumbodens in beschleunigter Bewegung (nach unten) anpassen (Einstein, 2009). Dieser Beobachter sollte im Raum zusätzlich feststellen, dass die relative Körperbeschleunigung hinsichtlich des Raumbodens stets konstant bleibt, unabhängig von dem Körper, welchen er oder sie fallen lassen möchte, um dieses Experiment durchzuführen (Einstein, 2009).

Ein Beobachter im Raum sollte demgemäß, unterstützt durch sein Wissen über das Gravitationsfeld (Schwerefeld), wie im vorherigen Abschnitt erläutert, die Erkenntnis gewinnen, dass inklusive dem Raum er oder sie sich in einem äußerst gleichbleibenden Gravitationsfeld aufhält (Einstein, 2009). Dieser Beobachter sollte aber darüber einen Moment verblüfft sein, dass der Raum (selbst) in dem Gravitationsfeld nicht herunterfällt (Einstein, 2009). Daraufhin findet dieser Beobachter allerdings die Halterung in der Raummitte sowie den daran festgemachten gestrafften Strick, worauf er oder sie demzufolge die Erkenntnis gewinnt, dass in dem Gravitationsfeld der Raum unbeweglich, das bedeutet ruhend, festgemacht ist (Einstein, 2009).

Darf über diesen Beobachter gelacht und gesagt werden, er oder sie hat eine falsche Meinung (Einstein, 2009)? Es ist anzunehmen, das darf nicht sein, wenn unverändert in der Begründung geblieben werden soll, aber es muss zugegeben werden, dass dessen Meinung kein Verstoß gegen den Verstand und die bestehenden Mechanikgesetze darstellt (Einstein, 2009). Der Raum kann, auch wenn dieser beschleunigt ist hinsichtlich des zuallererst veranschaulichten Galileischen Raums, trotzdem als unbeweglich betrachtet werden (Einstein, 2009). Es besteht demnach eine nachvollziehbare Begründung, den speziellen Relativitätsgrundsatz zu erweitern

Kolek, Erik (2024). Über die allgemeine, die spezielle und die allgemeinspezielle Relativitätstheorie. In: *Chroniken der Wirtschaftsinformatik-Physik (CWIP)*. Band 1, Auflagen-Nr. 1.1. ISBN: 9783759735935.

hinsichtlich relativ gegeneinander beschleunigten Bezugssystemen sowie Albert Einstein (2009) und seine Leser besitzen daher einen starken Grund einen allgemeineren Relativitätsgrundsatz zu entwickeln.

Das zu beachtende Potenzial dieser Theorieerweiterung basiert auf den grundsätzlichen Auswirkungen (Eigenschaften) des Gravitationsfeldes, wodurch jeder Körper eine gleiche Beschleunigungsgeschwindigkeit erlebt, also dem Gleichheitsgesetz von Massenträgheit und Massenschwere (Einstein, 2009). Da dieses Gesetz in der Natur existiert, kann ein Beobachter in einem beschleunigten Raum das fundamentale Verhalten von Körpern in seinem Umfeld durch die Eigenschaften des Gravitationsfeldes verstehen, sowie er oder sie ist begründet durch Erfahrung in der Lage, deren Bezugssystem als ein unbewegtes, das bedeutet ruhendes System anzunehmen (Einstein, 2009).

Ein Beobachter innerhalb des Raums machte einen Strick an der Rauminnendecke und dessen anderen Seite an einem Körper fest (Einstein, 2009). Der festgemachte Körper bewirkt, dass der Strick senkrecht gespannt runterhängt (Einstein, 2009). Was ist die Ursache dieser Strickspannung (Einstein, 2009)? Der innerhalb dieses Raums stehende Beobachter muss annehmen: Ein am Strick hängender Körper erlebt eine Wechselwirkung in Richtung des Gravitationsfeldes, zu dieser Wirkung wird durch die Strickspannung (Zugkraft) ein Gleichgewicht beibehalten (Einstein, 2009). Entscheidend für den Größenwert dieser Strickspannung ist die Massenschwere des befestigten Körpers (Einstein, 2009). Ein anderer außerhalb dieses Raums frei fliegender Beobachter muss dagegen annehmen: Der Strick muss die beschleunigte Raumbewegung aushalten und transferiert diese Beschleunigung auf den an ihm festgemachten Körper (Einstein, 2009). Die Spannung des Stricks ist entsprechend hoch, so dass diese (Zugkraft) die Körperbeschleunigung direkt verursachen kann (Einstein, 2009). Ausschlaggebend für den Größenwert dieser Strickspannung ist die Massenträgheit des befestigten Körpers (Einstein, 2009). Basierend auf dem Beobachtungsbeispiel wird ersichtlich, dass das Gleichheitsgesetz zwischen der

Kolek, Erik (2024). Über die allgemeine, die spezielle und die allgemeinspezielle Relativitätstheorie. In: *Chroniken der Wirtschaftsinformatik-Physik (CWIP)*. Band 1, Auflagen-Nr. 1.1. ISBN: 9783759735935.

Massenträgheit und Massenschwere erforderlich wird durch die Theorieerweiterung zum Relativitätsgrundsatz (Einstein, 2009). Hierdurch ist für dieses Gesetz ein physikalisches Verständnis entstanden (Einstein, 2009).

Von einer Beobachtung der Raumbeschleunigung wird gelernt, dass die allgemeinere Relativitätstheorie über Gravitationsgesetze zentrale Erkenntnisse zu erbringen hat (Einstein, 2009). In der Tat brachte die stetige Anwendung eines allgemeineren Relativitätssatzes diejenigen Gravitationsgesetze, welche dieses Schwerefeld beschreiben (Einstein, 2009). Bereits an dieser Stelle warnte Albert Einstein (2009) die Leser vor einem falschen Verstehen, welches durch die nächsten Beschreibungen erklärt werden soll. Für einen Beobachter im Raum besteht ein Schwerefeld, auch wenn das Gravitationsfeld nicht existierte für das als Erstes ausgewählte Bezugssystem (Einstein, 2009). Leser könnten jetzt einfach zu der Auffassung gelangen, dass es immer lediglich so wirkt als würde das Vorhandensein von Schwerefelder bestehen (Einstein, 2009). Leser könnten meinen, dass, egal was für ein Schwerefeld bestehen könnte, diese stets ein anderes Bezugssystem entsprechend auswählen könnten, so dass hinsichtlich auf diesen Körper kein Schwerefeld besteht (Einstein, 2009). Das stimmt jedoch keinesfalls für jedes Schwerefeld, stattdessen lediglich für Gravitationsfelder mit einem völlig speziellen Aufbau (Einstein, 2009). Beispielsweise ist es dann nicht möglich, ein Bezugssystem entsprechend auszuwählen, so dass ausgehend von diesem Körper bewertet sich das Schwerefeld eines Planeten, wie das der Erde, (in der gesamten Ausbreitung) auflöst (Einstein, 2009).

Wir verstehen nun, weshalb die am Schluss des Abschnitts 6 erwähnte Begründung keine Evaluation darstellt für den allgemeineren Relativitätsgrundsatz (Einstein, 2009). Korrekt ist es zwar, dass ein Beobachter im abgebremsten Körper aufgrund dieser Abbremsung einen Schubs nach vorne erfährt, sowie dass er oder sie dadurch die ungleichförmige Körperbewegung bemerkt (Einstein, 2009). Trotzdem drängt keiner den Beobachter dazu, diesen Schubs mit einer tatsächlichen

Kolek, Erik (2024). Über die allgemeine, die spezielle und die allgemeinspezielle Relativitätstheorie. In: *Chroniken der Wirtschaftsinformatik-Physik (CWIP)*. Band 1, Auflagen-Nr. 1.1. ISBN: 9783759735935.

Körperbeschleunigung in Zusammenhang zu bringen (Einstein, 2009). Der Beobachter ist in der Lage das erlebte Geschehen ebenfalls wie folgt zu verstehen: Das Bezugssystem, in dem ich mich befinde, ist immer unbeweglich (Einstein, 2009). In der Realität besteht jedoch (gleichzeitig zur Zeitperiode der Abbremsung) hinsichtlich meines Bezugssystems ein mit der Richtung nach vorn chronologisch nicht gleichbleibendes Gravitationsfeld (Einstein, 2009). Die Einwirkung dieses Schwerefeldes führt zu einer ungleichförmigen Bewegung eines Körpers samt seines Planeten, wie der Erde, dergestalt, dass sich die vorherige in der Richtung nach hinten vorhandene Geschwindigkeit des Körpers stets weiter verringert (Einstein, 2009). Dieses Gravitationsfeld ist dafür verantwortlich, dass der Schubs des Beobachters (nach vorn) ausgelöst wird (Einstein, 2009).

9 Inwieweit bestehen Grundsätze zur Newtonschen Mechanik und zur speziellen Relativitätstheorie, die eine allgemeine Relativitätstheorie erfordern?

Zur Wiederholung, die Newtonsche Mechanik basiert auf dem Gesetz: Wenn zwischen Materiekörpern ein ausreichend großer Abstand besteht pflanzen sich Materiekörper gleichförmig und geradlinig fort bzw. verbleiben in Ruhe (Einstein, 2009). Dieser Grundsatz kann lediglich eine Gültigkeit haben für Bezugssysteme K mit bestimmten angenommenen Bewegungsgeschwindigkeiten, zu denen Bezugssysteme relativ zu anderen in einer gleichförmigen Bewegung (Translation) sind (Einstein, 2009). Dieser Satz ist nicht gültig für relativ zueinander bewegten Bezugssystemen K' (Einstein, 2009). Leser der Newtonschen Mechanik als auch der speziellen Relativitätstheorie können also unterscheiden zwischen Bezugssystemen K, relativ zu diesen die Gesetze der Natur gelten, sowie zwischen Bezugssystemen K', relativ zu denen die Gesetze der Natur ungültig sind (Einstein, 2009).

Mit diesem Grundsatz darf sich jedoch keine folgerichtig sinnende Person abfinden (Einstein, 2009). Leser sollten Fragen stellen wie (Einstein, 2009): Warum kann es sein, dass manche Bezugssysteme K (oder deren Bewegungsgeschwindigkeiten) vor

Kolek, Erik (2024). Über die allgemeine, die spezielle und die allgemeinspezielle Relativitätstheorie. In: *Chroniken der Wirtschaftsinformatik-Physik (CWIP)*. Band 1, Auflagen-Nr. 1.1. ISBN: 9783759735935.

den Bezugssystemen K' (oder deren Bewegungsgeschwindigkeiten) bestimmt existieren? Welche Begründung besteht hinsichtlich dieser Präferenz (Einstein, 2009)? Damit Lesenden verständlich veranschaulicht ist, wie die letzte Frage gemeint ist, wird ein physikalischer Vergleich beschrieben (Einstein, 2009).

Albert Einstein (2009) steht vor seinem Herd mit Gas. Auf seinem Herd stehen zwei Töpfe beisammen, die zueinander fast gleich aussehen (Einstein, 2009). Die zwei Kochtöpfe sind mit Wasser bis zur Hälfte aufgefüllt (Einstein, 2009). Albert Einstein (2009) bemerkt, dass aus dem ersten Topf kein Wasserdampf kommt, aus dem zweiten Topf pausenlos. Darüber wundert sich Albert Einstein (2009), ebenso falls er bisher niemals einen Gasherd und einen Kochtopf gesehen hat. Albert Einstein (2009) sieht jetzt unter dem zweiten Topf ein blau schimmerndes Ding, unter dem ersten Topf nichts, so verringert sich seine Überraschung ebenso in dem Fall, falls er bisher niemals eine Gasflamme gesehen hat. Deswegen kann Albert Einstein (2009) lediglich annehmen, dass das blaue Ding das Entkommen des Wasserdampfes bewirken wird, bzw. zumindest vielleicht bewirkt. Sieht Albert Einstein (2009) jedoch unter keinem der zwei Kochtöpfe das blaue Ding, sowie sieht er, dass der zweite Topf pausenlos dampft, der erste nicht, dann ist er bis dahin überrascht und unzufrieden, sobald er irgendeine Tatsache sieht, die er als Erklärung heranziehen kann für die unterschiedliche Verhaltungsweise dieser zwei Töpfe.

Genauso suchte Albert Einstein (2009) in der Newtonschen Mechanik (und in der speziellen Relativitätstheorie) ergebnislos nach wirklichen Dingen, mit denen er die unterschiedlichen Verhaltensweisen von Körpern hinsichtlich der Koordinatensysteme K und K' zu erklären in der Lage gewesen wäre. Dieselbe Limitation (Einschränkung) erkannte bereits Newton und versuchte diese ebenfalls ergebnislos aufzuheben (Einstein, 2009). Am verständlichsten hat diese Limitation jedoch E. Mach wahrgenommen und deswegen verlangt, dass für die Newtonsche Mechanik ein neuer Grundsatz benötigt wird (Einstein, 2009). Diese Limitation kann lediglich mithilfe einer (modernen) Physik ausgeglichen werden, die dem allgemeinen

Kolek, Erik (2024). Über die allgemeine, die spezielle und die allgemeinspezielle Relativitätstheorie. In: *Chroniken der Wirtschaftsinformatik-Physik (CWIP)*. Band 1, Auflagen-Nr. 1.1. ISBN: 9783759735935.

Relativitätsgrundsatz folgt (Einstein, 2009). In dieser (modernen) Physik sind die Formeln der allgemeinen Relativitätstheorie gültig für alle Bezugssysteme, unabhängig von deren Bewegungsgeschwindigkeit (Einstein, 2009).

10 Mehrere Schlussfolgerungen mittels allgemeinen Relativitätsgrundsatz

Für Leser wurde im Abschnitt 8 durch die Beschreibungen gezeigt, dass der allgemeine Relativitätsgrundsatz die Menschheit in die Lage versetzt, mit völlig theoretischer Herangehensweise Funktionen (Eigenschaften) des Schwerefeldes zu bestimmen (Einstein, 2009). Beispielsweise wenn der Raum-Zeit-Ablauf eines beliebigen Naturschauspiels klar ist und wie sich dieses auf einer Galileischen Fläche relativ hinsichtlich eines Galileischen Bezugssystems K verhält (Einstein, 2009). Worauf Leser mittels völlig theoretischer Prozeduren (Berechnungen) ermitteln können, wie sich dieses klargestellte Naturereignis von einem Bezugssystem K', das relativ hinsichtlich K beschleunigt ist, aus gesehen verhält (Einstein, 2009). Weil jedoch relativ hinsichtlich diesem erneuerten Bezugssystem K' (nun) ein Schwerefeld besteht, erfahren Leser dann während der (mathematischen) Darstellung, wie ein Schwerefeld den untersuchten Naturprozess beeinflussen kann (Einstein, 2009).

Dann erlernen Leser zum Beispiel, dass Körper, die gegeneinander zu K gleichförmige geradlinige Bewegungen durchführen (gleich dem Galileischen Gesetz), gegeneinander zu beschleunigten Bezugssystemen K' (Raum) allgemein krummlinig beschleunigte Bewegungen durchführen (Einstein, 2009). Die gekrümmte Beschleunigung oder beschleunigte Krümmung gleicht der Einwirkung des relativ hinsichtlich K' bestehenden Schwerefeldes hinsichtlich fortgepflanzter Körper (Einstein, 2009). Auf diese Art nimmt das Schwerefeld auf die Körperbewegung Einfluss, das ist klar, und das führt dazu, dass die Betrachtung grundsätzlich keine Innovation bringt (Einstein, 2009).

Kolek, Erik (2024). Über die allgemeine, die spezielle und die allgemeinspezielle Relativitätstheorie. In: *Chroniken der Wirtschaftsinformatik-Physik (CWIP)*. Band 1, Auflagen-Nr. 1.1. ISBN: 9783759735935.

Eine innovative Erkenntnis von grundsätzlicher Bedeutung erhalten Leser jedoch, falls Leser die beschriebene Betrachtung für das Licht ausführen (Einstein, 2009). Das Licht bewegt sich geradlinig samt seiner Geschwindigkeit c gegeneinander zum Galileischen Bezugssystem K (Einstein, 2009). Hinsichtlich des beschleunigten Bezugssystems K' (Raum) ist, das eine einfache Ableitung erfordert, die Bahnkurve des Lichts nicht länger eine Gerade (Einstein, 2009). Daraus kann geschlossen werden, dass sich Licht in (überlagernden) Schwerefeldern allgemein krummlinig bewegt (Einstein, 2009). Diese Erkenntnis ist von hoher Bedeutung in doppelter Beziehung (Einstein, 2009).

Als Erstes kann ein Vergleich zwischen der Lichtbewegung und der Realität erfolgen (Einstein, 2009). Auch wenn so eine derartige Betrachtung dazu führt, das die Lichtkrümmung, die durch die allgemeine Relativitätstheorie bestimmt ist, hinsichtlich der gemäß der Erfahrung bestehenden Schwerefelder lediglich erstaunlich niedrig ausfällt, dann wird diese hinsichtlich Licht das nahe an einem Stern, wie der Sonne, vorbeistrahlt, tatsächlich 0,0004722226 Grad ergeben (Einstein, 2009). Das sollte hierdurch überprüfbar sein, da nahe eines Sterns (Sonne) zu sehende Fixsterne, die bei völligen Sonnenverdunklungen der Erfahrung durch Beobachtung entsprechen können, um diesen Winkel von dem von der Erde am größten zu sehenden Stern (unsere Sonne) gekrümmt zu sehen sein sollten hinsichtlich ihrer Position, welche diese am Planetenhimmel der Erde einnehmen, sobald der Stern seinen Ort an diesem Himmel verändert (Einstein, 2009).

Dieser Hypothesentest hinsichtlich der Annahme oder Ablehnung der beschriebenen Folge stellt eine der wichtigsten Aufgaben dar, die eine zeitnahe Erledigung von Astrowissenschaftlern bedarf (Einstein, 2009).

Nach Albert Einstein (2009) wurde diese durch die allgemeine Relativitätstheorie vorhergesagte Ablenkung von Lichtstrahlen bei der Sternenfinsternis in unserem Sonnensystem von der Erde aus gesehen Ende Mai im Jahr 1919 mit einem Foto festgehalten von zwei Astrowissenschaftlern namens Eddington sowie Crommelin,

Kolek, Erik (2024). Über die allgemeine, die spezielle und die allgemeinspezielle Relativitätstheorie. In: *Chroniken der Wirtschaftsinformatik-Physik (CWIP)*. Band 1, Auflagen-Nr. 1.1. ISBN: 9783759735935.

die gemeinsam die Führung über durch die Royal Society ausgestatteten Expeditionen hatten.

Als Zweites jedoch wird durch diese Folge nachvollziehbar, dass das Gesetz der konstanten Lichtgeschwindigkeit c im luftleeren Raum (Vakuum), welches eines von zwei fundamentalen Grundsätzen der speziellen Relativitätstheorie darstellt, entsprechend der allgemeinen Relativitätstheorie den Anspruch auf eine unendliche Geltung verliert (Einstein, 2009). Die Lichtkrümmung tritt lediglich in dem Fall ein, sobald die Bewegungsgeschwindigkeit der Lichtstrahlen sich verändert aufgrund des Ortes (an dem es vorbei fliegt) (Einstein, 2009). Jetzt könnten Leser meinen, dass aufgrund dieser Folge die spezielle Relativitätstheorie, sowie damit die (gesamte) Relativitätstheorie insgesamt, als widerlegt gilt (Einstein, 2009). Diese Wahrheit (der mentalen Modelle von Lesern) stimmt jedoch nicht (Einstein, 2009). Nur eine Wahrheit ist möglich, nämlich dass die spezielle Relativitätstheorie einen endlichen gültigen Bereich (in der Physik) fordert, da deren Resultate lediglich eingeschränkt gültig sind, dass Leser anhand der Einwirkung der Schwerefelder auf die Naturereignisse (wie zum Beispiel die Lichtablenkung) schließen können (Einstein, 2009).

Weil alle Kritiker der (gesamten also der allgemeinen einschließlich der speziellen) Relativitätstheorie häufig behaupteten, dass die spezielle durch die allgemeine Relativitätstheorie ungültig wird, möchte Albert Einstein (2009) eine reale Tatsache mittels eines Vergleichs verständlicher erklären. Bevor die Elektrodynamik aufgestellt wurde, wurden als die (geeignetsten) Elektrizitätsgesetze alle Elektrostatikgesetze (durch die Kritiker) akzeptiert (Einstein, 2009). Allgemein wird jetzt verstanden, dass die Gesetze zur Elektrostatik lediglich Elektrizitätsfelder in einem niemals bestimmten verwirklichten Experiment korrekt beschreiben können, so dass eine Elektrizitätsmasse relativ zu anderen Elektrizitätsmassen sowie hinsichtlich eines Bezugssystems tatsächlich unbeweglich, das bedeutet ruhend, besteht (Einstein, 2009). Wurden dadurch die Gesetze zur Elektrostatik mittels

Kolek, Erik (2024). Über die allgemeine, die spezielle und die allgemeinspezielle Relativitätstheorie. In: *Chroniken der Wirtschaftsinformatik-Physik (CWIP)*. Band 1, Auflagen-Nr. 1.1. ISBN: 9783759735935.

Maxwells Feldformeln zur Elektrodynamik als ungültig erklärt (Einstein, 2009)? Nein (Einstein, 2009). In den Gesetzen der Elektrodynamik sind die Gesetze der Elektrostatik als eingegrenzter Gültigkeitsbereich beibehalten worden, denn die Elektrodynamik führt unmittelbar zur Elektrostatik für den Sachverhalt, wenn das Elektrizitätsfeld ununterbrochen konstant ist (Einstein, 2009). Das beste Ergebnis einer Theorie (nicht nur) in der Physik ist es, falls diese Theorie als Basis zur Entwicklung einer umfangreicheren Theorie (Meta-Theorie) die Vorgehensweise beschreibt, in dieser die Basistheorie als eingeschränkter Gültigkeitsbereich weiter bestehen kann (Einstein, 2009).

Durch das gerade beschriebene Szenario der (konstanten) Lichtbewegung konnten Leser lernen, dass die allgemeine Relativitätstheorie Menschen ermöglicht, die Wirkung des Schwerefeldes auf die Prozesse von Ereignissen auf theoretische Weise zu verstehen, denn für die Möglichkeit des Nichtvorhandenseins des Schwerefeldes sind die Lichtbewegungsgesetze längst verstanden worden (Einstein, 2009). Die lohnenswerteste Forschungsaufgabe, für zur Erledigung dieser Aufgabe die allgemeine Relativitätstheorie die Methode aufzeigt, beinhaltet jedoch die Aufstellung von Gesetzen, die das Schwerefeld übereinstimmend beschreiben (Einstein, 2009). Die Methode stellt in der allgemeinen Relativitätstheorie folgende dar (Einstein, 2009).

Uns sind Raum-Zeit-Bereiche bekannt, deren Verhalten (fast) *galileisch* bei übereinstimmender Auswahl des Bezugssystems ist, also (dreidimensionale) Bereiche, innerhalb deren keine Schwerefelder vorkommen (Einstein, 2009). Wird durch uns jetzt so ein Bereich bezogen auf ein nach Belieben bewegtes Bezugssystem K', dann besteht hinsichtlich K' ein räumlich sowie zeitlich veränderbares, das bedeutet dynamisches, Schwerefeld (Einstein, 2009). Das kann nach Albert Einstein (2009) durch die Abstraktion (Generalisation) der im Abschnitt 8 enthaltenen Beschreibungen gefolgert werden. Die Eigenschaften des Gravitationsfeldes sind selbstverständlich von der Methode abhängig, also von der Auswahl der durch uns zu

Kolek, Erik (2024). Über die allgemeine, die spezielle und die allgemeinspezielle Relativitätstheorie. In: *Chroniken der Wirtschaftsinformatik-Physik (CWIP)*. Band 1, Auflagen-Nr. 1.1. ISBN: 9783759735935.

bestimmenden Raum-Zeit-Bereichsbewegung K' (Einstein, 2009). Gemäß allgemeiner Relativitätstheorie soll ein entsprechend der Theorie ermitteltes allgemeines Schwerefeldgesetz für jedes Schwerefeld gelten (Einstein, 2009). Sollte jetzt ebenfalls nicht jedes Schwerefeld durch diese Methode nachproduzierbar sein, dann kann allgemein trotzdem ein Vertrauen daraus gewonnen werden, mithilfe dieser speziellen Klasse von Schwerefeldern ein allgemeines Gravitationsgesetz (erfolgreich) abzuleiten (Einstein, 2009). Dieses Vertrauen ist auf das wundervollste nicht gebrochen worden (Einstein, 2009). Jedoch um jenes Ziel uneingeschränkt bis zur wirklichen Zielerreichung verstehen zu können, musste zuerst eine entscheidende Barriere überwunden werden, welche Albert Einstein (2009) den Lesern erläutern musste, weil diese fest mit der Sache selbst verbunden ist. Dazu ist abermals ein vertieftes Verständnis des Begriffs Raum-Zeit-Kontinuum notwendig (Einstein, 2009).

11 Eigenschaften der Maßstäbe und Uhren auf rotierenden Bezugssystemen

Albert Einstein (2009) hatte bisher mit Absicht kein Wort verloren gemäß seiner allgemeinen Relativitätstheorie hinsichtlich des physikalischen Verständnisses von Raum-Zeit-Koordinaten. Deswegen hatte sich Albert Einstein (2009) die Schuld gegeben eine geringe Unvollständigkeit zugelassen zu haben, denn aufgrund der allgemeinen Relativitätstheorie ist Lesern aus der speziellen Relativitätstheorie bekannt, dass Raum-Zeit-Koordinaten sehr wichtig und zu beachten sind. Es ist jetzt der richtige Zeitpunkt, dass Leser die vorhandene Wissenslücke durch Lernen schließen; Albert Einstein (2009) meinte jedoch bereits vorher, dass für das Verstehen von Raum-Zeit-Koordinaten hinsichtlich der Nerven sowie der Verallgemeinerungsfähigkeit von Lesern hohe Voraussetzungen bestehen.

Die Leser sollen abermals von häufig zitierten, völlig einzigartigen Naturgesetzen ausgehen (Einstein, 2009). Die Leser sollen sich einen Raum-Zeit-Bereich (Würfel) vorstellen, in dem kein Schwerefeld besteht relativ hinsichtlich eines Bezugssystems

Kolek, Erik (2024). Über die allgemeine, die spezielle und die allgemeinspezielle Relativitätstheorie. In: *Chroniken der Wirtschaftsinformatik-Physik (CWIP)*. Band 1, Auflagen-Nr. 1.1. ISBN: 9783759735935.

K mit einer geeignet ausgewählten Bewegungsgeschwindigkeit; aufgrund der Beobachtung des Bereichs stellt demnach K ein Galileisches Bezugssystem dar, sowie die Erkenntnisse mittels spezieller Relativitätstheorie sind gültig relativ hinsichtlich K (Einstein, 2009). Denselben Raum-Zeit-Bereich (Würfel) sollen sich Leser vorstellen als ein zweites Bezugssystem K', das relativ hinsichtlich K eine gleichförmige Rotation (Drehung) hat (Einstein, 2009). Damit die Modellannahme detaillierter wird, sollen die Leser K' gedanklich dimensionieren als Form wie eine flache Scheibe (Kreis), die gleichförmig um in ihrer Kreisfläche befindliches Zentrum rotiert (Einstein, 2009). Leser (Beobachter) die außen (exzentrisch) auf der Scheibe bzw. dem Kreis sitzen erleben eine Wechselwirkung, welche in Richtung des Radius exzentrisch arbeitet, sowie die von Beobachtern empfunden wird als Trägheitskraft (Zentrifugalwirkung) relativ hinsichtlich des anfänglichen Bezugssystems K (Einstein, 2009). Beobachter (Leser) die auf dem Kreis sitzen sollen aber ihren Kreis als unbewegliches, das bedeutet ruhendes, Bezugssystem K'_0 verstehen; das ist für Beobachter auf der Grundlage der allgemeinen Relativitätstheorie möglich (Einstein, 2009). Die einflussnehmende Wirkung verstehen (sitzende, das bedeutet ruhende) Beobachter als Kraft des Schwerefeldes, die insgesamt auf alle relativ hinsichtlich ihres Kreises unbewegliche Bezugskörper (und auf sie) wirkt (Einstein, 2009). Zugegeben stellt der auf den Raum verteilte Einfluss des Gravitationsfeldes eine Wechselwirkung dar, wie diese gemäß Newtons Gravitationstheorie ausgeschlossen sein sollte (Einstein, 2009). Das Schwerefeld besteht nicht im Zentrum des Kreises und wächst proportional zum Abstand vom Kreiszentrum exzentrisch (nach außen) (Einstein, 2009). Jedoch weil Beobachter an der allgemeinen Relativitätstheorie gedanklich festhalten, macht ihnen die Abweichung von Newtons Gravitationstheorie nichts aus; sie hoffen zurecht, dass sich eine allgemeine Gravitationstheorie ableiten lassen könnte, die zusätzlich zur Bewegung der Fixsterne ebenfalls ihr empfundenes Wirkungsfeld korrekt begründet (Einstein, 2009).

Beobachter versuchen auf ihrem Kreis ihre Uhren einzustellen und Maßstäbe zu finden, in dem Glauben, auf Grundlage ihrer Wahrnehmungen (Beobachtungen)

Kolek, Erik (2024). Über die allgemeine, die spezielle und die allgemeinspezielle Relativitätstheorie. In: *Chroniken der Wirtschaftsinformatik-Physik (CWIP)*. Band 1, Auflagen-Nr. 1.1. ISBN: 9783759735935.

genaue Werte für ihr Verständnis von Raum-Zeit-Koordinaten hinsichtlich des Bezugskörpers K' (Scheibe) zu bekommen (Einstein, 2009). Welche Erfahrungen werden sie hierbei erleben (Einstein, 2009)?

Die Beobachter positionieren zuerst zwei übereinstimmend zusammengebaute Uhren, die erste im Kreiszentrum, die zweite an der Begrenzungslinie des Kreises (Peripherie), damit die Uhren relativ hinsichtlich des Bezugskörpers K' (Scheibe) liegen bzw. unbeweglich sind (Einstein, 2009). Zuerst sollten Beobachter hinterfragen, ob aus dem Blickwinkel des ohne Rotation bewegten Galileischen Bezugssystem K alle (zwei) Uhren übereinstimmend beschleunigt ticken (Einstein, 2009). Vom Bezugssystem K aus betrachtet, liegt die Uhr im Zentrum ohne Geschwindigkeit unbewegt da, gleichzeitig liegt die Uhr auf der Peripherie aufgrund der Drehung relativ hinsichtlich K nicht ruhend da (Einstein, 2009). Gemäß der Erkenntnis aus dem Abschnitt 32 tickt deswegen die erste Uhr ausgehend von K betrachtet immer schneller als die Uhr auf der Kreisperipherie (Einstein, 2009). Das gleiche Ergebnis sollten natürlich auch Beobachter bekräftigen (konstatieren), die auf der Kreisperipherie nahe der zweiten Uhr sitzen bzw. ruhen (Einstein, 2009). Auf jenem Kreis und verallgemeinert innerhalb jedes Schwerefeldes werden daher Uhren schneller bzw. gemächlicher ticken, abhängig von deren Position, an der die Uhren (stillliegend bzw. ruhend) positioniert sind (Einstein, 2009). Ein genauer Wert für die Zeit ermittelt durch relativ hinsichtlich des Bezugssystems liegenden bzw. ruhenden Uhren muss daher ausgeschlossen werden (Einstein, 2009). Albert Einstein (2009) wollte nicht tiefer darauf eingehen, dass eine vergleichbare Barriere offenbart wird, sobald Beobachter versuchen, den (vorherigen) Begriff der Gleichzeitigkeit nach der speziellen Relativitätstheorie auf dieses Beispiel zu übertragen.

Begriff der Gleichzeitigkeit nach der speziellen Relativitätstheorie (Einstein, 2009). K' rotiert als ein Kreis gleichförmig und bewegt sich (geradlinig) hinsichtlich dem ruhenden Galileischen Bezugssystem K, daher sind (weiterhin) im Zentrum und in der Peripherie des Kreises K' gleichzeitig unterschiedlich beschleunigte Uhren aus dem

Kolek, Erik (2024). Über die allgemeine, die spezielle und die allgemeinspezielle Relativitätstheorie. In: *Chroniken der Wirtschaftsinformatik-Physik (CWIP)*. Band 1, Auflagen-Nr. 1.1. ISBN: 9783759735935.

Blickwinkel von K möglich, damit wird (bzw. bleibt) eine exakte Größe für die Zeit undenkbar und weil nach der speziellen Relativitätstheorie die Gravitation nicht als ein Feld existiert, dürfen sich die Leser von Albert Einstein (2009) ihr Bezugssystem K' nicht als ruhend vorstellen, das bedeutet, die Gravitation besteht ab dem Zentrum des Kreises und wächst proportional zum Abstand vom Kreiszentrum exzentrisch; demnach gilt Newtons Gravitationstheorie ohne Abweichung für diesen Spezialfall und erschwert aufgrund dessen eine Ableitung einer allgemeineren Gravitationstheorie, denn eine Gravitationsabweichung wird erst mit dem eingeführten Feldbegriff erkennbar, der nicht in der speziellen Relativitätstheorie jedoch notwendigerweise in der allgemeinen Relativitätstheorie integriert ist.

Jedoch ebenfalls die Festlegung der Raum-Koordinatenwerte stellen Beobachter vorläufig vor unlösbare Probleme (Einstein, 2009). Platzieren beispielsweise die mit dem Kreis bewegten Beobachter ihren gleichförmigen Maßstab (der relativ hinsichtlich des Radius klein ist) die Kreisperipherie berührend (tangential) an, dann ist das Stäbchen, ausgehend von dem Galileischen Bezugssystem K bewertet, verkürzter als 1, da nicht ruhende Bezugskörper wie in Abschnitt 32 beschrieben in Bewegungsrichtung eine Kontraktion (Reduzierung) erleben (Einstein, 2009). Platzieren Beobachter hingegen ihren Einheitsstab in die Gerade des Kreisradius, dann erlebt das Stäbchen, ausgehend von K bewertet, keine Kontraktion (Reduzierung) (Einstein, 2009).

Messen auf dem Kreis ruhende (sitzende) Beobachter demnach mit ihrem Einheitsstab zunächst den Kreisumfang a, darauf den Kreisdurchmesser b und teilen (dividieren) danach deren zwei Messresultate, dann ergibt sich als Ergebnis der Division von a durch b (Quotient) ein anderer Pi-Wert, stattdessen ein höherer Wert, obwohl mit ihrer Kalkulation (Rechnung) selbstverständlich π (π = 3,1415...) genau ermittelbar sein sollte relativ hinsichtlich eines von K aus gesehenen unbeweglichen Kreises (Einstein, 2009).

Kolek, Erik (2024). Über die allgemeine, die spezielle und die allgemeinspezielle Relativitätstheorie. In: *Chroniken der Wirtschaftsinformatik-Physik (CWIP)*. Band 1, Auflagen-Nr. 1.1. ISBN: 9783759735935.

Während der kompletten Operation (Kalkulation) müssen Beobachter das nicht drehende Galileische Bezugssystem K als Bezugskörper (Koordinatenkörper) nutzen, weil lediglich relativ hinsichtlich K die Geltung der Erkenntnisse nach der speziellen Relativitätstheorie postuliert (behauptet) werden dürfen, denn relativ hinsichtlich K' besteht ein Schwerefeld (Einstein, 2009).

Das ist der Beweis dafür, dass die Gesetze der Geometrie nach Euklid auf dem sich drehenden Kreis als auch daher insgesamt für die mathematische Betrachtung eines Schwerefeldes zu ungenau sind, zumindest sobald Beobachter ihrem Maßstab unabhängig von seiner Lage (Ort) sowie von seiner Bewegungsrichtung den Abstand zwischen seinen beiden Enden (Strecke) 1 versuchen als seine x-Koordinate (Länge) zuzuordnen (Einstein, 2009). Hierdurch wird für Beobachter ebenfalls ersichtlich, dass dadurch eine festgelegte Gerade, die begrifflich von ihnen zunächst als ein Stab definiert wurde, ihre Existenzberechtigung einbüßt (Einstein, 2009). Die in der speziellen Relativitätstheorie verwendete Methode definiert, dass nur gleichförmig geradlinige Körperbewegungen aufgrund der Galileischen Transformation existieren können, weshalb es für Beobachter ausgeschlossen ist, relativ hinsichtlich ihres Kreises die Koordinatenwerte für x, y, und z genau (bestimmt) festzulegen (Einstein, 2009). Deswegen müssen aber Raum- und Zeit-Koordinaten für (alle) Punkte (Ereignisse) festgelegt werden, damit ebenfalls das Naturgeschehen, das auch Zeit-Koordinaten enthält, genauer verstanden werden kann (Einstein, 2009).

Deshalb erscheint es so als wäre es nun notwendig jeden Gedanken, den Albert Einstein (2009) bis jetzt zur allgemeinen Relativitätstheorie gelernt hatte, zu überprüfen. Tatsächlich wird eine einfachere (subtilere) Methode benötigt, damit das Grundprinzip der allgemeinen Relativitätstheorie korrekt angewendet werden kann (Einstein, 2009). Die Leser werden mithilfe der nächsten Beschreibungen dazu befähigt diesen allgemeinen Relativitätsgrundsatz zu verstehen (Einstein, 2009).

Kolek, Erik (2024). Über die allgemeine, die spezielle und die allgemeinspezielle Relativitätstheorie. In: *Chroniken der Wirtschaftsinformatik-Physik (CWIP)*. Band 1, Auflagen-Nr. 1.1. ISBN: 9783759735935.

12 Ist das Universum (Kontinuum) euklidisch oder nicht-euklidisch?

Albert Einstein (2009) verglich das Raum-Zeit-Kontinuum (unser immer schneller expandierendes Universum), das bedeutet vielmehr einen ausgewählten vierdimensionalen Bereich daraus, mit einer Marmortischoberfläche. Auf diesem Marmortisch (bzw. in diesem Universum) konnte Albert Einstein (2009) von jedem beliebig ausgewählten Punkt zu jedem weiteren beliebigen Punkt reisen, dadurch dass er (sehr) häufig wiederholt stets zu einem Nachbarpunkt weiter zu reisen, bzw. – treffender formuliert – dadurch dass er keinen benachbarten Punkt auslässt, also keinen Sprung ausführt bzw. macht. Leser verstehen bestimmt mit ausreichender Genauigkeit (falls sie nicht sogar eine zu hohe Erwartung [an Albert Einstein (2009)] haben), was in diesem Kontext mit Nachbar und Sprung gemeint ist. Das stellte sich Albert Einstein (2009) so vor, dass er festlegte, die Marmortischoberfläche wäre als ein Universum (Kontinuum) zu verstehen.

Albert Einstein (2009) dachte sich jetzt einen hohen Wert für die Länge und Breite (Maße) der Marmortischoberfläche (also für das Kontinuum) repräsentiert durch kurze gleichförmig lange Stäbe. Das ist so zu verstehen, dass deren Stabenden jeweils in Übereinstimmung zum nächsten Stabende zusammengelegt sind (Einstein, 2009). Die Beobachter sollen jetzt vier solcher Stäbe auf der Marmortischoberfläche zueinander legen, so dass vier Ecken aus deren Stabenden und zwischen diesen Ecken zwei gleichförmig lange Diagonallinien entstehen (also sich als ein Beispiel für ein Viereck ein Quadrat bildet) (Einstein, 2009). Um sicherzugehen, dass eine Gleichförmigkeit zwischen den beiden Diagonallinien entsteht, verwendete Albert Einstein (2009) einen (ausgewählten kurzen) Stab zum Testen. Zu diesem Quadrat legte Albert Einstein (2009) gleichförmige Quadrate, die mit dem ersten Quadrat je einen (kurzen) Stab teilen, zu diesen vier Quadraten auch und so weiter. Am Ende ist die komplette Marmortischoberfläche (das gesamte Universum bzw. Kontinuum) vollgelegt mit Quadraten, und zwar, so dass alle Quadratinnenseiten (von links nach rechts und umgekehrt sowie von oben nach unten und umgekehrt) jeweils zu zwei

Kolek, Erik (2024). Über die allgemeine, die spezielle und die allgemeinspezielle Relativitätstheorie. In: *Chroniken der Wirtschaftsinformatik-Physik (CWIP)*. Band 1, Auflagen-Nr. 1.1. ISBN: 9783759735935.

weiteren Quadraten und alle Quadratinnenecken (links-oben, rechts-oben, links-unten und rechts-unten) jeweils zu vier weiteren Quadraten gehören bzw. zeigen.

Diese Aufgabe ist allgemein (für jeden Denkenden) durchführbar, ohne dabei auf das kleinste Problem zu stoßen, dass ist (absolut) wahr und (daher) wunderbar, also für wahr ein Wunder (Einstein, 2009). Allgemein wird lediglich der nächste Gedanke benötigt (Einstein, 2009). Liegen schon drei Quadrate an einer Quadratinnenecke an, dann müssen ebenfalls schon zwei gleichförmige Längsseiten dieses vierten Quadrats belegt sein (Einstein, 2009). Wie die zwei verbleibenden gleichförmigen Längsseiten dieses vierten Quadrats zu belegen sind, wird durch den vorherigen Gedanken (für jede einzelne Seite des Quadrats) vollständig vorgegeben (Einstein, 2009). Nun war Albert Einstein (2009) jedoch keineswegs wie zuvor in der Lage sein Viereck passend zu lokalisieren, also dessen Lage (Ort) im Raum-Zeit-Kontinuum (nochmal) zu verändern, so dass dessen Diagonallinien homogen (gleich) hinsichtlich deren Mitte (zum Quadratzentrum) zueinander verlaufen bzw. nebeneinander (parallel) betrachtet sich einheitlich lang gestalten. Falls beide Diagonalen ohne Anpassung der Lage des Vierecks schon gleichförmig sind, also ein Quadrat vorliegt, dann begründet sich diese spezielle physikalische Tatsache mithilfe der Marmortischoberfläche und der (kurzen) Stäbe, über die sich Albert Einstein (2009) lediglich dankend freuen konnte, da dies ein wahres Wunder darstellte. Eine hohe Anzahl vergleichbarer Wunder (wie auf einer mit kurzen Stäben belegten Marmortischoberfläche) musste Albert Einstein (2009) erfahren, falls die Gestaltung des Raum-Zeit-Kontinuums, also das Konstruktionsdesign des Universums, erfolgreich umgesetzt werden musste.

Wenn tatsächlich die Marmortischoberfläche komplett belegt ist mit Stäben, die Vierecke mit innen gleichförmigen Diagonalen (Quadrate) bilden, dann bestätigte Albert Einstein (2009), dass die Ereignisse (Punkte) auf der Oberfläche ein Universum (Kontinuum) nach Euklid hinsichtlich der verwendeten Stäben in Form einer Wegstrecke darstellen. Albert Einstein (2009) markierte eine Ecke eines Quadrats als Startereignis (Startpunkt), darauf ist er in der Lage alle Ecken der anderen

Kolek, Erik (2024). Über die allgemeine, die spezielle und die allgemeinspezielle Relativitätstheorie. In: *Chroniken der Wirtschaftsinformatik-Physik (CWIP)*. Band 1, Auflagen-Nr. 1.1. ISBN: 9783759735935.

Quadrate hinsichtlich des Startpunkts mittels zwei Werten zu beschreiben. Albert Einstein (2009) musste dazu nur mitteilen, welche Anzahl von Stäben er in die Richtung rechts und welche Anzahl von Stäben er in die Richtung oben vom Startereignis zu reisen hat, damit er seinen gewünschten Zielpunkt, eine beliebig ausgewählte Ecke eines Quadrats, erreichen kann. Die zwei charakterisierten Werte gleichen demnach den kartesischen Koordinatenwerten für die Anzahl von Stäben in die Richtung rechts und oben hinsichtlich des durch die abgesteckten Stäbe vorgegebenen kartesischen Koordinatensystems (Einstein, 2009).

Es müssen ebenfalls Situationen (Ereignisse) bestehen, aufgrund derer der Versuch scheitert, das konnte Albert Einstein (2009) anhand der nächsten Anpassungen dieses Gedankenversuchs nachvollziehen. Alle Stäbe müssen den Temperaturgesetzen gemäß eine Ausdehnung (Vergrößerung) erfahren (Einstein, 2009). Die Marmortischoberfläche wird im Zentrum erhitzt, jedoch nicht am (äußeren) Rand, das bedeutet die Quadrate werden vom Zentrum nach außen immer kleiner und umgekehrt vom Rand nach innen immer größer, dadurch können wie zuvor stets zwei Stäbe überall auf der Oberfläche übereinstimmend gelegt werden (Einstein, 2009). Jedoch kommt es durch die Temperaturerhöhung als Ursache im Konstruktionsdesign der Quadrate zu Chaos (Unordnung), da die Stäbe sich innerhalb des erwärmten Teils der Oberfläche vergrößern, das bedeutet hier dehnen sich die Stäbe in alle Richtungen aus, jedoch bleiben die Stäbe im äußeren kälteren Teil der Oberfläche unverändert (Einstein, 2009).

Hinsichtlich der Stäbe – die (vorher) als gleichförmige Entfernungen (Strecken) festgelegt wurden – stellt die Marmortischoberfläche jetzt nicht länger ein Universum (Kontinuum) nach Euklid dar, und es war für Albert Einstein (2009) ebenfalls ausgeschlossen (unmöglich), direkt anhand der abgelegten Stäbe kartesische Koordinatenwerte festzulegen, weil das vorherige Konstruktionsdesign nicht länger als gleichförmige Stabquadrate realisierbar ist. Weil jedoch sonstige Körper (Sachen) existieren, die mittels Temperaturveränderung der Oberfläche nicht genauso (bzw. gar

Kolek, Erik (2024). Über die allgemeine, die spezielle und die allgemeinspezielle Relativitätstheorie. In: *Chroniken der Wirtschaftsinformatik-Physik (CWIP)*. Band 1, Auflagen-Nr. 1.1. ISBN: 9783759735935.

nicht) wie die Stäbe reagieren, ist es möglich, gemäß allgemeiner Naturgesetze die Annahme weiterhin zu vertreten, dass für die Oberfläche ein Universum (Kontinuum) nach Euklid existiere; dies ist zufriedenstellender möglich mit einer einfacheren Definition für die Messung oder den Vergleich von Entfernungen (Strecken) (Einstein, 2009).

Wenn jedoch alle Klassen von Stäben (Körpern), unabhängig von deren Materie, gleich empfindlich reagieren auf jede auf der unterschiedlich angeheizten Marmortischoberfläche bestehenden Temperatur, und besäße Albert Einstein (2009) keine geeignetere Methode, diese Temperaturwechselwirkung zu beobachten, wie durch das Stabverhalten gemäß der Geometrie in Versuchen in gleicher Weise wie in dem vorherig charakterisierten Versuch, dann müsste es wahrscheinlich grunddienlich erscheinen, jeweils zwei Ereignispunkten der Oberfläche die Strecke 1 zuzuordnen, falls die Stabenden zueinander übereinstimmend mit dem ausgewählten Teststab ausgelegt werden können; also wie könnte unter Einhaltung der allgemeinen Naturgesetze (Abwesenheit einer extremsten Beliebigkeit) eine Entfernung abweichend (noch besser) festgelegt werden? Deswegen jedoch muss die vorherige Methode, das kartesische Koordinatensystem, verworfen werden und ein Austausch mit einer geeigneteren Methode erfolgen, die ohne die Forderung nach der Geltung der Geometrie nach Euklid für starre Bezugskörper anwendbar ist (Einstein, 2009).

Nach Albert Einstein (2009) hatten Mathematiker diese Schwierigkeit entsprechend der nächsten Beschreibung bemerkt. Wenn eine dreidimensionale Raummessung nach Euklid erfolgte, beispielsweise wenn die Oberfläche einer dreidimensionalen Ellipse (Ellipsoid) als Fläche bestimmt war, dann existierte hier eine Geometrie auf zwei Dimensionen, die genauso richtig ist wie die Geometrie hinsichtlich des flachen Gebiets (Einstein, 2009). Gauss löste diese Schwierigkeit dadurch, diese Fläche ausnahmslos (prinzipiell) mit einer zweidimensionalen Geometrie zu berechnen, dabei vernachlässigte Gauss, dass diese Oberfläche einem dreidimensionalen Raum (Kontinuum) nach Euklid entspricht (Einstein, 2009). Wird auf diese Fläche

Kolek, Erik (2024). Über die allgemeine, die spezielle und die allgemeinspezielle Relativitätstheorie. In: *Chroniken der Wirtschaftsinformatik-Physik (CWIP)*. Band 1, Auflagen-Nr. 1.1. ISBN: 9783759735935.

allgemein ein Konstruktionsdesign mit starren (kurzen) Stäben gedanklich übertragen bzw. gelegt (vergleichbar wie die vorherige Quadrateinteilung der Marmortischoberfläche), dann sind für dieses Design abweichende Sätze gültig verglichen mit den Sätzen der Geometrie nach Euklid für die Fläche (Einstein, 2009). Diese (Ober-)Fläche stellt hinsichtlich der (unterschiedlich langen) Stäbe keinen Raum (Kontinuum) nach Euklid dar, und es können darin keine Zahlen (Werte) für kartesische Koordinaten festgelegt werden (Einstein, 2009). Gauss veranschaulichte, mit was für Sätzen allgemein die Flächenverhältnisse gemäß deren Geometrie berechnet werden müssen, und entwickelte hiermit eine Methode zur Berechnung nach Riemann von mehrdimensionalen und nicht-euklidischen Räumen (Kontinua) (Einstein, 2009). Damit ist es zu erklären, dass die geometrischen Schwierigkeiten schon lange durch Mathematiker beseitigt wurden, welche der allgemeine Relativitätsgrundsatz (ebenfalls) mit sich geführt hat (Einstein, 2009).

Leser sollten verstehen, dass der in diesem Abschnitt beschriebene Fall demjenigen gleicht, der durch den allgemeinen Relativitätsgrundsatz entstanden ist (Abschnitt 11) (Einstein, 2009).

13 Das Gauss-Koordinatensystem

Die von Gauss eingeführte Betrachtungsweise einer dreidimensionalen Raummessung über die zweidimensionale geometrische Untersuchung ist wie folgt zu verstehen (Einstein, 2009). Allgemein kann auf einer Marmortischoberfläche eine Anordnung von individuellen Bahnkurven (System) eingeritzt werden (Abbildung 7), die Albert Einstein (2009) *u-Kurven* nannte und welche er jeweils mit einem Wert kennzeichnete (annotierte). Albert Einstein (2009) hatte die Bahnkurven mit u = Zahl bezeichnet (Abbildung 7). Die Leser sollen sich zwischen den ersten beiden Bahnkurven eine weitere unendliche Anzahl von Bahnkurven aufgezeichnet vorstellen, die jeder mathematisch möglichen (reellen) Zahl zwischen $u_1 < u_2$ entsprechen, zum Beispiel $1{,}0000000001 < 1{,}9999999999$ (Einstein, 2009). Demnach existiert (dazwischen) eine (weitere) Anordnung mit *u-Kurven* (System), die endlos

Kolek, Erik (2024). Über die allgemeine, die spezielle und die allgemeinspezielle Relativitätstheorie. In: *Chroniken der Wirtschaftsinformatik-Physik (CWIP)*. Band 1, Auflagen-Nr. 1.1. ISBN: 9783759735935.

benachbart (dicht) die gesamte Marmortischoberfläche abdecken (Einstein, 2009). Nicht eine der *u-Kurven* schneidet dabei eine benachbarte *u-Kurve*, stattdessen werden jeweils alle Ereignispunkte (P) auf der Marmortischoberfläche nur durch eine (einzige) *u-Kurve* geschnitten (Einstein, 2009).

Jedem einzelnen Punkt (P) auf der Marmortischoberfläche kann demnach eine völlig individuelle *u-Zahl* zugeordnet werden (Abbildung 7) (Einstein, 2009). Entsprechend den *u-Kurven* kann auf dieser Oberfläche ein *v-Kurvensystem* aufgezeichnet werden, das dieselben Voraussetzungen (allgemeinen Naturgesetze) erfüllt, also reelle Zahlen aufweist, jedoch auch individuell konstruiert ist (Einstein, 2009). Jedem einzelnen Punkt (P) auf der Marmortischoberfläche kann demnach eine *u-Zahl* als auch *v-Zahl* zugehörig sein, diese zwei Werte bezeichnete Albert Einstein (2009) als Koordinaten der Oberfläche (Gauss-Koordinaten).

Beispielsweise besitzt in der Abbildung 7 der Punkt P die Gauss-Koordinaten v =1 und u = 3 (Einstein, 2009). Die Punkte P und P' haben als auf der Oberfläche benachbarte Punkte also demnach die Gauss-Koordinaten (32) und (33) (Einstein, 2009).

(32) P(v; u) (Einstein, 2009)

(33) P'(v + dv; u + du) (Einstein, 2009)

Es handelt sich bei *dv* und *du* um winzige Werte der Gauss-Koordinaten (32) und (33) (Einstein, 2009). Die mittels eines sehr kurzen Stabs gemessene Entfernung (Strecke) zwischen P und P' entspräche auch einem winzigen Wert *ds* (Einstein, 2009). Demnach ist *ds²* durch Gauss mittels (34) gegeben (Einstein, 2009).

(34) $ds^2 = g_{11}du^2 + 2g_{12}dvdu + g_{22}dv^2$ (Einstein, 2009)

Die aus der Formel (34) stammenden Zahlen g_{11}, g_{12} und g_{22} hängen vollständig vorgegeben von *v* sowie *u* ab (Einstein, 2009). Die Zahlen g_{11}, g_{12}, g_{22} geben die Verhaltungsweisen der sehr kurzen Stäbe (Lichtkörper) vor relativ hinsichtlich der *v-*

Kolek, Erik (2024). Über die allgemeine, die spezielle und die allgemeinspezielle Relativitätstheorie. In: *Chroniken der Wirtschaftsinformatik-Physik (CWIP)*. Band 1, Auflagen-Nr. 1.1. ISBN: 9783759735935.

Kurven sowie *u-Kurven*, demnach insgesamt relativ hinsichtlich der Fläche des Marmortisches (Einstein, 2009). Für das Szenario, in dem die Ereignispunkte (P) der untersuchten Fläche hinsichtlich der sehr kurzen Messstäbe ein Universum (Kontinuum) nach Euklid formen, jedoch ebenfalls lediglich in diesem Fall, kann es nicht ausgeschlossen sein, die *v-Kurven* sowie *u-Kurven* entsprechend zu gestalten sowie mit Werten auszustatten, so dass vereinfachend für ds^2 nach Gauss die Formel (35) gilt (Einstein, 2009).

(35) $ds^2 = dv^2 + du^2$ (Einstein, 2009)

Wenn die Gauss-Formel (35) gilt, existieren [im Universum (Kontinuum)] nach der Geometrie nach Euklid die *v-Kurven* sowie *u-Kurven* geradlinig, die zueinander vertikal gestaltet sind (Abbildung 7) (Einstein, 2009). Die Gauss-Koordinaten entsprechen demnach vereinfachend kartesischen Koordinaten (Einstein, 2009). Allgemein ist ersichtlich, dass die Gauss-Koordinaten lediglich eine annotierte Anordnung von zwei Werten (Kommentaren) hinsichtlich der Punkte auf einer (mathematisch) untersuchten Oberfläche darstellen, und zwar, so dass im Raum den Punktnachbarn, wie von P relativ hinsichtlich P', möglichst annähernd gleiche Zahlen zugehörig sein müssen (Einstein, 2009).

Vorerst sind die aufgezeigten Untersuchungsergebnisse nur hinsichtlich eines zweidimensionalen Universums (Kontinuums) gültig (Einstein, 2009). Jedoch kann diese Gauss-Methode ebenfalls auf drei-, vier- und mehrdimensionale Universen (Kontinua) angewandt werden (Einstein, 2009). Wenn beispielsweise ein vierdimensionales Universum (Kontinuum) besteht, dann ist die nächste allgemeine Betrachtung (gültig und daher) vorgegeben (Einstein, 2009). Alle Ereignispunkte im Universum bekommen (dann) beliebig vier Werte für (die vier Dimensionen) x_1, x_2, x_3 und x_4 hinzugeordnet, die (ebenfalls) als (Gausssche) Koordinaten bezeichnet sind (Einstein, 2009). Nach Albert Einstein (2009) entspricht x_4 gleich der Zeit t. Punktnachbarn sind jeweils in Zahlen gegebene Koordinatennachbarn (Einstein, 2009). Wenn eine mittels wiederholter Messung bestätigte physikalisch korrekt

Kolek, Erik (2024). Über die allgemeine, die spezielle und die allgemeinspezielle Relativitätstheorie. In: *Chroniken der Wirtschaftsinformatik-Physik (CWIP)*. Band 1, Auflagen-Nr. 1.1. ISBN: 9783759735935.

festgelegte Entfernung (Strecke) *ds* jetzt hinsichtlich der Punktnachbarn P sowie P'
existiert, dann ist die Gleichung (36) gültig (Einstein, 2009).

$$(36)\ ds^2 = g_{11}dx_1^2 + 2g_{12}dx_1dx_2 \ldots + g_{44}dx_4^2 \quad \text{(Einstein, 2009)}$$

Die Zahlen g_{11}, g_{12} und g_{44} der Formel (36) verändern sich mit ihrem Ort im
Universum (Kontinuum) (Einstein, 2009). Lediglich in einem Szenario, in dem ein
Universum (Kontinuum) nach Euklid existiert, erscheint es nicht ausgeschlossen zu
sein, dass zu den Ereignispunkten des Universums seine Koordinatengrößen x_1, x_2, x_3
und x_4 entsprechend einbezogen werden können, damit vereinfachend für ds^2 nach
Gauss die Formel (37) gilt (Einstein, 2009).

$$(37)\ ds^2 = dx_1^2 + dx_2^2 + dx_3^2 + dx_4^2 \quad \text{(Einstein, 2009)}$$

In einem Universum (Kontinuum) nach Euklid ausgedrückt mit der Formel (37) sind
vierdimensionale Vektoren (Beziehungen) gleich zu verstehen wie diejenigen
Beziehungen die bei ihrer Messung als dreidimensionale Vektoren (Beziehungen)
allgemein akzeptiert sind (Einstein, 2009).

Die abgeleitete Gauss-Gleichung (37) zur Bestimmung von ds^2 erscheint im Übrigen
nur teilweise gegeben bzw. richtig, eigentlich lediglich in dem Fall, falls ausreichend
geringe Bereiche eines untersuchten Universums jeweils als (eigenes) Kontinuum
nach Euklid betrachtet werden können (Einstein, 2009). Das ist offensichtlich
beispielsweise eine Wahrheit für das Szenario hinsichtlich der Marmortischoberfläche
und der darauf befindlichen unterschiedlich temperierten Orte (Punkte) (Einstein,
2009). Also ist die in einem (ausgewählten) geringen Bereich der Oberfläche
existierende Temperatur gewissermaßen gleichbleibend, denn hier entspricht das
Geometrieverhalten der Stäbe *fast* einem solchen Verhalten, wie dieses nach den
Sätzen der Geometrie nach Euklid vorgegeben ist (Einstein, 2009). Die
Abweichungen (Fehler) im Konstruktionsdesign der Quadrate wirken sich demnach
erstmals erkennbar auf Beziehungen (Koordinaten) aus, sobald das Design [des

Kolek, Erik (2024). Über die allgemeine, die spezielle und die allgemeinspezielle Relativitätstheorie. In: *Chroniken der Wirtschaftsinformatik-Physik (CWIP)*. Band 1, Auflagen-Nr. 1.1. ISBN: 9783759735935.

Universums (Kontinuums) nach Euklid] über einen großen Bereich der Marmortischoberfläche hinaus wächst (Abschnitt 12) (Einstein, 2009).

Als Zusammenfassung stellte Albert Einstein (2009) folgenden Satz auf: Die von Gauss aufgestellte Methode für die mathematische Betrachtung von beliebig großen Universen (Kontinua) basiert auf einer innerhalb dieser Bereiche geltenden Festlegung von Abständen (Stäben) zwischen den (dort physikalisch existierenden) benachbarten Orten (Punkten) bzw. Beziehungen zwischen den (dort mathematisch möglichen) Maßen (Koordinaten) (Einstein, 2009). Allen Ereignispunkten eines Universums (Bereichs) ist entsprechend eine (übereinstimmende) Anzahl von Werten (Gauss-Koordinaten) zuzuordnen, wie dieses Universum (eine Anzahl von) Dimensionen besitzt (Einstein, 2009). Diese systematische Anordnung von Dimensionen als Gauss-Koordinaten (Werte) innerhalb der Bereiche (Universen) geschieht entsprechend, damit ein eindeutig definiertes bzw. designtes Dimensionssystem (Koordinatensystem) (gebildet werden kann und) erhalten bleibt, sowie damit Punktnachbarn endlich viel gleiche Werte (Gauss-Koordinaten) hinzu addiert werden (können) (Einstein, 2009). Ein Gauss-Koordinatensystem stellt (demnach) eine mathematische Abstraktion (Generalisation) eines kartesischen Wertesystems für Koordinaten dar (Einstein, 2009). Das Gauss-Koordinatensystem lässt sich ebenfalls auf (unendlich große) Universen (Kontinua, Bereiche) anwenden, die sich dimensional *nicht euklidisch* verhalten [*also auch auf Bereiche (Kontinua) in denen existierende beliebig definierte Abstände (Stäbe) wie gleichförmige Quadrate erscheinen*], jedoch lediglich (*nicht*) in dem Fall, je dimensional geringer (*bzw. größer*) sich ein beobachteter, mathematisch betrachteter Teilbereich eines Universums darstellt [*also (nicht mehr) ab dem Bereich (Kontinuum) in dem diese definierten Abstände (Stäbe) wie (un-)gleichförmige Quadrate erscheinen*], sobald ein (*un-*)endlich dimensional geringerer (*bzw. größerer*) Teilbereich des untersuchten (unendlich großen) Universums (Bereichs) hinsichtlich des festgelegten Entfernungsmaßes (Teststabs) ein aufgrund höherer mathematischer Näherung

Kolek, Erik (2024). Über die allgemeine, die spezielle und die allgemeinspezielle Relativitätstheorie. In: *Chroniken der Wirtschaftsinformatik-Physik (CWIP)*. Band 1, Auflagen-Nr. 1.1. ISBN: 9783759735935.

stärker (*bzw. schwächer*) vorhandenes Geometrieverhalten nach Euklid zeigt (Einstein, 2009).

Basierend auf Albert Einstein (2009) bedeutet dieser Satz einfacher ausgedrückt: Es genügen mindestens vier Dimensionen, damit ein physikalisch korrektes Verständnis des gesamten Universums (Kontinuums) ermöglicht wird, obwohl unser immer schneller expandierendes Universum nicht nur in seinen Teilbereichen auch mehr Dimensionen – also eine größere Krümmung der Raum-Zeit – aufweisen könnte aufgrund der dort existierenden wahrscheinlich höheren Unterschiede der Gravitationsfelder. Beispielsweise könnten aufgrund von Gravitationsfeldern außen (bzw. innen) mehr Dimensionen als innen (bzw. außen) im Kontinuum existieren, wenn außen im Randbereich des Universums mehr (bzw. weniger) Materie als im Innenbereich existieren würde (und umgekehrt) (Abschnitt 20).

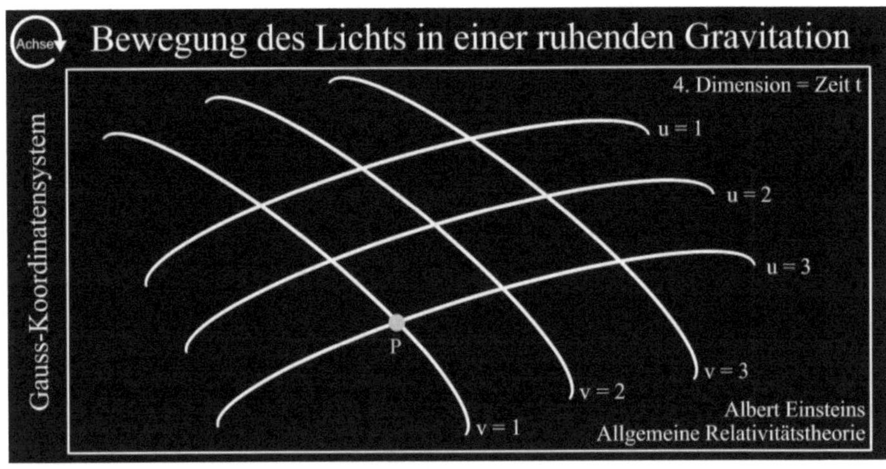

Abbildung 7. Anordnung von individuellen Bahnkurven (vgl. Einstein, 2009, S. 57).

14 Das euklidische Universum (Kontinuum) als Raum-Zeit-Kontinuum (nach Einstein bzw. infolge) der speziellen Relativitätstheorie

Albert Einstein (2009) war es jetzt möglich, die im Abschnitt 37 lediglich kurz erläuterte Annahme Minkowskis ein wenig präziser (bestimmter) auszudrücken. Zur

Kolek, Erik (2024). Über die allgemeine, die spezielle und die allgemeinspezielle Relativitätstheorie. In: *Chroniken der Wirtschaftsinformatik-Physik (CWIP)*. Band 1, Auflagen-Nr. 1.1. ISBN: 9783759735935.

(gedanklichen) Konstruktion des vierdimensionalen Raum-Zeit-Kontinuums ist ein bestimmtes Koordinatensystem zu favorisieren nach der speziellen Relativitätstheorie, das Albert Einstein (2009) als Galileisches Koordinatensystem bezeichnet hatte. In Galileischen Systemen sind x, y, z und t als vier Koordinaten, die einen Bezugskörper bzw. – mit anderen Worten – ein Punktereignis im Universum (Kontinuum) mit vier Dimensionen bezeichnen, physikalisch vereinfachend festgelegt, das ist im dritten Abschnitt des vorliegenden Buches detailliert beschrieben (Einstein, 2009). Als das Verbindungsdesign (der Konstruktion des Universums) zwischen den relativ gleichförmig zueinander bewegten Galileischen Koordinatensystemen sind die Formeln der Transformation nach Lorentz aufzufassen, die eine Grundlage zur Ableitung (Deduktion) der Folgen der speziellen Relativitätstheorie darstellt und selbst für jeden Galileischen Bezugskörper [im Universum (Kontinuum)] lediglich den Satz formt hinsichtlich der (überall) allgemeinen Geltung des Gesetzes der konstanten Lichtgeschwindigkeit (Lichtbewegungsgesetzes) (Einstein, 2009).

Minkowski entdeckte übereinstimmend mit der Transformation nach Lorentz die nächsten vereinfachten Annahmen (Einstein, 2009). In einem Universum (Kontinuum) mit vier Dimensionen existieren zwei zu untersuchende Punktnachbarn (Ereignisnachbarn), denen ein wechselseitiger Ort zugehörig ist hinsichtlich des Galileischen Bezugssystems K gemäß der Unterschiede in den Raum-Koordinaten dx, dy und dz und des Unterschieds in der Zeit-Koordinate dt (Einstein, 2009). Es existieren die gleichen Unterschiede hinsichtlich des zweiten Galileischen Bezugssystems K' für die zwei Punktereignisse dx', dy', dz' und dt' (Einstein, 2009). Demnach ist zwischen beiden Punktereignissen immer folgende Beziehung (38) gültig (Einstein, 2009).

Die für diese Koordinaten relevanten abgeleiteten Gleichungen lauten $x + y + z + \sqrt{-1}ct = x' + y' + z' + \sqrt{-1}ct'$ und $x_1^2 + x_2^2 + x_3^2 + x_4^2 = x_1'^2 + x_2'^2 + x_3'^2 + x_4'^2$; diese Gleichungen sind ebenfalls gültig hinsichtlich von Koordinatenunterschieden,

Kolek, Erik (2024). Über die allgemeine, die spezielle und die allgemeinspezielle Relativitätstheorie. In: *Chroniken der Wirtschaftsinformatik-Physik (CWIP)*. Band 1, Auflagen-Nr. 1.1. ISBN: 9783759735935.

das bedeutet ebenfalls hinsichtlich von unendlich geringen Koordinatenunterschieden (Koordinatendifferentialen) (Einstein, 2009).

(38) $dx^2 + dy^2 + dz^2 - c^2 dt^2 = dx'^2 + dy'^2 + dz'^2 - c^2 dt'^2$ (Einstein, 2009)

Die Beziehung (38) ist die Ursache für die Geltung der Transformation nach Lorentz (Einstein, 2009). Dazu formulierte Albert Einstein (2009) folgenden Satz: Die Zahl ds^2 die beiden Punktnachbarn im Raum-Zeit-Kontinuum mit vier Dimensionen zugeordnet ist, ist gleich in jedem präferierten Galileischen Bezugssystem (39) (Einstein, 2009). Albert Einstein (2009) präferierte die linke Seite der Gleichung (39) für das Galileische Bezugssystem K.

(39) $\quad ds^2 = dx^2 + dy^2 + dz^2 - c^2 dt^2 \; UND \; ds'^2 = dx'^2 + dy'^2 + dz'^2 - c^2 dt'^2$

(Einstein, 2009)

Wird allgemein x, y, z und $\sqrt{-1}ct$ ausgetauscht gegen x_1, x_2, x_3 und x_4, dann ergibt sich allgemein ebenfalls das Ergebnis, dass die Zahl ds^2 nicht abhängig ist von der Auswahl des Bezugssystems (40) (Einstein, 2009). Auch hier präferierte Albert Einstein (2009) die linke Seite der Gleichung (40) für das Galileische Bezugssystem K.

(40) $\quad ds^2 = dx_1^2 + dx_2^2 + dx_3^2 + dx_4^2 \; UND \; ds'^2 = dx_1'^2 + dx_2'^2 + dx_3'^2 + dx_4'^2$

(Einstein, 2009)

Albert Einstein (2009) bezeichnete die Zahl ds als die Entfernung (Strecke) zwischen den zwei Punktereignissen auf vier Dimensionen.

Die abgeleiteten Konstrukte lauten $dx_4 = -1c^2 dt^2$ und $dx'_4 = -1c^2 dt'^2$ (Einstein, 2009).

Werden allgemein demnach die erdachten Konstrukte $x_4 = \sqrt{-1}ct$ und $x'_4 = \sqrt{-1}ct'$ ausgewählt anstatt der reellen Konstrukte für die Zeit t = x$_4$ und t' = x'$_4$, dann ist nach der speziellen Relativitätstheorie das Raum-Zeit-Kontinuum allgemein zu

Kolek, Erik (2024). Über die allgemeine, die spezielle und die allgemeinspezielle Relativitätstheorie. In: *Chroniken der Wirtschaftsinformatik-Physik (CWIP)*. Band 1, Auflagen-Nr. 1.1. ISBN: 9783759735935.

verstehen (bestimmt) als ein Universum (Kontinuum) nach Euklid mit vier Dimensionen (Abschnitt 13) (Einstein, 2009).

15 Das nicht-euklidische Universum (Kontinuum) als Raum-Zeit-Kontinuum (nach Einstein bzw. infolge) der allgemeinen Relativitätstheorie

In dem dritten Abschnitt des vorliegenden Buches konnte sich Albert Einstein (2009) die Raum-Zeit-Koordinaten auswählen, die ein physikalisch einfaches, unvermitteltes Verständnis ermöglichen und die als kartesische Punktkoordinaten mit vier Dimensionen bestimmt sind (Abschnitt 14). Weil diese Koordinatenauswahl nicht durch das Gesetz der gleichbleibenden Lichtausbreitungsgeschwindigkeit ausgeschlossen gewesen ist, das jedoch in der allgemeinen Relativitätstheorie angepasst wird (Abschnitt 9); war Albert Einstein (2009) zu der passenderen Schlussfolgerung gekommen, dass nach der allgemeinen Relativitätstheorie die Geschwindigkeit der Lichtbewegung immer von Koordinaten abhängig sein muss, sobald ein Schwerefeld (eines Bezugskörpers) existiert. Albert Einstein (2009) entdeckte zusätzlich anhand eines bestimmten Gedankenexperiments (Abschnitt 11), dass durch die Existenz von Schwerefeldern eine für die konstante Lichtbewegungsgeschwindigkeit gesetzeskonforme Festlegung von Raum-Zeit-Koordinaten ausgeschlossen ist, obwohl dies in der speziellen Relativitätstheorie zielführend möglich war (mit derselben Festlegung von Raum-Zeit-Koordinaten eine gesetzesübereinstimmende Erklärung der gleichbleibenden Lichtausbreitungsgeschwindigkeit zu gewinnen).

Unter dem Einbezug dieser Gedankenresultate kam Albert Einstein (2009) zu einer (neuen, besseren) Gewissheit (Wahrheit), dass nach der allgemeinen Relativitätstheorie das Raum-Zeit-Kontinuum keineswegs nach Euklid zu verstehen ist, stattdessen dass in der Relativitätstheorie das allgemeinere Szenario existiert, das er sich für ein Universum (Kontinuum) mit zwei Dimensionen für eine Marmortischoberfläche mit lagebedingter veränderbarer Temperatur bewusst

Kolek, Erik (2024). Über die allgemeine, die spezielle und die allgemeinspezielle Relativitätstheorie. In: *Chroniken der Wirtschaftsinformatik-Physik (CWIP)*. Band 1, Auflagen-Nr. 1.1. ISBN: 9783759735935.

gemacht hatte. In diesem zweidimensionalen Universum war es (aufgrund der örtlichen Temperaturunterschiede) ausgeschlossen, ein quadratisches (kartesisches) Koordinatensystem aus gleichförmigen Stäben zu designen, daher ist es in der allgemeinen Relativitätstheorie ebenfalls ausgeschlossen, ein Koordinatensystem (Bezugssystem) aus praktisch starren Uhren und Körpern zu gestalten, und zwar so, damit ruhend abgelegte Uhren und Maßstäbe relativ zu anderen (praktisch starren) Uhren und Maßstäben unmittelbar Zeit und Raum darstellen (können) (Einstein, 2009). Das repräsentierte den Kern der Problematik, welche Albert Einstein (2009) löste (Abschnitt 11).

Die Beschreibungen in den Abschnitten 13 und 14 erklären jedoch eine (theoriebasierte) Vorgehensweise, wie eine Lösung der vorherigen Problematik erarbeitet wird (Einstein, 2009). Dazu beschrieb Albert Einstein (2009) ein Raum-Zeit-Kontinuum mit vier Dimensionen auf beliebigen Weg mit Gauss-Koordinaten. Alle Ereignispunkte im Universum (Kontinuum) kommentierte (annotierte) er mit den vier Werten x_1, x_2, x_3 und x_4, welche überhaupt keinen direkten physikalischen Sinn innehaben, stattdessen lediglich hierzu gedacht sind, die Ereignisse im Universum mit einer fest vorgegebenen, jedoch beliebigen Vorgehensweise durchzunummerieren (Einstein, 2009). Die von Albert Einstein (2009) durchgeführte Kommentierung (Annotierung) muss keineswegs so erfolgen, damit allgemein x_1, x_2 und x_3 die drei „Raum"-Koordinaten, x_4 die eine „Zeit"-Koordinate repräsentieren oder als solche zu verstehen sein müssten.

Die Leser dürften meinen, dass diese Charakterisierung ihrer gesamten Umwelt völlig unzureichend sei (Einstein, 2009). Welchen Sinn hat das, sobald Albert Einstein (2009) dem Punktereignis die für ihn festgelegten Koordinatenzahlen x_1, x_2, x_3 und x_4 beilegt, falls derartige Variablen ebenso keineswegs eine Bedeutung haben? Mit einer präziseren Denkweise können sich Leser aber vorstellen, dass diese Frage selbst keinen Sinn ergibt (Einstein, 2009). Als Beispiel untersuchte Albert Einstein (2009) ein willkürlich fortgepflanztes Punktereignis aus Materie. Würde der beliebig

Kolek, Erik (2024). Über die allgemeine, die spezielle und die allgemeinspezielle Relativitätstheorie. In: *Chroniken der Wirtschaftsinformatik-Physik (CWIP)*. Band 1, Auflagen-Nr. 1.1. ISBN: 9783759735935.

bewegte Materiepunkt lediglich eine augenblickliche, nicht anhaltende Beständigkeit besitzen, dann sollte dieser Materiepunkt im Raum dargestellt sein mittels seinem individuellen Zahlensystem x_1, x_2, x_3 und x_4 (Einstein, 2009). Die andauernde Beständigkeit des Materiepunkts erscheint demnach mittels einer unendlichen hohen Anzahl dergleichen Zahlensystemen beschrieben zu sein, mit Koordinatenzahlen die immer zusammenhängen; ein Materiepunkt kann demnach auf einer Dimension geradlinig sein in einem Universum (Kontinuum) mit vier Dimensionen (Einstein, 2009). Nicht wenige (gleichförmig) beschleunigte Massepunkte bilden wahrscheinlich auch solche Geraden in dem Universum (Kontinuum), in dem sich alles befindet (Einstein, 2009). Alle alleinig möglichen Annahmen hinsichtlich den Massepunkten, die eine physikalische Wahrheit bzw. Wirklichkeit innehaben, entsprechen im Universum (Kontinuum) den Annahmen hinsichtlich dem Zusammentreffen von Massepunkten (Einstein, 2009). Dieses Zusammentreffen wird ersichtlich durch die von Albert Einstein (2009) auf Mathematik basierende Betrachtung dadurch, dass ihre zwei Geraden, die ihre einzelnen Bewegungspunkte repräsentieren, die bestimmte Anordnung (Systematisierung) x_1, x_2, x_3 und x_4 mit Koordinatenzahlen zusammen teilen (Einstein, 2009). Da diese Zusammentreffen wirklich (wahrhaftig) alle alleinig richtigen Annahmen (Theorien) mit einem Raum-Zeit-Bezug ermöglichen, welche Albert Einstein (2009) als Inhalt physikalischer Annahmen (Theorien) erkannte, werden das Beobachter mittels einer gründlich durchgeführten Gedankenuntersuchung kritikfrei bestätigen.

Als Albert Einstein (2009) zuvor die Punktbewegung von Materie relativ hinsichtlich eines Bezugssystems darstellte, kommentierte er keineswegs etwas anderes, wie das Zusammentreffen zwischen Massepunkten und definierten (festgelegten) Punktereignissen hinsichtlich eines Bezugssystems. Ebenso der diesbezügliche Zeit-Bezug kann erklärt werden durch eine Annahme (Theorie) über das Zusammentreffen zwischen Körpern und Uhren, verknüpft mit der Annahme (Theorie) über das Zusammentreffen zwischen Uhrzeigern und definierten (festgelegten) geraden Linien (Massepunkten) auf (kreisförmigen) Uhroberflächen (Uhrzifferblättern) (Einstein,

Kolek, Erik (2024). Über die allgemeine, die spezielle und die allgemeinspezielle Relativitätstheorie. In: *Chroniken der Wirtschaftsinformatik-Physik (CWIP)*. Band 1, Auflagen-Nr. 1.1. ISBN: 9783759735935.

2009). Genauso verhält es sich bei der Messung mit Raum-Bezug mittels Teststäben (Maßstäben), das viele Überlegungen (der Beobachter) erfordert (Einstein, 2009).

Nach Albert Einstein (2009) ist (folgende physikalische Theoretisierung bzw. Kategorisierung) universell gültig: Alle physikalischen Theorien (Annahmen) sind aufteilbar in jeweilige Unteranzahlen von Theorien (Sätzen, Beschreibungen), von denen alle auf eine Übereinstimmung (Koinzidenz) des Raums mit der Zeit von zwei Punktereignissen P und P' bezogen sein müssen. Alle diese Theorien (Aussagen, Inhalte) können als Gauss-Koordinaten mittels der Gleichheit von vier Koordinatenzahlen x_1, x_2, x_3 und x_4 dargestellt werden (Einstein, 2009). Eine Theorie über das Raum-Zeit-Kontinuum beschrieben mit Gauss-Koordinaten tauscht demnach wirklich eine Theorie (über das Raum-Zeit-Kontinuum charakterisiert mit kartesischen Koordinaten) komplett aus mittels (der geeigneten Auswahl) des (geometrischen) Bezugssystems, frei von der Übernahme der Schwächen der euklidischen Theoriebildung als eine (ausgewählte) Darstellungsmethode bzw. Modellierungsmethode; diese Theorie muss keinen Satz (Ausdruck, Charakter) nach Euklid berücksichtigen hinsichtlich des zu modellierenden und visualisierenden Universums (Kontinuums) (Einstein, 2009).

16 Die genaue Darstellung des allgemeinen Relativitätsgrundsatzes

Jetzt war es Albert Einstein (2009) möglich, seine in Abschnitt 6 vorhandene vorübergehende Beschreibung des allgemeinen Relativitätsgrundsatzes mit einer genauen Darstellung auszutauschen. Seine vorherige (veraltete) Version, „jedes Bezugssystem wie K und K' etc. ist zur Naturdarstellung (Beschreibung allgemeiner Gesetze der Natur) gleich geeignet, unabhängig ebenfalls vom jeweiligen aktuellen Bewegungsstatus", kann keineswegs genauso beibehalten werden, da eine Überlegung hinsichtlich praktisch starrer Bezugssysteme in der Theoriebildung über die Raum-Zeit gemäß einer in der speziellen Relativitätstheorie angewandten Beschreibungsmethode allgemein keinen Sinn macht (Einstein, 2009). Anstelle des kartesischen Koordinatensystems tritt (deswegen) das Gauss-Bezugssystem (Einstein,

Kolek, Erik (2024). Über die allgemeine, die spezielle und die allgemeinspezielle Relativitätstheorie. In: *Chroniken der Wirtschaftsinformatik-Physik (CWIP)*. Band 1, Auflagen-Nr. 1.1. ISBN: 9783759735935.

2009). Einem Grundverständnis eines allgemeinen Relativitätsgrundsatzes gleicht dem Ausdruck: *„Jedes Gauss-Koordinatensystem ist zur Darstellung allgemeiner Gesetze der Natur grundsätzlich gleich geeignet"* (Einstein, 2009).

Generell lässt sich dieser allgemeine Relativitätsgrundsatz ebenfalls ferner mit einem weiteren Satz formulieren, der das Gleiche viel präziser wie seine naturübereinstimmende (naturkoinzidente) Ausdehnung (Expansion) des speziellen Relativitätsgrundsatzes gedanklich ermöglicht (Einstein, 2009). Die Gesetze allgemeiner Natur in der speziellen Relativitätstheorie werden beschrieben mit Formeln die in Formeln gleicher Art übergehen, sobald allgemein anstelle von räumlichen und zeitlichen Konstrukten x, y, z, und t von einem Galileischen Bezugssystem K mittels Anwendung der Transformation nach Lorentz neue räumliche und zeitliche Konstrukte x', y', z' und t' von einem anderen (Galileischen) Bezugssystem K' implementiert (eingeführt) werden (Einstein, 2009). Diese Formeln zur Beschreibung der allgemeinen Naturgesetze in der allgemeinen Relativitätstheorie andererseits sollen durch die Nutzung willkürlicher Auswechslungen (Substitutionen) von Gauss-Konstrukten x_1, x_2, x_3 und x_4 in Formeln gleicher Art transferieren; da jeder Übergang (auch eine Transformation nach Lorentz) einer Transformation gleichkommt von einem Gauss-Bezugssystem in ein weiteres Gauss-Koordinatensystem (Einstein, 2009).

Soll generell eine gelebte Betrachtung (Beobachtung) mit drei Dimensionen beibehalten werden, dann lässt sich eine (theoriebasierte) Evolution, die Albert Einstein (2009) verstand anhand des durchdachten Grundprinzips der allgemeinen Relativitätstheorie, folgendermaßen (als Theorieentwicklung) beschreiben: In der speziellen Relativitätstheorie existieren Galileische Bereiche (im Universum), also nur dergleichen, innerhalb denen ein Schwerefeld nicht besteht (Einstein, 2009). Ausgewählt wird hierbei als (geometrisches) Bezugsystem ein Galileisches Bezugssystem, also ein praktisch starres System mit einem koinzident (übereinstimmend) ausgewählten Bewegungsstatus, damit relativ hinsichtlich diesem

Kolek, Erik (2024). Über die allgemeine, die spezielle und die allgemeinspezielle Relativitätstheorie. In: *Chroniken der Wirtschaftsinformatik-Physik (CWIP)*. Band 1, Auflagen-Nr. 1.1. ISBN: 9783759735935.

System das Galileische Axiom hinsichtlich einer geradlinig-gleichförmigen Bewegungsrichtung „separater" Massepunkte gültig ist (Einstein, 2009).

Bestimmte Gedanken ermöglichen es, die gleichen Galileischen Bereiche ebenfalls mit nicht-Galileischen (kartesischen) Bezugssystemen zu verbinden (Einstein, 2009). Eine spezielle Klasse von Schwerefeldern existiert demnach relativ hinsichtlich dieses nicht-Galileischen (kartesischen) Bezugssystems (Abschnitt 8 und Abschnitt 11) (Einstein, 2009).

Praktisch starre Bezugskörper existieren jedoch nicht innerhalb von Schwerefeldern und daher in diesem Feld auch nicht mit einer gleichförmigen geometrischen Beschaffenheit nach Euklid; deswegen funktioniert in der allgemeinen Relativitätstheorie eine Vorstellung über starre Bezugssysteme nicht (Einstein, 2009). Schwerefelder nehmen ebenfalls Einfluss auf die Mechanik von Uhren, und zwar, so dass verglichen mit der speziellen Relativitätstheorie die Begriffsfestlegung der physikalischen Zeit unmittelbar ermittelt mit Uhren berechtigterweise einen niedrigeren Evidenzgrad erreicht (in der allgemeinen Relativitätstheorie) (Einstein, 2009). Aufbauend auf Albert Einstein (2009) sei an dieser Stelle an die Marmortischoberfläche erinnert und an die Flamme, welche zu einer hitzebedingten Verformung (Kontraktion) des quadratischen Konstruktionsdesigns des Universums (Kontinuums) nach Euklid führte.

Allgemein verwendet werden deswegen nicht-starre Bezugssysteme, die sich insgesamt willkürlich bewegen und ebenfalls bei diesem Bewegungsfluss willkürliche Veränderungen ihres Konstruktionsdesigns erleben (Einstein, 2009). Für die Festlegung von Zeit werden Uhren verwendet mit willkürlichen, stark abweichenden ungleichmäßigem Mechanikgesetz, die allgemein gedanklich an jedem Punkt eines nicht-starren Bezugssystems fest (ruhend) abgelegt sind, sowie die lediglich eine einzige Aufgabe (Bestimmung) haben, die zur gleichen Zeit beobachtbaren Messungen (Werte) von lokalen Uhrnachbarn unendlich viel zueinander übereinstimmend anzuzeigen (Einstein, 2009). Dasselbe nicht-starre Bezugssystem,

Kolek, Erik (2024). Über die allgemeine, die spezielle und die allgemeinspezielle Relativitätstheorie. In: *Chroniken der Wirtschaftsinformatik-Physik (CWIP)*. Band 1, Auflagen-Nr. 1.1. ISBN: 9783759735935.

das allgemein aus gutem Grund mit „Bezugsweichkörper" benennbar wäre, entspricht größtenteils nichts Vergleichbarerem als einem willkürlichen Gauss-Koordinatensystem mit vier Dimensionen (Einstein, 2009). Der Unterschied zwischen einem „Bezugsweichkörper" und einem Gauss-Koordinatensystem (Bezugsfestkörper) besteht aus einer bestimmten Einfachheit, die (gewissermaßen unbegründete) gesetzmäßige Beibehaltung der Eigenart (Deformation) von Raum-Koordinaten die verglichen mit der zeitlichen Koordinate eine Alleinstellungseigenschaft (Anomalie) zeigen (Einstein, 2009). Währenddessen der Bezugsweichkörper als Bezugssystem eine Betrachtung findet, werden alle Punktereignisse des Bezugsweichkörpers betrachtet als Raum-Koordinaten, alle relativ hinsichtlich des Bezugsweichkörpers unbeweglichen Massepunkte ausnahmslos als ruhende Massepunkte (Einstein, 2009). Der allgemeine Relativitätsgrundsatz gleicht der Anforderung, dass jeder Bezugsweichkörper für die Beschreibung allgemeingültiger Gesetze der Natur als ein Bezugssystem benutzbar ist aufgrund desselben Anspruchs sowie desselben Ergebnisses; diese Naturgesetze müssen komplett selbstständig von einer Auswahl des Bezugsweichkörpers bestehen können (Einstein, 2009).

Allen Gesetzen der Natur wird durch deren Unabhängigkeit von der Bezugsweichkörperauswahl eine umfangreiche Eingrenzung (Limitierung) zugeordnet, die der Entdeckungswirkung (Erklärungsstärke) gleicht, welche (ebenfalls) im allgemeinen Relativitätsgrundsatz integriert ist (Einstein, 2009).

17 Der allgemeine Relativitätsgrundsatz als Problemlösung der Gravitation

Wenn die Leser alle vorhergehenden Gedanken nachvollziehen konnten, dann gelingt ihnen ohne weitere Probleme (auch) ein Verständnis hinsichtlich der Ansätze (Methoden) die zur Problemlösung der Gravitation navigieren (Einstein, 2009).

Kolek, Erik (2024). Über die allgemeine, die spezielle und die allgemeinspezielle Relativitätstheorie. In: *Chroniken der Wirtschaftsinformatik-Physik (CWIP)*. Band 1, Auflagen-Nr. 1.1. ISBN: 9783759735935.

Albert Einstein (2009) startete bei der Untersuchung von einem Galileischen Bereich, also so einem, in dem relativ hinsichtlich des Galileischen Bezugssystems K keinerlei Schwerefeld besteht. Gemäß der speziellen Relativitätstheorie ist die (physikalische) Verhaltungsweise der Uhrmechaniken sowie Teststäben (Maßstäben) hinsichtlich K vorgegeben, genauso die Verhaltungsweise „separater" Punktmassen; die gleichförmig geradlinig in Bewegung sind (Einstein, 2009).

Als nächsten Schritt verband Albert Einstein (2009) diesen Galileischen Bereich mit einem willkürlichen Gauss-Koordinatensystem oder auf einen „Bezugsweichkörper" als Bezugssystem K'. Hinsichtlich K' existiert also ein Schwerefeld G (spezieller Klasse) (Einstein, 2009). Mittels alleiniger Transformation (rechnerischen Konvertierung von Koordinaten) wird allgemein darauf die Verhaltensweise der Uhrmechaniken und Teststäben (Maßstäbe) als auch getrennt bewegbaren Punktmassen hinsichtlich K' ermittelt (Einstein, 2009). Diese (physikalische) Verhaltensweise wird allgemein verstanden als die in dem Einfluss eines Schwerefeldes G bestehende Verhaltensweise der Uhrmechaniken, Teststäben und Punktmassen (Einstein, 2009). Darauf wird allgemein die Annahme eingeführt, dass eine Einflusswirkung eines Schwerefeldes hinsichtlich der Uhrmechaniken, Teststäbe und getrennt bewegbaren Punktmassen ebenfalls in dem Fall gemäß den gleichen Naturgesetzen abläuft, falls ein bestehendes Schwerefeld anhand des Galileisch-speziellen Szenarios mittels reiner Koordinatenkonvertierung *keinesfalls* ableitbar ist (Einstein, 2009).

Als anschließenden Schritt wird allgemein die Raum-Zeit-Verhaltensweise des anhand einem Galileisch-speziellen Szenarios mittels reiner Punktkonvertierung und Deduktion (Ableitung) gewonnenes Schwerefeldes G betrachtet sowie diese Verhaltensweise beschrieben mit einem Naturgesetz, welches fortwährend gilt, ebenfalls unabhängig von der für dessen Formulierung verwendeten Auswahlmethode des Bezugssystems (Bezugsweichkörpers) (Einstein, 2009).

Kolek, Erik (2024). Über die allgemeine, die spezielle und die allgemeinspezielle Relativitätstheorie. In: *Chroniken der Wirtschaftsinformatik-Physik (CWIP)*. Band 1, Auflagen-Nr. 1.1. ISBN: 9783759735935.

Dieses Naturgesetz repräsentiert bisher kein *allgemeines* Naturgesetz über das Schwerefeld, weil dieses untersuchte Schwerefeld G eine spezielle Klasse darstellt (Einstein, 2009). Für die Entdeckung eines allgemeingültigen Schwerefeldgesetzes muss zusätzlich eine Generalisation (Abstraktion) des entsprechend abgeleiteten Naturgesetzes stattfinden, diese ist aber systematisch entdeckbar, wenn die drei anschließenden Bedingungen eingehalten werden (Einstein, 2009):

(A) Die zu erzielende Generalisation (Abstraktion) hat auch den allgemeinen Relativitätsgrundsatz zu erfüllen (Einstein, 2009).

(B) Wenn im untersuchten Bereich eine (beliebige) Materieform existiert, dann sollte hinsichtlich ihrer gravitationsfelderzeugenden Wechselwirkung nur ihre Massenträgheit, das bedeutet nur ihre Massenenergie verantwortlich (bzw. ursächlich) sein (Abschnitt 35) (Einstein, 2009).

(C) (Das Feld der) Materie (Energie) sowie (ihr) Schwerefeld sind beide dazu verpflichtet den Erhaltungssatz hinsichtlich von Energie (sowie Impuls) zu erfüllen (Einstein, 2009).

Heureka der allgemeine Relativitätsgrundsatz ermöglichte es Albert Einstein (2009), die Wirkung eines Schwerefeldes hinsichtlich des Zustandekommens jedes dieser Geschehen festzustellen, welche hinsichtlich des Szenarios eines fehlenden Schwerefeldes gemäß abgeleiteter Naturgesetze passieren, also schon enthalten sind in dem Viereck der speziellen Relativitätstheorie. Allgemein wird dazu als Leitlinie die Methode angewandt, welche eben hinsichtlich Uhrmechaniken, Teststäben sowie getrennt bewegbaren Punktmassen entwickelt wurde (Einstein, 2009).

Eine wie beschrieben durch Ableitung (Deduktion) des allgemeinen Relativitätsgrundsatzes extrahierte Schwerefeldtheorie ist auch aufgrund ihrer Klarheit (Brillanz) auszuzeichnen, diese entfernt (eliminiert) auch die im Abschnitt 9 angestrahlte Schwäche, die an der Newtonschen Mechanik klebt, diese ermöglicht auch eine Erklärung des Erfahrungssatzes hinsichtlich der Gleichwertigkeit zwischen

Kolek, Erik (2024). Über die allgemeine, die spezielle und die allgemeinspezielle Relativitätstheorie. In: *Chroniken der Wirtschaftsinformatik-Physik (CWIP)*. Band 1, Auflagen-Nr. 1.1. ISBN: 9783759735935.

Massenträgheit und Massenschwere, diese bietet ebenfalls bereits zweierlei Interpretationen grundverschiedener Resultaten der beobachtenden Astronomie, hinsichtlich welcher die Newtonsche Mechanik scheitert (Einstein, 2009). Beim ersten Beobachtungsresultat bezog sich Albert Einstein (2009) auf die Umlaufbahn eines Planeten mit der Bezeichnung Merkur; beim zweiten Resultat der Astronomie, das durch ihn bereits angesprochen wurde, bezog er sich auf die Lichtbiegung aufgrund eines Schwerefeldes eines Sterns (die nach der Sonne durch ihr Gravitationsfeld bewirkte Lichtablenkung).

Werden generell die Formeln zur allgemeinen Relativitätstheorie auf ein Szenario konzentriert (spezialisiert), so dass alle Schwerefelder sich nicht stark verhalten, sowie dass jede Punktmasse sich mit einer Geschwindigkeit entgegen dem (ausgewählten) Bezugssystem bewegt, die verglichen mit der Geschwindigkeit der Lichtstrahlen gering ist, dann ist das Ergebnis allgemein zuerst in Form einer erstmaligen Annäherung die (bekannte) Newtonsche Theorie; diese wird demnach in der allgemeinen Relativitätstheorie ermittelt mit Verzicht auf eine spezielle Hypothese, obwohl Newton die dem Quadrat des Abstands (der Entfernung) zueinander einwirkenden Punktmassen mittelbar verhältnisgleiche Wechselwirkung der gravitationsbedingten Anziehung als (eine zusätzliche) Annahme gezwungen war zu integrieren (Einstein, 2009). Wird allgemein die Präzision der Operation (Kalkulation) erhöht, dann sind Differenzen (Unterschiede) hinsichtlich der Newtonschen Theorie bemerkbar, welche aufgrund deren minimalen Zahleneigenschaft jedoch annähernd insgesamt bis jetzt der Erfahrung (Beobachtung) zu entfliehen genötigt sind (Einstein, 2009).

Albert Einstein (2009) musste in der allgemeinen Relativitätstheorie von den Differenzen (Unterschieden) eine besonders hervorgehoben betrachten. Gemäß der Newtonschen Theorie bewegen sich Planeten in Ellipsen um einen Stern wie die Sonne, diese Ellipsen würden hinsichtlich der Fixsterne ihren Ort für immer unverändert lassen, falls die gravitationsbedingte Wechselwirkung vorhandener

Kolek, Erik (2024). Über die allgemeine, die spezielle und die allgemeinspezielle Relativitätstheorie. In: *Chroniken der Wirtschaftsinformatik-Physik (CWIP)*. Band 1, Auflagen-Nr. 1.1. ISBN: 9783759735935.

Planeten auf eine zu untersuchende Planetenmasse und die eigene Bewegung fixer Sterne vernachlässigbar wäre (Einstein, 2009). Werden diese zwei Wirkungen vernachlässigt muss eine Umlaufbahn einer Planetenmasse eine entgegen von Fixsternen gleichbleibende Ellipse darstellen, falls Newtons Theorie exakt korrekt existiert (Einstein, 2009). Für jeden Planeten, davon ausgenommen den Planet Merkur der am nächsten zur Sonne auf einer Ellipse wandert, bestätigte sich diese mit bemerkenswerter Fehlerlosigkeit nachweisbare Folge mittels einer Deutlichkeit, die eine heutzutage erzielbare Beobachtungsklarheit erreichbar macht (Einstein, 2009). Albert Einstein (2009) kannte jedoch von Leverrier hinsichtlich des Planets Merkur, dass dessen Ellipse der wie zuvor beschrieben berichtigten Umlaufbahn im Vergleich mit seinen Fixsternen nicht unverändert ist, stattdessen, natürlich extrem gemächlich, in seiner Bahnebene gleich seinem Bewegungsumlauf kreist (Einstein, 2009). Hinsichtlich der Bewegung der Rotation der ellipsenförmigen Umlaufbahn errechnete sich ein Winkel von 0,0119444 Grad alle hundert Jahre, dessen Winkel auf ein paar Grad gerundet ist (Einstein, 2009). Eine Begründung dieses Phänomens gemäß der Newtonschen Theorie ist lediglich erreichbar durch die Zuhilfenahme von gänzlich deswegen erdachten, kaum möglichen Annahmen (Einstein, 2009).

Aufgrund der allgemeinen Relativitätstheorie wird bestätigt, dass alle Ellipsenbahnen der Planeten sich um einen Stern wie der Sonne wie begründet beschrieben drehen müssen, dass die Rotationsbewegung für jeden Planet – ausgenommen Merkur – zu gering ausfällt, um mit der heutzutage erreichbaren Beobachtungsschärfe bestätigbar zu sein, dass diese jedoch im Falle von Merkur 0,0119444 Grad alle hundert Jahre auszumachen hat, exakt wie dies die Erfahrung (der Astronomie durch Beobachtung) bestätigte (Einstein, 2009).

Zusätzlich konnte aus der allgemeinen Relativitätstheorie seither lediglich eine weitere Folge abgeleitet werden, die eine Überprüfung durch die Erfahrung (Beobachtung) gestattet, das ist die Spektralverlagerung (Rotverschiebung) der Lichtstrahlen, die nicht von kleinen sondern von riesengroßen Sternen hierher

Kolek, Erik (2024). Über die allgemeine, die spezielle und die allgemeinspezielle Relativitätstheorie. In: *Chroniken der Wirtschaftsinformatik-Physik (CWIP)*. Band 1, Auflagen-Nr. 1.1. ISBN: 9783759735935.

verschickt werden verglichen mit dem auf dem Planeten Erde mit dem gleichen Verfahren (also mittels gleicher Teilchenklasse) produzierten Lichtstrahlen (Einstein, 2009). Albert Einstein (2009) glaubte fest an seine Prognose (Voraussage), das ebenfalls die letzte Folge seiner allgemeinen Relativitätstheorie zeitnah eine Bestätigung erhalten sollte; diese wurde wie von ihm angenommen zeitlich nah durch Beobachtung bewiesen.

Anschauungen hinsichtlich des gesamten Universums

18 Limitierungen der Newtonschen Theorie hinsichtlich des Universums

Zusätzlich zur im Abschnitt 9 beschriebenen Limitierung (Beschränkung) existiert in der Newtonschen Theorie eine weitere grundsätzliche Limitierung, die nach der Kenntnis von Albert Einstein (2009) erstmals ein Astronom namens Seeliger im Detail kritisierte. Sobald allgemein eine Annahme notwendig wird, die das gesamte Universum beispielsweise als einen Gedanken beschreiben soll, dann entspricht diese wahrscheinlich direkt der folgenden Formulierung (Einstein, 2009). Das Universum hat einen unendlichen Raum (inklusive Zeit) (Einstein, 2009). Allerorts existieren Sterne, dadurch stellt sich eine Materiedichte natürlich in etlichen Bereichen außerordentlich unterschiedlich dar, jedoch entspricht diese einer gleichen Dichte im Sinne eines ausgedehnten Durchschnitts an jedem Ort (in jedem Bereich) (Einstein, 2009). Mit anderen Worten: Allgemein unabhängig davon wie tief in den Raum des Universums gegangen wird, dort an jedem Ort entdecken Reisende eine annähernd gleiche Anzahl an fixen Sternen mit ungefähr derselben Klasse sowie derselben Materiedichte (Einstein, 2009).

Die letztere Wortwahl kann nicht mit der Newtonschen Mechanik in Übereinstimmung gebracht werden (Einstein, 2009). Die Newtonsche Theorie hat stattdessen zur Bedingung, dass das Universum eine bestimmte Klasse eines räumlichen Zentrums aufweist, dort findet sich die größte Sternendichte, welche sich von innen bis zum Rand des Universums verringert, so dass abgelegen vom Zentrum

Kolek, Erik (2024). Über die allgemeine, die spezielle und die allgemeinspezielle Relativitätstheorie. In: *Chroniken der Wirtschaftsinformatik-Physik (CWIP)*. Band 1, Auflagen-Nr. 1.1. ISBN: 9783759735935.

außerhalb im Randbereich ein unendlich materiefreier Raum existieren kann (Einstein, 2009). Alle Sterne im Universum müssten einen örtlich nicht unendlichen (vierdimensionalen) Landbereich in einem niemals endlichen (vierdimensionalen) Wasserbereich im Raum formieren (Einstein, 2009).

Als Grund sieht hierfür Albert Einstein (2009): Gemäß der Newtonschen Theorie haben eine Menge „Wirkungsgeraden" in einer Punktmasse m ihr eines Ende, deren anderes Ende aus der Unendlichkeit entspringt, sowie deren Menge sich verhältnisgleich berechnet zur Punktmasse m (Einstein, 2009). Wenn sich die Massendichte p_0 im Universum in einem Durchschnitt gleich groß verhält, dann befindet sich diese Punktmasse im Durchschnitt in einer Kugel mit dem Volumen V, das zu der Massendichte $p_0 V$ führt (Einstein, 2009). Eine Gesamtmenge an Wirkungsgeraden, die von der Kugeloberfläche F mit ihrem Zentrum verbunden sind, entspricht demnach verhältnisgleich $p_0 V$ (Einstein, 2009). Für die Größe hinsichtlich auf der Kugeloberfläche befindlichen Menge an Wirkungsgeraden (die alle verbunden mit einem Zentrum sind), entsteht aufgrund $p_0 V/F$ bzw. $p_0 R$ ein verhältnisgleiches Ergebnis (Einstein, 2009). Die Oberflächenkonzentration der Wirkungsgeraden bzw. deren Feldintensität auf der Kugeloberfläche sollte demnach mit immer größer werdendem Radius R in die Unendlichkeit expandieren, das erscheint ausgeschlossen zu sein (Einstein, 2009).

Dieser Gedanke (hinsichtlich des Zustandekommens der Materieformierung im Universum) erscheint (basierend auf Newtons Theorie) kaum zufriedenstellend zu sein (Einstein, 2009). Der Gedanke erscheint desto unwahrscheinlicher zu sein, da allgemein auf die Folge geschlossen werden kann, dass jeder Lichtstrahl und deren unzähligen aussendenden Sterne separat im (gesamten) Sternraum (Universum) ohne Unterbrechung in die Unendlichkeit reisen, also niemals zurückwandern als auch niemals mehr zu weiteren in der Sternnatur existierenden Materieobjekten eine physikalische Wechselwirkung aufbauen (Einstein, 2009). Ein Universum in dessen Zentrum sich eine nicht unendlich verdichtete (kondensierte) Masse m angesammelt

Kolek, Erik (2024). Über die allgemeine, die spezielle und die allgemeinspezielle Relativitätstheorie. In: *Chroniken der Wirtschaftsinformatik-Physik (CWIP)*. Band 1, Auflagen-Nr. 1.1. ISBN: 9783759735935.

hat sollte deswegen stückweise (stabweise) proportional (wieder) verdunsten (Einstein, 2009).

Damit diese Möglichkeit (Folge) keine Realität des Universums werden kann, wurde von Seeliger die Newtonsche Theorie entsprechend angepasst, damit sich eine Gravitation zwischen zwei Punktmassen m im Falle hoher Abstände (Entfernungen) r größer verringert wie durch den ursprünglichen Newton Satz m/r^2 proportional vorgegeben ist (Einstein, 2009). Das hat zum Ergebnis, dass es dem Durchschnitt der Materiedichte an jedem Ort im Universum hin zur Unendlichkeit möglich ist gleich zu bleiben, dadurch wird eine nicht-endliche Feldintensität der Schwerefelder verhindert (Einstein, 2009). Allgemein wird entsprechend dieser unnötige Gedanke vergessen, dass ein aus Materie bestehendes Universum eine bestimmte Klasse von Zentrum innehaben muss (Einstein, 2009). Natürlich erfolgt allgemein dieses Vergessen aufgrund der beschriebenen grundsätzlichen Erfordernisse mittels keiner anhand der Beobachtung (Erfahrung) und theoriebasiert gesicherten Anpassung sowie Komplexitätserhöhung von Newtons Gravitationstheorie (Einstein, 2009). Deswegen können alle willkürlich vorstellbaren Theorien dasselbe (also die Gravitation) gleichwertig erklären, obwohl hierfür keine Begründung möglich wäre, so dass eine der Theorien besser als eine der sonstigen Theorien geeignet sein könnte; da genauso fehlend wie bei Newtons Gravitationstheorie jede dieser Theorien keinerlei Begründung innehaben mithilfe von verallgemeinerten theoriebasierten Grundsätzen (Einstein, 2009).

19 Die Theorie über ein endliches und trotzdem unendliches Universum

Sonstig bestehende Hypothesen hinsichtlich des Aufbaus des Universums wuchsen jedoch ebenfalls ergänzend in eine völlig andere Theorierichtung (Einstein, 2009). Beispielsweise kam es durch die Entstehung einer ohne Bezug zu Euklid bestehenden Geometrie zu einer (neuen) Wahrheit, dass eine skeptische Meinung gegenüber der Existenz eines unendlichen Raums allgemein berechtigt ist, dabei keinem der Gedankenmodelle bzw. Erfahrungsmodelle zu widersprechen (Einstein, 2009). Albert

Kolek, Erik (2024). Über die allgemeine, die spezielle und die allgemeinspezielle Relativitätstheorie. In: *Chroniken der Wirtschaftsinformatik-Physik (CWIP)*. Band 1, Auflagen-Nr. 1.1. ISBN: 9783759735935.

Einstein (2009) verweist auf Helmholtz sowie Poincaré, die diese Tatsachen schon durch unübertroffene Scharfsinnigkeit detailreich berichtigten, darum erläuterte er diese an dieser Stelle lediglich knapp.

Albert Einstein (2009) stellte sich zuerst ein Ereignis (Geschehen) auf zwei Dimensionen vor. Zweidimensionale Wesen haben zweidimensionale Methoden, hauptsächlich zweidimensionale starre Maßstäbe (Teststäbe), und sind auf einem flachen Bereich getrennt (voneinander) bewegbar (Einstein, 2009). Fern der zweidimensionalen Grenzen dieses flachen Bereichs bestünde keine (andere) Realität für diese Wesen, stattdessen handelt es sich um ein Ereignis (Geschehen) innerhalb ihres flachen Bereichs, das diese persönlich individuell und an ihren ebenenbasierten Objekten erfahren (beobachten), (das demnach) eine geschlossene Kausalität (Ursächlichkeit) (ausdrückt) (Einstein, 2009). Vor allem erscheint das Konstruktionsdesign einer flachen Geometrie nach Euklid anhand der Stäbe (der Wesen) umsetzbar, beispielsweise die bereits untersuchte netzförmige Anordnung (System) mit Quadraten auf einer Marmortischoberfläche (Abschnitt 12) (Einstein, 2009). Das Universum der Geschöpfe erscheint ein Raum mit zwei Dimensionen zu sein im Gegenteil zu dem Universum von Albert Einstein (2009), jedoch wie dessen 2 + n dimensioniertes Universum bis in die Unendlichkeit fortgesetzt. (Ausreichend) Raum hat eine unendliche Anzahl gleichförmiger aus jeweils vier Stäben bestehenden Quadrate (aufgrund der Unendlichkeit des Universums entsprechend der 2 + n Dimensionen), demnach gleicht das auf diese Quadrate bezogene Volumen (Oberfläche) der Unendlichkeit (Einstein, 2009). Für diese Geschöpfe hat es eine Bedeutung auszudrücken, mein Universum stellt sich „flach" dar, beispielsweise die Bedeutung, dass ihr Konstruktionsdesign mit den Stäben aufgrund der Geometrie nach Euklid möglich ist, dabei symbolisiert jeder Stab nicht abhängig von seinem Ort (Raum) immer die gleiche Entfernung (Einstein, 2009).

Albert Einstein (2009) stellte sich jetzt zum zweiten Mal ein Ereignis (Geschehen) auf zwei Dimensionen vor, jedoch keines mehr auf der Fläche, stattdessen auf der

Kolek, Erik (2024). Über die allgemeine, die spezielle und die allgemeinspezielle Relativitätstheorie. In: *Chroniken der Wirtschaftsinformatik-Physik (CWIP)*. Band 1, Auflagen-Nr. 1.1. ISBN: 9783759735935.

Kugeloberfläche. Alle zweidimensionalen Wesen samt ihren Teststäben sowie übrigen Objekten befinden sich exakt in der Kugeloberfläche und sind nicht in der Lage aus diesem Universum zu verschwinden; das gesamte Universum in Form (Geometrie) der Wahrnehmung (aufgrund von Erfahrung) der Wesen wird stattdessen ohne Ausnahme verlängert auf diese Oberfläche ihrer Kugel (Einstein, 2009). Ist es den Wesen möglich eine Geometrie (Form) ihres Universums mithilfe der Geometrie nach Euklid auf zwei Dimensionen sowie währenddessen die ihrigen Teststäbe (Maßstäbe) als eine (mit der Wirklichkeit übereinstimmende) Umsetzung einer „Entfernung" zu beurteilen (Einstein, 2009)? Die Wesen haben keine Möglichkeit dazu (Einstein, 2009). Da in ihrem Experiment, ihre Linie gerade zu gestalten, stattdessen die Wesen stets eine gebogene bzw. krumme Linie (Geodäte) bekommen, die Albert Einstein (2009) als „Wesen auf drei Dimensionen" mit breiteste Scheibe benannte, demnach eine an ihrem Anfang und Ende geschlossene (verbundene) Gerade mit festgelegter nicht unendlicher Größe, welche gemessen mit einer Stablänge ablesbar ist (Einstein, 2009). Genauso besitzt das Universum der Wesen eine nicht unendliche Oberfläche, welche vergleichbar ist hinsichtlich einer aus vier Stäben ausgelegten Quadratfläche (Einstein, 2009). Die beste Erkenntnis, welche eine Vertiefung solcher Gedanken ermöglicht, besteht aus dem Stimulus (Einstein, 2009): *Das Universum der dreidimensionalen Wesen entspricht keiner Unendlichkeit sowie besitzt trotzdem niemals Endlichkeit* (Einstein, 2009).

Jedoch müssen alle Kugelwesen keine Expedition durch ihr Universum unternehmen, damit sie feststellen, dass ihr Universum in dem diese Wesen leben nicht euklidisch ist (Einstein, 2009). In allen Bereichen ihres Universums, welche sehr groß sind, ist es den dreidimensionalen Wesen möglich die nicht-euklidische Geometrie ihres Universums zu überprüfen (Einstein, 2009). Die Wesen zeichnen ausgehend eines Punktes in jede Richtung „nicht ungerade Entfernungen" (mit drei Dimensionen betrachtet, Scheibenbogenlinien) mit übereinstimmender Größe (Einstein, 2009). Die Verknüpfung freiliegender Endpunkte der gezeichneten Entfernungen wird durch die Wesen „Scheibe" genannt (Einstein, 2009). Die Division eines anhand des Teststabs

Kolek, Erik (2024). Über die allgemeine, die spezielle und die allgemeinspezielle Relativitätstheorie. In: *Chroniken der Wirtschaftsinformatik-Physik (CWIP)*. Band 1, Auflagen-Nr. 1.1. ISBN: 9783759735935.

nachgeprüften Scheibenumfangs durch anhand des gleichen Stabs nachgemessenen Radiusdurchmesser ergibt gleich gemäß der Geometrie nach Euklid innerhalb einer Fläche die Unveränderliche π, die keine Abhängigkeit aufweist von dem Scheibendurchmesser (Einstein, 2009). Die von Albert Einstein (2009) erdachten Wesen sollten auf deren Kugeloberfläche für diese Division die Größe (41) entdecken.

$$(41)\ \pi\,\frac{\sin\left(\frac{r}{R}\right)}{\left(\frac{r}{R}\right)}\ \text{(Einstein, 2009)}$$

Der Ausdruck (41) repräsentiert eine Größe, welche sich geringer wie π darstellt, sowie freilich desto kleiner ist, umso höher der Scheibenradius verglichen mit dem Kugelradius R des „Kugeluniversums" ausfällt (Einstein, 2009). Mittels diesem Verhältnis ist es den Kugelwesen möglich ihren Radius R ihres Universums festzulegen, ebenso falls diesen für ihre Ausmessungen lediglich ein vergleichsweise kleiner Bereich ihres Kugeluniversums vorliegend ist (Einstein, 2009). Wenn sich jedoch ihr Bereich als nicht groß genug herausstellt, dann haben diese Wesen ihre Möglichkeit verloren zu bemerken (konstatieren), ob diese in einem Kugeluniversum sowie keinesfalls in einem Kreisuniversum nach Euklid gelegen sind; denn der als zu gering gemessene Bestandteil ihrer Kugeloberfläche gleicht sehr einem übereinstimmend ausgedehnten Bestandteil ihres flachen Bereichs (Einstein, 2009).

Sollten demnach diese Kugelwesen obenauf irgendeinem Planet leben, und sich dieser in einem Sternensystem befinden das lediglich als unscheinbar minimaler Bereichsteil das (gesamte) Kugeluniversum ausfüllt, dann besitzen die Wesen kein Wissen, das ihnen dabei hilft festzustellen, ob das Universum das diese bewohnen endlich oder unendlich groß ist, denn der Bereich Universum, der ihnen durch Beobachtung erfahrbar erscheint, stellt sich nach diesen zwei Szenarien annähernd flach oder nach Euklid dar (Einstein, 2009). Diese Vorstellung von Albert Einstein (2009) vermittelt direkt, dass hinsichtlich deren Kugelwesen ein Scheibenumfang anhand des Radius zuerst zunimmt bis der „Universumsumfang" erreicht ist, damit anschließend deren Scheibenumfang während dem immer größer werdenden Radiuswachstum

Kolek, Erik (2024). Über die allgemeine, die spezielle und die allgemeinspezielle Relativitätstheorie. In: *Chroniken der Wirtschaftsinformatik-Physik (CWIP)*. Band 1, Auflagen-Nr. 1.1. ISBN: 9783759735935.

stückweise (stabweise) zurück auf null schrumpft. Eine Scheibenebene nimmt währenddessen stets an Größe zu, solange bis diese endlich übereinstimmt mit der gesamten Ebene ihres gesamten Kugeluniversums (Einstein, 2009).

Eventuell werden sich die Leser fragen, warum sie für die Platzierung ihrer Wesen ausgerechnet an die Kugeloberfläche sowie an keine sonstige nicht offene Oberfläche denken sollten (Einstein, 2009). Jedoch besitzt diese Gedankenweise eine Begründung nach Albert Einstein (2009), da diese Kugeloberfläche verglichen mit den sonstigen nicht offenen Ebenen mit einer Funktion (von der Natur) ausgestattet wurde, wodurch jeder auf ihr befindliche Punkt unterschiedslos wird. Die Beziehung eines Umfangs u von einer Scheibe mit dem dazugehörigen Radius r erscheint freilich nicht unabhängig hinsichtlich r, jedoch im Falle eines bestimmten r hinsichtlich jeden Punkts im Kugeluniversum gleich zu sein; das Kugeluniversum stellt sich als „Ebene gleichbleibender Biegung" dar (Einstein, 2009).

Hinsichtlich des Kugeluniversums mit zwei Dimensionen existiert eine Analogie mit drei Dimensionen, der sphärische (gewölbte) Raum mit drei Dimensionen, den Riemann fand (Einstein, 2009). Jeder Punkt im gewölbten (sphärischen) Raum ist auch gleichbedeutend (Einstein, 2009). Die Raumwölbung (Raumsphäre) hat kein unendliches Raumvolumen, das anhand des Raumspährenradius R festlegbar durch $2\pi^2 R^3$ existiert (Einstein, 2009). Ist allgemein eine Raumsphäre (Raumwölbung) vorstellbar (Einstein, 2009)? Die Vorstellung eines Raums bedeutet ein Inbild einer raumbezogenen Beobachtung (Erfahrung) gedanklich zu erleben, also aufgrund (in der Natur) ausführbaren Erlebnissen, die allgemein durch die Bewegung praktisch starrer Bezugskörper entstehen können (Einstein, 2009). Mit dieser Gedankenweise wird eine Raumsphäre (Raumwölbung) erfahrbar (Einstein, 2009).

Ausgehend ab eines (beliebigen) Punktes zeichnete Albert Einstein (2009) Striche (verband er Seile) in jede Richtung sowie vermaß hinsichtlich jedem (geraden) Strich die gleiche Entfernung r mittels seines Teststabs (Maßstabs). Jeder freiliegende Endpunkt der (gleichförmigen) Entfernungen markiert eine Kugeloberfläche F

Kolek, Erik (2024). Über die allgemeine, die spezielle und die allgemeinspezielle Relativitätstheorie. In: *Chroniken der Wirtschaftsinformatik-Physik (CWIP)*. Band 1, Auflagen-Nr. 1.1. ISBN: 9783759735935.

(Einstein, 2009). Eine Ebene der F bestimmte Albert Einstein (2009), indem er ein mit seinem Teststab gebildetes Quadrat präzise vermaß. Wenn ein Universum nach Euklid existiert, dann entspricht $4\pi r^2$ gleich F; entspricht das Universum einer Sphäre, dann existiert $4\pi r^2$ immer größer wie F (Einstein, 2009). F steigt samt steigenden r ab Null bis zum Höchstmaßstab (Höchstteststab) bedingt mittels dem „Universumsradius", bis F mit stetig steigenden Radius r der Kugel stabweise (stückweise) zurück auf Null schrumpft (Einstein, 2009). Alle (gezeichneten) Radiusstriche driften ausgehend von seinem Startpunkt zuerst stets größer auseinander, bis diese anschließend zurückkommen, damit diese endlich zurück im Endpunkt (Gegenereignis) des Startpunkts angekommen sich verbinden; die geraden Radiallinien sind also durch die gesamte Raumsphäre durchgezirkelt (Einstein, 2009). Das führt schnell zur allgemeinen Überzeugung (Theorie), dass eine Kugelebene mit zwei Dimensionen komplett gleich (analog) zu verstehen ist wie eine Raumsphäre mit drei Dimensionen (Einstein, 2009). Der Raum existiert nicht unendlich (also mit keinem unendlichen Raumvolumen), mit fehlenden Barrieren (Grenzen) (Einstein, 2009).

Anzumerken ist, dass eine weitere Eigenklasse der Raumsphäre existiert, der „Raumellipsoid" (Einstein, 2009). Das Raumellipsoid ist wie eine Raumsphäre zu verstehen, in der alle „Gegenereignisse" gleich (unterschiedslos) bestehen (Einstein, 2009). Ein Universum in Form eines Raumellipsoids ist demnach geometriebedingt zu erfahren wie ein Universum das innen zentral eine nicht-asymmetrische Raumsphäre aufweist (und das nach außen durch weitere überlagernde Dimensionen zentral nicht-asymmetrischer Raumsphären einen immer mehr gefalteten elliptischen Raum besitzt) (Einstein, 2009).

Aufgrund der Aussagen (Theorien) lässt sich schlussfolgern, dass (der Logik nach keinesfalls nur) ein nicht offener Raum mit fehlenden Barrieren (Grenzen) existiert (Einstein, 2009). Als denkbare Räume kommen in Erwägung (insbesondere) die Raumsphäre (oder der Raumellipsoid) aufgrund von Klarheit (Natürlichkeit), die

Kolek, Erik (2024). Über die allgemeine, die spezielle und die allgemeinspezielle Relativitätstheorie. In: *Chroniken der Wirtschaftsinformatik-Physik (CWIP)*. Band 1, Auflagen-Nr. 1.1. ISBN: 9783759735935.

deutlich wird weil alle damit verbundenen Ereignispunkte gleichbedeutend bestehen (Einstein, 2009). Infolge dieser Aussagen entsteht in den Köpfen (nicht nur) aller Physiker als auch aller Astronomen ein erstaunlich folgenschwerer fragender Gedanke, existiert das Universum, innerhalb dem alle wohnen, nicht endlich bzw. gemäß der Annahme einer Raumsphäre für dieses Universum nicht unendlich (Einstein, 2009)? Für den Gegengedanken (Antwort) auf diesen Gedanken (Frage) genügt die bisher gewonnene Erfahrung keinesfalls im Geringsten (Einstein, 2009). Jedoch ermöglicht die allgemeine Relativitätstheorie zu diesem Gedanken (Frage) einen mittels hoher Genauigkeit bestimmten Gegengedanken (Antwort); wodurch ebenfalls eine innerhalb des Abschnitts 18 beschriebene Limitierung (Beschränkung) aufgehoben wird (Einstein, 2009).

20 Die in der allgemeinen Relativitätstheorie existierende Raumstruktur

Es existiert keine geometrische Selbstbestimmung des Raums nach der allgemeinen Relativitätstheorie, sondern es bestehen Funktionen des Raums aufgrund seiner durch Masse bedingten Geometrie (Einstein, 2009). Allgemein ist darauf aufbauend lediglich eine Schlussfolgerung über ein (existierendes) geometriebasiertes Modell des Universums (Raumstruktur) möglich, unter der Bedingung, dass der Status von Masse nicht als Unbekannte in die Untersuchung aufgenommen werden kann (Einstein, 2009). Albert Einstein (2009) kannte von seiner Beobachtung (Erfahrung) die physikalische Tatsache, dass die Lichtbewegungsgeschwindigkeit verglichen mit den Sternengeschwindigkeiten groß ist, wenn ein Bezugssystem (Koordinatensystem) übereinstimmend ausgewählt wird. Albert Einstein (2009) war es daher möglich die (vorhandenen) Modellbestandteile des Universums (Raumstrukturen) dem Wesentlichen nach durch gröbste (mathematische) Approximation (Näherung) zu verstehen, dadurch dass er sich jede (bewegte) Masse wie eine unbewegte (ruhende) Masse vorstellte.

Albert Einstein (2009) kannte schon von vorherigen Gedankengängen, dass deren Uhrmechaniken und Teststäbe (Maßstäbe) in ihren Verhaltensweisen von

Kolek, Erik (2024). Über die allgemeine, die spezielle und die allgemeinspezielle Relativitätstheorie. In: *Chroniken der Wirtschaftsinformatik-Physik (CWIP)*. Band 1, Auflagen-Nr. 1.1. ISBN: 9783759735935.

Schwerefeldern, also von der Ausbreitung von Masse einen Einfluss erfahren. Daraus kann bereits gefolgert werden, dass eine Geometrie nach Euklid nicht mit genauer (übereinstimmender) Geltung im Universum als ein Satz möglich ist (Einstein, 2009). Jedoch erscheint folgendes grundsätzlich vorstellbar, nämlich dass (nur) eine kleine Abweichung (Differenz) zwischen der Geometrie nach Euklid und dem Universum existiert, das als Annahme (Theorie) verstanden desto wahrscheinlicher ist, da diese Gleichung bestätigt, dass sogar Materie mit dem Volumen der Sonne auf diese Modelleigenschaften (Modellmetrik) seines umringenden Raums lediglich einen völlig geringfügigen Einfluss nimmt (Einstein, 2009). Allgemein wäre für die Kugelwesen denkbar, dass ihr Universum nach der gleichen Geometrie aufgebaut ist wie eine an vielen Orten asymmetrisch gebogene Ebene, welche jedoch an keinem Punkt auffallend unterschiedlich ist verglichen mit der geraden Oberfläche, im Gegensatz zu beispielsweise einer mittels niedrigen Wellengang gefalteten Wasserfläche (Einstein, 2009). Ein solches Universum wäre für Albert Einstein (2009) übereinstimmend bezeichnet als ein annähernd nach Euklid existierendes Universum. Der Raum dieses Universums bestünde nicht endlich (Einstein, 2009). Jedoch bestätigt die Gleichung, dass innerhalb eines annähernd nach Euklid existierenden Universums der Durchschnitt vorhandener Massedichte Null zu betragen hätte (Einstein, 2009). Ein entsprechendes Universum dürfte demnach nur an manchen Orten voller Masse besiedelt existieren; dieses Universum würde demselben nicht zufriedenstellenden Modell der Raumstruktur gleichen, welches Albert Einstein (2009) im Abschnitt 18 entwickelt dachte.

Muss das Modell jedoch eine Raumstruktur wie das Universum aufweisen also einen falls denkbar möglichst gering hinsichtlich Null verschiedenen Durchschnitt von Massedichte innehaben, dann entspricht dieses Universum keiner annähernden Wahrheit nach Euklid (Einstein, 2009). Stattdessen bestätigt die Gleichung, dass das Universum als Raumsphäre (oder Raumellipsoid) bedingt durch das Modellszenario einer gleichförmig verstreuten Masse existieren sollte (Einstein, 2009). Weil diese Masse in Wirklichkeit an vielen Orten asymmetrisch verstreut liegt, muss das wahre

Kolek, Erik (2024). Über die allgemeine, die spezielle und die allgemeinspezielle Relativitätstheorie. In: *Chroniken der Wirtschaftsinformatik-Physik (CWIP)*. Band 1, Auflagen-Nr. 1.1. ISBN: 9783759735935.

Universum von der Verhaltensweise einer Raumsphäre an vielen Punkten verschieden sein, dieses Universum sollte einer annähernden Raumsphäre entsprechen (Einstein, 2009). Jedoch sollte dieses Universum modellbedingt nicht unendlich existieren dürfen (Einstein, 2009). Darüber hinaus ermöglicht die allgemeine Relativitätstheorie eine leicht nachvollziehbare Gedankenkette hinsichtlich des Universums modelliert durch seine Raumexpansion im Verhältnis zu seiner durchschnittlichen Massedichte (Einstein, 2009).

Die hierfür ermittelte Formel hinsichtlich des „Radius" R des Universums lautet $R^2 = \frac{2}{kp}$ (Einstein, 2009). Im Falle der Anwendung des CGS-Einheitensystems ergibt sich dabei für *2/k* gleich *1,08* $\times$ *10^{27}*; wobei p den Durchschnitt der Massedichte repräsentiert (Einstein, 2009).

Kolek, Erik (2024). Über die allgemeine, die spezielle und die allgemeinspezielle Relativitätstheorie. In: *Chroniken der Wirtschaftsinformatik-Physik (CWIP)*. Band 1, Auflagen-Nr. 1.1. ISBN: 9783759735935.

Dritter Abschnitt: Über die spezielle Relativitätstheorie

21 Axiom über die relative Lagenänderung praktisch starrer Körper

Bestimmt haben die Leser bereits den umfänglichen Aufbau der Geometrie nach Euklid kennengelernt sowie erinnern sich wahrscheinlich eher mit Respekt anstatt Begeisterung an diese umfängliche Struktur, deren schwierigen Hürden sie von akkuraten Dozenten innerhalb unzähliger Vorlesungen eingetrichtert bekommen haben (Einstein, 2009). Bestimmt würden die Leser aufgrund dieser Erfahrung allen mit Abneigung begegnen, die davon lediglich das geringste Axiom der Geometrie als nicht wahr bezeichnen würden (Einstein, 2009). Jedoch dieser Emotionsgedanke umfänglicher Gewissheit sollte die Leser wahrscheinlich schnell verlassen, falls Albert Einstein (2009) sie fragen würde: „Was ist mit dieser Hypothese gemeint, so dass die Axiome nicht unwahr sein können?" Diese Fragestellung wollte Albert Einstein (2009) etwas näher betrachten.

In der Geometrie sind bestimmte Grundverständnisse enthalten, beispielsweise Fläche, Kreis, Linie, anhand derer Albert Einstein (2009) weniger bzw. überwiegend eindeutige Auffassungen verknüpfen konnte, sowie hinsichtlich bestimmter kurzer Sätze (Axiome), welche er wegen diesen Auffassungen als „nicht unwahr" anzunehmen tendieren musste. Die sonstigen Axiome müssen anschließend wegen der Logikmethode, deren Bestätigung Albert Einstein (2009) bedingungsweise akzeptiert hatte, hinsichtlich dieser Sätze begründet, das bedeutet belegt sein. Das Axiom erscheint erst korrekt oder „nicht unwahr", falls es nach der akzeptierten Methode hergeleitet ist anhand der Sätze (Einstein, 2009). Eine Fragestellung hinsichtlich von „Korrektheit" jeweiliger geometrischer Axiome lenkt demnach wieder zu der Fragestellung hinsichtlich von „Korrektheit" der Sätze (Einstein, 2009). Es ist jedoch schon lange sicher, dass es auf diese Fragestellung keine Antwort gibt mit allen Methoden auch nicht mit der geometrischen Methode, also dass diese Frage gänzlich keinen Sinn macht (Einstein, 2009). Allgemein ist gar keine Frage möglich, ob dies nicht unwahr sein sollte, dass in zwei Punkten lediglich *eine* (einzige) Linie

Kolek, Erik (2024). Über die allgemeine, die spezielle und die allgemeinspezielle Relativitätstheorie. In: *Chroniken der Wirtschaftsinformatik-Physik (CWIP)*. Band 1, Auflagen-Nr. 1.1. ISBN: 9783759735935.

verläuft (Einstein, 2009). Allgemein darf lediglich gesagt werden, dass die Geometrie nach Euklid aus Formen besteht, welche diese „Linie" bezeichnet, sowie denen diese die Funktion zuordnet, anhand von zwei dazugehörigen Punkten fehlerfrei beschrieben vorzuliegen (Einstein, 2009). Das Verständnis „nicht unwahr" stimmt keinesfalls mit den Ausdrücken der absoluten Geometrie überein, da Albert Einstein (2009) anhand der Bezeichnung „nicht unwahr" diese Gerade immer übereinstimmend mit dem „echten" Objekt gewohnt war zu benennen; eine (euklidische) Geometrie jedoch beschäftigt sich keinesfalls mit der Relation dazugehöriger Verständnisse hinsichtlich von Objekten des Erlebens, stattdessen lediglich mit einer Logikverknüpfung der Verständnisse miteinander.

Dass Albert Einstein (2009) sich dennoch hierzu tendierend dachte, alle geometrischen Axiome als „nicht unwahr" aufzufassen, ist einfach zu verstehen. Alle Verständnisse der Geometrie gleichen überwiegend bzw. kaum korrekt Objekten unserer natürlichen Umgebung, deren Anschauung selbstverständlich den einzigen Grund hinsichtlich der Evolution dieser Verständnisse darstellen (Einstein, 2009). Von der Natur nimmt die Geometrie eine Abweichung ein, um ihrem Aufbau eine bestmögliche geschlossene Logik anzuknüpfen; eine Angewohnheit, nämlich innerhalb einer Geraden zwei gekennzeichnete Platzierungen hinsichtlich *eines* praktisch starren Körpers wahrzunehmen, ist tiefgründig in unseren gewohnten Denkweisen verborgen (Einstein, 2009). Der Gewohnheit von Albert Einstein (2009) entsprach es zusätzlich drei Stellen auf einer Linie lokalisiert zu denken, falls er ihre Beobachtungsstellen (Orte) scheinbar mittels übereinstimmender Auswahl der Wahrnehmungsstelle während dem Sehen mit nur einem Auge in der Lage war in einer Richtung summarisch geradlinig zu erfahren.

Albert Einstein (2009) fügte aufgrund dieser gewohnten Denkweise den Sätzen (Axiomen) der Geometrie von Euklid nur einen Satz (bzw. ein Axiom) hinzu, denn bereits dadurch wird die entsprechend ergänzte euklidische Geometrie zu einem wichtigen Modellbestandteil der Physik. Das von Albert Einstein (2009) hinzugefügte

Kolek, Erik (2024). Über die allgemeine, die spezielle und die allgemeinspezielle Relativitätstheorie. In: *Chroniken der Wirtschaftsinformatik-Physik (CWIP)*. Band 1, Auflagen-Nr. 1.1. ISBN: 9783759735935.

Axiom über die relative Lagenänderung praktisch starrer Körper lautet: *Zwischen zwei Punkten auf einem praktisch starren Körper ist unabhängig von seiner Lagenänderung stets die gleiche Entfernung, das bedeutet Strecke, gegeben* (Abbildung 8). Nun ist es mit dieser Begründung nach einer „Korrektheit" entsprechend verstandener Geometriesätze möglich zu fragen, da dies eine Frage zulässt, ob diese Axiome feststehen hinsichtlich der natürlichen Gegenstände, die Albert Einstein (2009) allen Verständnissen der Geometrie zugeschrieben dachte. Demnach war Albert Einstein (2009) nicht sehr exakt in der Lage auszudrücken, dass er mit dem Begriff „Korrektheit" von Geometriesätzen sinngemäß an ihre Zustimmung während einem Design mit Kreiswerkzeugen sowie Linienwerkzeugen dachte.

Jede Gewissheit hinsichtlich einer „Korrektheit" von Geometriesätzen ist sinngemäß selbstverständlich nur zurückzuführen auf sehr unvollständige Erlebnisse (Einstein, 2009). Albert Einstein (2009) setzte diese Korrektheit aller Geometriesätze vorerst voraus, um schließlich innerhalb des zweiten Abschnitts dieser Untersuchungen (über die allgemeine Relativitätstheorie) zu erkennen, dass sowie auf welche Weise diese Korrektheit tatsächlich Limitierungen (Begrenzungen) besitzt. Deswegen verwendete Albert Einstein (2009) zuerst die Geometrie nach Euklid in seiner speziellen Relativitätstheorie zur Darstellung gleichförmig geradliniger Bewegungen, um darauf in seiner allgemeinen Relativitätstheorie mit einer nicht-euklidischen Geometrie darauf hinzuweisen, dass die von Menschen gedachte klassische Geometrie allgemein nicht mit der Natur von Gravitationsfeldern übereinstimmt, die eine ungleichförmige krummlinige Bewegung bedingt; zum Beispiel existieren keine gleichförmigen geraden Linien daher muss in einer fortschrittlichen Geometrie beispielsweise ein Dreieck aus drei nach außen gewölbten Geraden (Geodäten) bestehen, entsprechend müssen alle sonstigen Formen der Wahrnehmung also der Geometrie eine naturübereinstimmende Anpassung erfahren.

Kolek, Erik (2024). Über die allgemeine, die spezielle und die allgemeinspezielle Relativitätstheorie. In: *Chroniken der Wirtschaftsinformatik-Physik (CWIP)*. Band 1, Auflagen-Nr. 1.1. ISBN: 9783759735935.

Ein praktisch starrer Körper stellt einen in der Natur vorkommenden Körper dar, dem eine Gerade aus der Geometrie gedanklich zugehörig ist (Einstein, 2009). Als ein Beispiel für einen praktisch starren Körper nennt Albert Einstein (2009) ein Dreieck bestehend aus drei Punkten A, B und C. Der Punkt B wird zwischen den Punkten A und C so eingezeichnet, dass eine Gerade zwischen den drei Punkten A, B und C entsteht (Einstein, 2009). Demnach befindet sich der Punkt B zwischen den Punkten A und C, wodurch die Summe der Entfernungen (Strecken) $\overline{AB}$ und $\overline{BC}$ kleinstmöglich, das bedeutet minimal, wird (Einstein, 2009). Diese Summe ist minimal, beispielweise bei einem gleichschenkligen Dreieck zwischen den Punkten A und C exakt in der Mitte, wo demnach auch der Punkt B gegeben sein muss.

Die Physik entspricht einem Modell der Realität und beinhaltet daher eine Wahrheit über die modellierte Realität (Einstein, 2009), zum Beispiel über das Universum und die darin befindlichen Körper, welche im Modell enthalten sind und daher visualisiert (abgebildet) werden können. In diesem Zusammenhang beziehen sich die Wörter praktisch auf annähernd und starr auf unveränderlich bzw. unbeweglich, daher wird vielmehr Bezug genommen auf einen annähernd unveränderlichen bzw. unbeweglichen Körper (Einstein, 2009). So einen Körper stellt in der Natur auch eine Kugel dar, zum Beispiel ein Planet wie unsere Erde. Dieser Kugel kann ebenfalls eine Gerade zugeordnet werden, wodurch diese Gerade aufgrund der gegebenen Kugelform (Kugelgeometrie) zur Geodäte wird. Die hinzugefügte Geodäte in dieser sphärischen Geometrie verändert sich auch dann nicht, wenn sich die Kugel bewegt. Die Richtung der Bewegung spielt hierbei keine Rolle. Daraus folgt: Die Bewegung unabhängig von der Richtung, führt zu keiner Änderung der Lage von Punkten und Geodäten auf einem annähernd unveränderlichen bzw. unbewegten Körper. Die Punkte A, B und C auf diesem Körper bleiben unverändert und damit auch die jeweilige Entfernung (Strecke) zwischen diesen Punkten. In einem Raum, wie dem Universum, können daher annähernd unveränderliche bzw. unbewegliche Körper existieren, obwohl sich diese immer bewegen.

Kolek, Erik (2024). Über die allgemeine, die spezielle und die allgemeinspezielle Relativitätstheorie. In: *Chroniken der Wirtschaftsinformatik-Physik (CWIP)*. Band 1, Auflagen-Nr. 1.1. ISBN: 9783759735935.

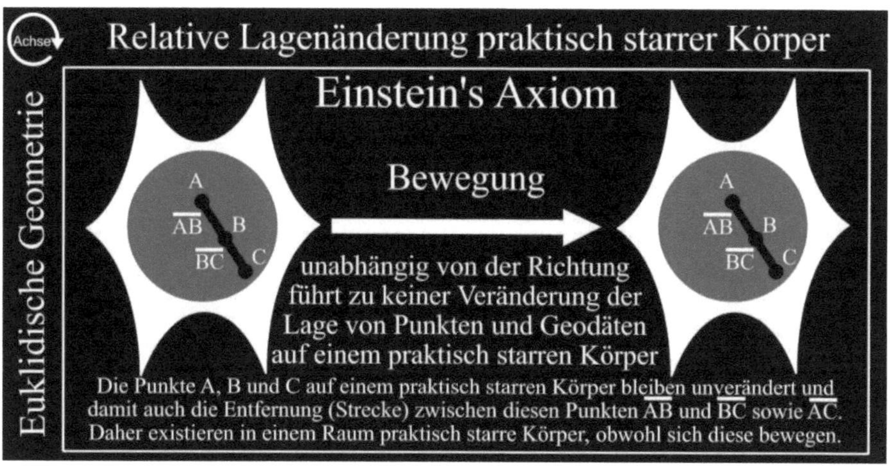

Abbildung 8. Euklidische Geometrie und relative Lagenänderung praktisch starrer Körper.

22 Das kartesische Koordinatensystem (der messenden Physik)

Wegen einer umschriebenen Auslegung nach der Physik hinsichtlich der Strecke war es Albert Einstein (2009) ebenfalls möglich, die Strecke zwischen zwei Punkten auf einem (praktisch) starren Geometriekörper durch Zählungen (Messungen) anzugeben. Hierfür benötigte Albert Einstein (2009) einen niemals abzuändernden anzuwendenden Abstand (Stab K), der wie ein einheitlicher Maßstab genutzt werden soll. Erscheinen jetzt A sowie B als zwei Punktmarkierungen eines (praktisch) starren Bezugskörpers, dann erscheint derjenigen Verknüpfungslinie gestaltbar gemäß den Geometriegesetzen (Geometrieannahmen); darauf konnte Albert Einstein (2009) auf der Verknüpfungslinie den Abstand K, ausgehend von A, entsprechend häufig ablegen bis allgemein B erreicht wurde. Eine Anzahl an Wiederkehr des Ablegens entspricht der Maßstabzahl (Messung) des Abstands $\overline{AB}$ (Einstein, 2009). Darauf basiert jede Messung hinsichtlich der Entfernungen (Einstein, 2009). Hierbei wird jedoch gedacht, dass eine Maßzahl (stets) aufgehen würde, das bedeutet (stets) eine vollständige Nummer ergibt (Einstein, 2009). Diese Hürde wird genommen allgemein

Kolek, Erik (2024). Über die allgemeine, die spezielle und die allgemeinspezielle Relativitätstheorie. In: *Chroniken der Wirtschaftsinformatik-Physik (CWIP)*. Band 1, Auflagen-Nr. 1.1. ISBN: 9783759735935.

mittels der Nutzung von geteilten Maßstäben (Teststäben), derjenigen Erklärung dem Prinzip nach die gleiche Handhabung (Methode) erfordert (Einstein, 2009).

Alle Raumbeschreibungen von Lagen (Orten) eines Erlebnisses bzw. Objekts basiert hierauf, dass allgemein ein Punkt von einem (praktisch) starren Geometriekörper (Bezugskörper) angegeben wird, mit dem das Erlebnis (Punktereignis) übereinstimmt (koinzidiert) (Einstein, 2009). Das kann aufgrund der Geltung genutzt werden für akademische und alltägliche Beschreibungen (Einstein, 2009). Untersucht Albert Einstein (2009, S. 4) die Lagenbezeichnung „in Berlin, auf dem Potsdamer Platz", dann heißt das Nachkommende: Der (praktisch) starre Körper entspricht dem Boden auf dem Planeten, hier Erde, dem eine Lagenbezeichnung zugeordnet ist, auf dem Körper erscheint „Potsdamer Platz in Berlin" als ein gekennzeichneter, mit Benennung verknüpfter Geometriepunkt, mit dem das Erlebnis im Raum übereinstimmt (koinzidiert). Noch eine Analyse hierüber, was an dieser Stelle „Raumkoinzidenz" meint, erscheint an dieser Stelle unnötig; da dieses Verständnis insoweit verständlich erscheint, da innerhalb eines separaten natürlichen Szenarios Interpretationsunterschiede hierüber, ob der Begriff zutrifft bzw. keineswegs wahr ist, nicht oft vorkommen sollte (Einstein, 2009).

Die vorherige einfache Klasse von Lagenbezeichnungen erlaubt lediglich Lagen auf der starren Körperoberfläche sowie erscheint von der Existenz verschiedener Oberflächenpunkte abhängig zu sein (Einstein, 2009). Albert Einstein (2009) lernte durch Zusehen wie sein menschlicher Verstand sich hinsichtlich dieser zwei Limitierungen (Einengungen) abhob, jedoch ohne dass der Sinn von Lagenbezeichnungen eine Modifikation erlebte. Befindet sich nämlich „über dem Potsdamer Platz" schwerelos eine Gewitterwolke, dann ist die Lage dieser Wolke relativ zum Erdboden (Körperoberfläche), hierdurch fixiert, dass allgemein auf diesem Platz vertikal eine Verbindungsstange aufgebaut wird, welche bis zu dieser Wolke nach oben reicht (Einstein, 2009, S. 4). Eine mittels einem einheitlichen Maßstab abgetragene Strecke der Verbindungsstange, verknüpft mit einer

Kolek, Erik (2024). Über die allgemeine, die spezielle und die allgemeinspezielle Relativitätstheorie. In: *Chroniken der Wirtschaftsinformatik-Physik (CWIP)*. Band 1, Auflagen-Nr. 1.1. ISBN: 9783759735935.

Lagenbezeichnung des unteren Endes dieser Verbindungsstange, entspricht so einer gänzlichen Lagenbezeichnung (Einstein, 2009). Anhand dieses Beispiels erkannte Albert Einstein (2009) inwieweit eine Detaillierung (Verbesserung) des Lagenverständnisses durchgeführt wurde.

A) Allgemein wird ein starrer Bezugskörper, welchem eine Lagenbezeichnung zugeordnet ist, mit dieser Methode verlängert, so dass das aufzuspürende Objekt ausgehend des komplettierten starren Bezugskörpers getroffen werden kann (Einstein, 2009). Hier wird gedanklich aus der Wolke ein Stern (Einstein, 2009).

B) Allgemein wird für die Beschreibung der Lage eine *Nummer* anstelle bezeichneter Sinnpunkte verwendet (an dieser Stelle eine mittels Testmaßstab abgetragene Strecke der Verbindungsstange) (Einstein, 2009).

C) Allgemein wird hinsichtlich einer Entfernung des Objekts Wolke (bzw. Stern) ebenfalls in dem Fall gesprochen, falls die Verbindungsstange, die beim Objekt endet, überhaupt keineswegs aufgebaut existiert (Einstein, 2009). In diesem Beispiel wird allgemein anhand optischer Fotos der Gewitterwolke (bzw. des Sterns) ausgehend von unterschiedlichen Punkten der Oberfläche mit Rücksicht auf die Bewegungsfunktion des Lichts verstanden, welche Länge diese Verbindungsstange haben sollte, damit das Objekt erreicht werden kann (Einstein, 2009).

Anhand dieses Gedankens wird allgemein erkannt, dass zur Charakterisierung der Lagen es besser ist, sobald das erreicht wird, mittels der Nutzung der Maßnummern hinsichtlich des Vorhandenseins der mit Bezeichnungen verknüpfter Anhaltspunkte auf einem (praktisch) starren Bezugskörper, dem eine Lagenkennzeichnung zugeordnet wird, bedingungslos zu gestalten (Einstein, 2009). Das schafft unsere ausmessende Physik mithilfe der Nutzung eines Systems mit kartesischen Koordinaten (Einstein, 2009).

Das kartesische Koordinatensystem der messenden Physik (Abbildung 9) wird von Albert Einstein (2009) ebenfalls als ein praktisch starrer Körper beschrieben, der aus

Kolek, Erik (2024). Über die allgemeine, die spezielle und die allgemeinspezielle Relativitätstheorie. In: *Chroniken der Wirtschaftsinformatik-Physik (CWIP)*. Band 1, Auflagen-Nr. 1.1. ISBN: 9783759735935.

drei zueinander vertikalen und starren, flachen Außenwänden besteht. Der Punkt eines Ereignisses kann beschrieben werden (nicht nur) durch die Längen der drei Koordinaten x, y, und z hinsichtlich des (praktisch starren) kartesischen Koordinatensystems (Einstein, 2009). Die Längen können von dem Ereignis ausgehend auf diese drei flachen Außenwände gesehen werden (Einstein, 2009). Mittels Folgen (Zählung) von festgelegten, das bedeutet starren Stäben (Maßeinheiten) bzw. Manipulationen an solchen starren Stäben (Maßgrößen) können diese Längen herausgefunden werden hinsichtlich der drei Koordinaten x, y, und z (Einstein, 2009). (Mögliche) Manipulationen mit starren Stäben werden vorgegeben durch die Geometrie, Gesetze und Methoden von Euklid (Einstein, 2009).

Die Koordinaten x, y, und z können nicht direkt bzw. nicht wirklich festgestellt werden (Einstein, 2009). Koordinaten sind nur mittelbar bestimmbar über die Anwendung und Gestaltung starrer Stäbe (Maßgrößen, Maßeinheiten), dabei sind oft die starren Außenwände des kartesischen Koordinatensystems nicht verwirklicht, das bedeutet flexibel (Einstein, 2009). Klar, das bedeutet präzise, sind Ergebnisse der (theoretischen) Physik, insbesondere der Quantenphysik und Astrophysik, wenn die physikalische Bedeutung der Punktkoordinaten (x, y, z) den vorherigen Erklärungen entsprechend untersucht werden (Einstein, 2009). Eine Detaillierung und Anpassung dieser Meinung wird erst nötig durch die im zweiten Abschnitt dieses Buches erläuterte allgemeine Relativitätstheorie (Einstein, 2009).

Nun sollte klar sein, dass für die räumliche Modellierung und Visualisierung von Ereignissen ein praktisch starrer Körper eine zentrale Voraussetzung ist, um diese Ereignisse räumlich, das bedeutet relativistisch, zu verbinden (Einstein, 2009). Diese Verbindung hat zur Bedingung, dass die Geometrie nach Euklids Gesetzen auch auf Entfernungen (Strecken) anwendbar ist, dabei setzt sich in der messenden Physik die physikalische Entfernung (Strecke) stets zusammen aus zwei auf einem praktisch starren Körper befindlichen Punkten (Einstein, 2009).

Kolek, Erik (2024). Über die allgemeine, die spezielle und die allgemeinspezielle Relativitätstheorie. In: *Chroniken der Wirtschaftsinformatik-Physik (CWIP)*. Band 1, Auflagen-Nr. 1.1. ISBN: 9783759735935.

Das kartesische Koordinatensystem als praktisch starrer Körper stellt einen unendlich großen Würfel für die supersymmetrische und relativistische Modellierung und Visualisierung des Raums und der Zeit dar. Beispielsweise können Koordinaten (x, y, z) bestimmt und verschoben werden hin zu den Koordinaten (x', y', z'), indem anstatt der räumlichen Ortsangaben selbst jeweils ein weiteres Koordinatensystem (K') verschoben wird relativ zu seinem Ursprungskoordinatensystem (K). Über diese Verschiebung eines Koordinatensystems K' mit den Achsen x', y', und z' relativ zu seinem Ursprungskoordinatensystem K mit den Achsen x, y, und z ist die vierte Dimension, die der Zeit t zu t', ersichtlich. In Abbildung 9 wird als ein Beispiel eine solche zeitlich zueinander, das bedeutet relative Bewegung ausgehend von der z-Achse zur z'-Achse dargestellt, hier ist zz' gleich tt'. Die Geschwindigkeit v der Bewegung ist durch die Einbindung dieser vierten Dimension der Zeit t zu t' auf der jeweiligen Koordinatensystemachse ermittelbar. Am besten erfolgt für die Bestimmung der Geschwindigkeit v der Bewegung, indem jedem praktisch starren Körper ein starres Koordinatensystem zugeordnet wird. Es lassen sich zur Modellierung und Visualisierung dieser Bewegung beliebig viele praktisch starre Koordinatensysteme nutzen.

Kolek, Erik (2024). Über die allgemeine, die spezielle und die allgemeinspezielle Relativitätstheorie. In: *Chroniken der Wirtschaftsinformatik-Physik (CWIP)*. Band 1, Auflagen-Nr. 1.1. ISBN: 9783759735935.

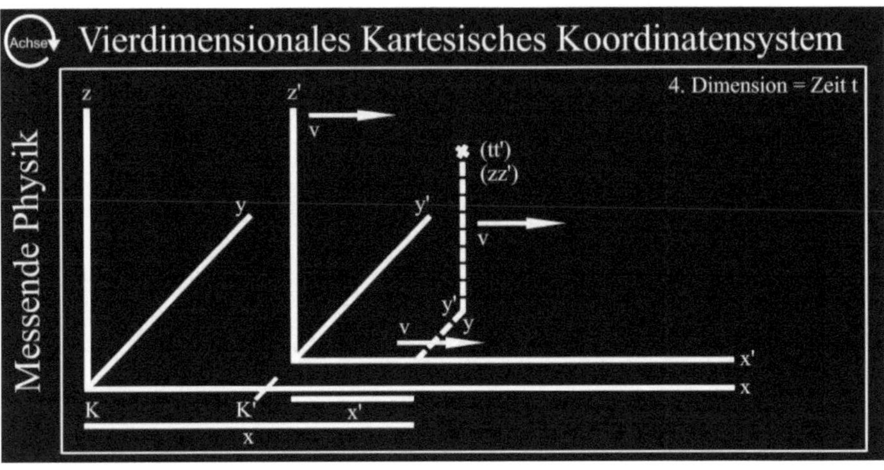

Abbildung 9. Das kartesische Koordinatensystem der messenden Physik (Einstein, 2009, S. 22).

23 Raum und Zeit in der Newtonschen Mechanik

Albert Einstein (2009) sagte folgendes über die klassische Bewegung (Newtonsche Mechanik) ohne dabei ablehnende Gedanken sowie detaillierte Erklärungen aufkommen zu lassen. Für Albert Einstein (2009) war das Ziel der Newtonschen Mechanik (Abbildung 10): „Diese Bewegungstheorie muss alle Körper kennzeichnen, die im Raum zeitabhängig ihre Lage variieren". Albert Einstein (2009) nahm also mehrere schwere Fehler gewissenhaft (bzw. mit Absicht) an, obwohl diese gegen seine klare *Erkenntnisfähigkeit* verstoßen, also seinem dem Kosmos gegenüber offenem Verstand widersprechen; die vorherigen Fehler werden zuerst aufgezeigt.

Nicht klar erscheint dies, also was in diesem Abschnitt mit „Räumen" sowie „Lagen" gemeint sein kann (Einstein, 2009). Albert Einstein (2009) steht an einem Fensterglas von einem gleichmäßig (homogen) beschleunigten Raumbezugskörper E sowie sendet einen Lichtstrahl auf die Planetenoberfläche der Erde, jedoch ohne auf diesen zusätzliche (kinetische) Energie umzuleiten. Darauf sieht Albert Einstein (2009) (die wechselseitige Wirkung des Atmosphärenwiderstands vernachlässigend) seinen

Kolek, Erik (2024). Über die allgemeine, die spezielle und die allgemeinspezielle Relativitätstheorie. In: *Chroniken der Wirtschaftsinformatik-Physik (CWIP)*. Band 1, Auflagen-Nr. 1.1. ISBN: 9783759735935.

Lichtstrahl als gerade Linie nach unten fallen. Die Beobachter, welche diesen Vorgang von der Planetenoberfläche der Erde aus sehen, verstehen, dass der Lichtstrahl als eine Parabelbiegung (Bogenform) auf den Planetengrund runterstrahlt (Einstein, 2009). Albert Einstein (2009) fragt jetzt: Befinden sich die „Lagen", die unser Lichtstrahl passiert, „in der physikalischen Realität" auf der Linie bzw. Bogenform? Wie ist nun zusätzlich eine räumliche Mechanik aufzufassen (Einstein, 2009)? Eine Überlegung erscheint gemäß der Antworten des Abschnitts 22 klar zu sein (Einstein, 2009). Zuerst musste Albert Einstein (2009) den noch dunkel also nicht hell erscheinenden Begriff „Weltraum" völlig weglassen, denn darunter konnte er, wenn er ehrlich war, sich gar nichts vorstellen; er dachte sich ersetzend „Mechanik hinsichtlich einem annähernd ruhenden Relationskörper". Alle Lagen in Relation mit dem Körper (Raumbezugskörper bzw. Planetenoberfläche) wurden schon in dem Abschnitt 22 detailliert gedanklich beschrieben (bzw. abgegrenzt). Dadurch dass Albert Einstein (2009) anstelle „Relationskörper" ein hinsichtlich der mathematischen Koordinatenanschauung geeignetes Wort „Bezugssystem" etablierte, war er in der Lage auszudrücken: Ein Lichtstrahl charakterisiert relativ eine Linie ausgehend von einem Raumbezugskörper, dem fest (starr) ein Koordinatenbezugssystem zugeschrieben ist, eine Bogenform betrachtet von einem fest (starr) auf der Planetenoberfläche abgelegten Koordinatenbezugssystem. Allgemein müssten die Leser mithilfe dieses Beispiels klar verstehen, dass eigentlich keine Umlaufbahnkurve (in unserem Sonnensystem und deswegen im gesamten Universum) existieren kann, das ist eine Biegung auf der sich Bezugskörper bewegen, stattdessen lediglich eine Umlaufkurve relativ betrachtet zu einem ausgewählten Koordinatensystem (Bezugskörper) (Einstein, 2009).

Für die Bewegung eines Körpers gilt also, dass ein bewegter Körper hinsichtlich einem mit dem Ort A starr harmonisiertes Koordinatensystem als Raum A eine Gerade und hinsichtlich einem mit dem Ort B starr harmonisiertes Koordinatensystem als Raum B eine Parabel umschreibt (Einstein, 2009). Als einen bestimmten Bezugskörper wird ein bestimmtes Koordinatensystem gewählt, daher existiert an

Kolek, Erik (2024). Über die allgemeine, die spezielle und die allgemeinspezielle Relativitätstheorie. In: *Chroniken der Wirtschaftsinformatik-Physik (CWIP)*. Band 1, Auflagen-Nr. 1.1. ISBN: 9783759735935.

sich für einen Beobachter am Ort A und einen anderen Beobachter am Ort B keine Bahnkurve, in der sich ein bestimmter Körper bewegen kann (Einstein, 2009).

Die vollendete Darstellung der Mechanik erscheint jedoch nicht davor realisiert zu sein, bis allgemein kommentiert wird, wie ein Bezugskörper seine Lage zeitabhängig verändert, das bedeutet hinsichtlich aller Punkte auf der Kurve muss bezeichnet sein, wann sich der Bezugskörper an dieser Stelle lokalisiert aufhält (Einstein, 2009). Die vorherige Kommentierung hat vollendet zu sein mittels einer entsprechenden Begriffsfestlegung *bezüglich* Zeit, so dass die Zeitgrößen mithilfe dieser Festlegung dem Prinzip nach als wahrnehmbare Einheiten (Ergebnisse der Messzählungen) zu betrachten sind (Einstein, 2009). Diese Bedingung hielt Albert Einstein (2009) – die Newtonsche Bewegung gedanklich nicht verlassend – hinsichtlich seines Beispiels mit der folgenden Methode ein. Albert Einstein (2009) stellte sich zwei exakt übereinstimmend gestaltete Uhrzeigermaschinen vor; eine davon hält Alber Einstein an dem Raumbezugskörperfenster in der Hand, auf die zweite Uhr schauen die Beobachter auf der Erde. Alle bemerken, in welchem (Raum-Zeit-)Bereich des jeweiligen Bezugssystems sich der Lichtstrahl im Moment aufhält, bei jedem Ticken des Uhrzeigers, welche sie in ihrer Faust haben. Hierbei vernachlässigte Albert Einstein (2009) eine Erläuterung hinsichtlich der fehlenden Genauigkeit, die aufgrund der (angenommenen) Begrenztheit (der Unendlichkeit) der Bewegungs-geschwindigkeit des Lichtstrahls entsteht. Hierauf sowie hinsichtlich der weiteren in diesem Abschnitt überwiegenden Begrenzung (Barriere) soll an späterer Stelle im Detail eingegangen werden (Einstein, 2009).

Albert Einstein (2009) vervollständigte also diese Darstellung der Bewegung von Körpern, indem er festlegte, dass ein Körper den Ort im Raum mit der Zeit verändert und daher für alle Punkte auf der jeweiligen Bahnkurve (Gerade und Parabel) ersichtlich sein muss, wann sich ein Körper an jedem Punkt zeitlich aufhält bzw. wann sich ein Körper dorthin bewegen wird bzw. dort war (Einstein, 2009). Diese Definition führt zur Vervollständigung von Werten über Zeit, so dass diese Angaben

Kolek, Erik (2024). Über die allgemeine, die spezielle und die allgemeinspezielle Relativitätstheorie. In: *Chroniken der Wirtschaftsinformatik-Physik (CWIP)*. Band 1, Auflagen-Nr. 1.1. ISBN: 9783759735935.

eine Betrachtung als allgemein beobachtbare Messergebnisse (Größeneinheiten) finden können (Einstein, 2009). Daher führte Albert Einstein (2009) ein Beispiel gemäß der Newtonschen Mechanik ein. Er gab den zwei Beobachtern, einer davon ist am Ort A und einer am Ort B, jeweils eine exakt technisch übereinstimmende Uhr (Einstein, 2009), wie zum Beispiel eine Zeigeruhr. Jetzt kann jeder der zwei Beobachter (jederzeit) feststellen, wo der Körper auf dem jeweiligen Koordinatensystem (Bezugskörper) bei jedem Ticken der Uhr gerade ist (Einstein, 2009). Da Körper den Ort im Raum mit der Zeit verändern (Abbildung 10) sieht der eine Beobachter von oben den Körper nach unten fallen mit jeder auf der Uhr vergangenen starren Zeiteinheit in der Geraden (Einstein, 2009). Der andere Beobachter sieht dagegen die Seitwärtsbewegung des fallenden Körpers von oben nach unten auf der Parabel (Einstein, 2009). Für beide Beobachter existiert demnach eine andere Bahnkurve, in der sich der Körper mit jeder Zeiteinheit bewegt, trotzdem sehen beide Beobachter wie der Körper ihren Uhren gemäß übereinstimmend den nächsten Bezugskörper (Koordinatensystem) erreicht (Einstein, 2009).

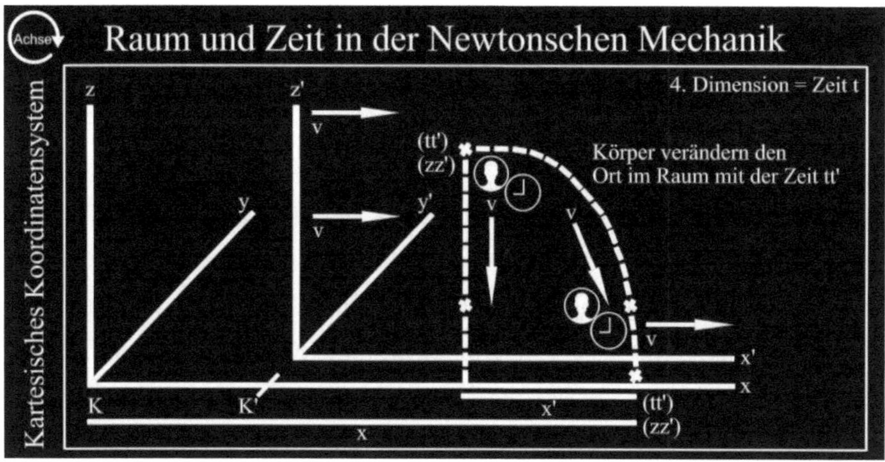

Abbildung 10. Raum und Zeit in der Newtonschen Mechanik (vgl. Einstein, 2009, S. 22).

Kolek, Erik (2024). Über die allgemeine, die spezielle und die allgemeinspezielle Relativitätstheorie. In: *Chroniken der Wirtschaftsinformatik-Physik (CWIP)*. Band 1, Auflagen-Nr. 1.1. ISBN: 9783759735935.

24 Das Koordinatensystem in der Galilei-Newtonschen Mechanik

Die Grundlage der Galilei-Newtonschen Mechanik entspricht dem Trägheitssatz (Abbildung 11) (Einstein, 2009): *„Jeder Körper der ausreichend von anderen Körpern abgelegen ist bleibt innerhalb eines Ruhezustands bzw. einer linear-homogenen (geradlinig-gleichförmigen) Himmelsmechanik"*. Dieses Trägheitsgesetz findet Verwendung bei der mechanischen Darstellung von Körpern und deren Bewegung und beschreibt dafür geeignete Bezugskörper (Koordinatensysteme) (Einstein, 2009). Ein Beispiel für Körper auf die dieses Trägheitsgesetz mit hoher Glaubwürdigkeit zutrifft sind Fixsterne, die sichtbar sein müssen, damit diesen Sternen jeweils ein Koordinatensystem als Bezugskörper zugewiesen werden kann (Einstein, 2009). Wenn einem Planet, wie der Erde, ebenfalls ein Koordinatensystem starr zugeordnet wird, führt dies dazu, dass Fixsterne im Ablauf astronomischer Tage jeweils einen Kreis mit einem riesigen Radius bilden, also einer gleichförmig-kreisartigen Bewegung folgen und das widerspricht inhaltlich dem Trägheitssatz (Einstein, 2009). Ein astronomischer Tag beschreibt aus der Sicht eines Beobachters die Zeitdauer bis ein Stern eines Planeten wieder an der höchsten Stelle am Himmel desselben Planeten zu sehen ist. Die Dauer eines astronomischen Tages ist abhängig von der Umdrehungsgeschwindigkeit des Planeten in Bezug auf die von dort sichtbaren Fixsterne (Einstein, 2009). Solange dieses Trägheitsgesetz nicht verworfen werden soll, dürfen Bewegungen von Körpern lediglich auf Koordinatensysteme bezogen werden, zu denen Fixsterne keine gleichförmig-kreisartigen sondern gleichförmig-geradlinigen Bewegungen relativ, das bedeutet vergleichsweise, durchführen (Einstein, 2009). Das Galileische Koordinatensystem macht eine Bewegung auf einem Bezugskörper (Koordinatensystem) relativ zu einem anderen Bezugskörper (Koordinatensystem) gemäß dem Trägheitssatz möglich (Einstein, 2009). Dabei gelten die Gesetze der Galilei-Newtonschen Mechanik nur für eines der beiden Galileischen Koordinatensysteme (Einstein, 2009).

Kolek, Erik (2024). Über die allgemeine, die spezielle und die allgemeinspezielle Relativitätstheorie. In: *Chroniken der Wirtschaftsinformatik-Physik (CWIP)*. Band 1, Auflagen-Nr. 1.1. ISBN: 9783759735935.

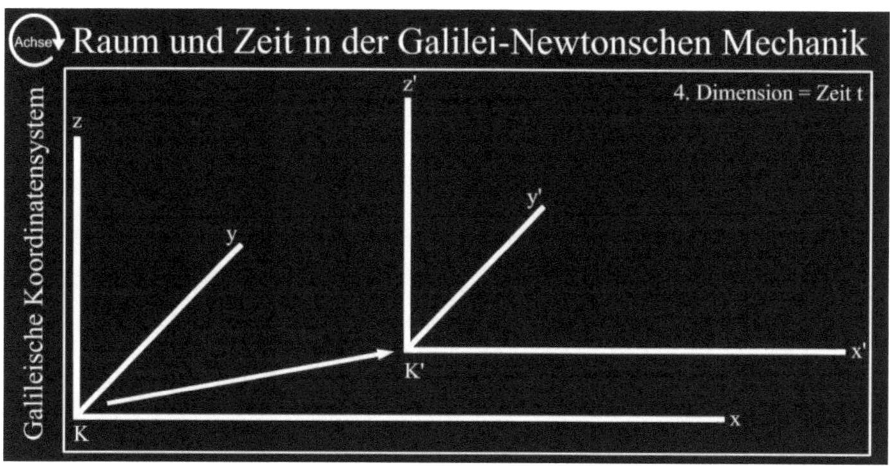

Abbildung 11. Das Galileische Koordinatensystem (vgl. Einstein, 2009, S. 22).

25 Der Relativitätsgrundsatz (innerhalb des eigentlichen Sinns)

Die Mechanik (Bewegung) eines gleichförmig bewegten, das bedeutet beschleunigten Körpers heißt gleichmäßige Translation (Einstein, 2009). Gleichförmig bezieht sich auf eine gleichbleibende, das bedeutet konstante Geschwindigkeit in einer Richtung und Translation bedeutet, dass der Körper relativ zum Bezugskörper (Koordinatensystem) seinen Ort ändert ohne sich dabei zu drehen (Einstein, 2009). Fliegt nun ein Körper B gleichförmig und geradlinig – vom Ort B aus betrachtet – durch den Raum, dann ist vom beschleunigten Körper A aus betrachtet – die Bewegung des Körpers B eine Bewegung mit unterschiedlicher Geschwindigkeit und unterschiedlicher Richtung, jedoch ist diese genauso gleichförmig und geradlinig (Einstein, 2009). Allgemein formuliert (Einstein, 2009): Wird also eine Masse m gleichförmig und geradlinig gedanklich übereinstimmend mit einem Koordinatensystem K bewegt, dann findet diese Bewegung genauso gleichförmig und geradlinig hinsichtlich eines weiteren Koordinatensystems K' statt, wenn K' hinsichtlich K eine gleichförmige Translation durchführt. Daraus entsteht eine Folge unter Berücksichtigung der Beschreibung des vorherigen Abschnitts (Einstein, 2009):

Kolek, Erik (2024). Über die allgemeine, die spezielle und die allgemeinspezielle Relativitätstheorie. In: *Chroniken der Wirtschaftsinformatik-Physik (CWIP)*. Band 1, Auflagen-Nr. 1.1. ISBN: 9783759735935.

Wenn K ein Galileisches Koordinatensystem ist, dann ist ebenfalls jedes weitere Koordinatensystem K' ein solches System, das gegenüber K eine gleichförmige Translation vollzieht (Einstein, 2009). Für beide Koordinatensysteme haben die Gesetze der Galilei-Newtonschen Mechanik Geltung (Einstein, 2009).

Der Relativitätsgrundsatz (innerhalb des eigentlichen Sinns) ist für Albert Einstein (2009) demnach folgender (Abbildung 12): Wenn K' hinsichtlich K sich gleichförmig und ohne Drehung bewegt also rotationsfrei ist, dann verhält sich die Natur hinsichtlich K' nach exakt den gleichen und allgemeinen Naturgesetzen hinsichtlich K (Einstein, 2009).

Der Relativitätsgrundsatz gilt solange wie alle Galileischen Koordinatensysteme, wie K, K', K'' etc., relativ gleichförmig gegenüber dem einen wie zum anderen System bewegt sind, also übereinstimmend dazu geeignet sind die Naturgesetze gleichermaßen zu beschreiben (Abbildung 12) (Einstein, 2009). Würde dieser Grundsatz der Relativität nicht gelten, dann würden sich die Naturgesetze nur dann beschreiben lassen, wenn eines der Galileischen Koordinatensysteme als K_0 mit bestimmter Translation als Bezugskörper bezeichnet wird (Einstein, 2009). Demnach wären alle anderen Galileischen Koordinatensysteme K bewegt und das Koordinatensystem K_0 das einzige völlig ruhende System, weil es sich so besser für die Beschreibung der Natur eignet (Einstein, 2009). Würde beispielsweise der Ort B das Koordinatensystem K_0 sein, dann wäre ein Körper das Koordinatensystem K hinsichtlich dessen schwierigere Gesetze gelten dürften als hinsichtlich K_0 (Einstein, 2009). Diese Schwierigkeit würde deswegen bestehen, weil der Körper K hinsichtlich K_0 (tatsächlich) bewegt wäre (Einstein, 2009). Für die hinsichtlich K beschriebenen allgemeinen Gesetze der Natur wäre anzunehmen, dass Größe sowie Richtung der Geschwindigkeit des Körpers wichtig sind (Einstein, 2009). Wird als Körper ein Planet, wie die Erde, gewählt, der sich auf einer kreisförmigen Bahnkurve um seinen Stern, wie der Sonne, mit einer Geschwindigkeit v von 30 km/s bewegt, wäre bei Falschheit des Relativitätsgrundsatzes anzunehmen, dass die aktuelle räumliche

Kolek, Erik (2024). Über die allgemeine, die spezielle und die allgemeinspezielle Relativitätstheorie. In: *Chroniken der Wirtschaftsinformatik-Physik (CWIP)*. Band 1, Auflagen-Nr. 1.1. ISBN: 9783759735935.

Richtung der Bewegung des Planeten (Erde) als ein Naturgesetz anzusehen ist, das bedeutet dass das Verhalten, also die Bewegungsrichtung, aller anderen physikalischen Bezugssysteme abhängig sein müssten von der räumlichen Bewegungsrichtung des Planeten (Erde) (Einstein, 2009). Aufgrund der in regelmäßigen Zeitwerten erfolgenden, das bedeutet jährlichen Richtungsänderung der Geschwindigkeit v der Bewegung des Planeten (Erde) auf seiner Umlaufbahn kann dieser Planet (Erde) nicht durchgehend relativ zu dem hypothetischen Bezugssystem K_0 ruhend existieren (Einstein, 2009). Laut Albert Einstein (2009) wurde nie eine solche Anisotropie (Richtungsabhängigkeit) des physikalischen planetarischen (erdgebundenen) Raumes, also eine physikalische Verschiedenheit, das bedeutet fehlende Äquivalenz, der unterschiedlichen Richtungen, beobachtet. Das ist für Albert Einstein (2009) eine detaillierte Begründung für die Geltung des Relativitätsgrundsatzes.

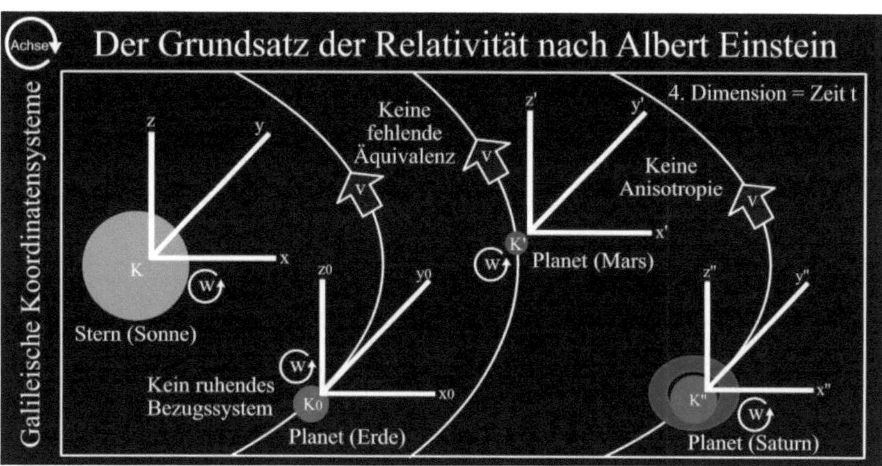

Abbildung 12. Der Grundsatz der Relativität nach Albert Einstein am Beispiel beliebig ausgewählter Himmelskörper (vgl. Einstein, 2009, S. 22).

Kolek, Erik (2024). Über die allgemeine, die spezielle und die allgemeinspezielle Relativitätstheorie. In: *Chroniken der Wirtschaftsinformatik-Physik (CWIP)*. Band 1, Auflagen-Nr. 1.1. ISBN: 9783759735935.

26 Das Additionsgesetz der Geschwindigkeiten in der Newtonschen Mechanik

Ein Körper bewegt sich mit einer gleichbleibenden Geschwindigkeit v auf seiner Bahnkurve (Abbildung 13) (Einstein, 2009). Auf diesem Bezugskörper K bewegt sich ein weiterer Körper in seiner Längsrichtung, das bedeutet mit der Geschwindigkeit w in derselben Bewegungsrichtung (Einstein, 2009). Wie hoch ist Geschwindigkeit W des zweiten Körpers relativ zum ersten Körper während der Vorwärtsbewegung (Einstein, 2009)?

Sollte der zweite Körper eine Zeiteinheit, zum Beispiel eine Sekunde, hindurch unbeweglich sein, dann wäre sein Vorwärtskommen relativ zum Bezugskörper K' eine Strecke v, die gleich der Bewegungsgeschwindigkeit des Bezugskörpers K ist (Einstein, 2009). Da sich der zweite Körper tatsächlich bewegt, durchquert dieser zusätzlich relativ zum Bezugskörper K – und daher ebenfalls relativ zum Bezugskörper K' – in dieser Zeiteinheit (Sekunde) durch seine Bewegung eine Strecke w, die der Geschwindigkeit seiner Bewegung entspricht (Einstein, 2009). Die zurückgelegte Strecke in der angenommenen Zeiteinheit (Sekunde) des zweiten Körpers relativ zum Bezugskörper K entspricht (42) (Einstein, 2009).

(42) $W = v + w$ (Einstein, 2009)

In einem späteren Abschnitt wird ersichtlich, dass der Gedanke, der das Additionsgesetz der Geschwindigkeiten in der Newtonschen Mechanik beinhaltet, nicht beizubehalten ist und dass dieses Gesetz in der Realität demnach nicht stimmt (Einstein, 2009). Bis dahin wollte Albert Einstein (2009) diese Korrektheit (Wahrheit) annehmen.

Kolek, Erik (2024). Über die allgemeine, die spezielle und die allgemeinspezielle Relativitätstheorie. In: *Chroniken der Wirtschaftsinformatik-Physik (CWIP)*. Band 1, Auflagen-Nr. 1.1. ISBN: 9783759735935.

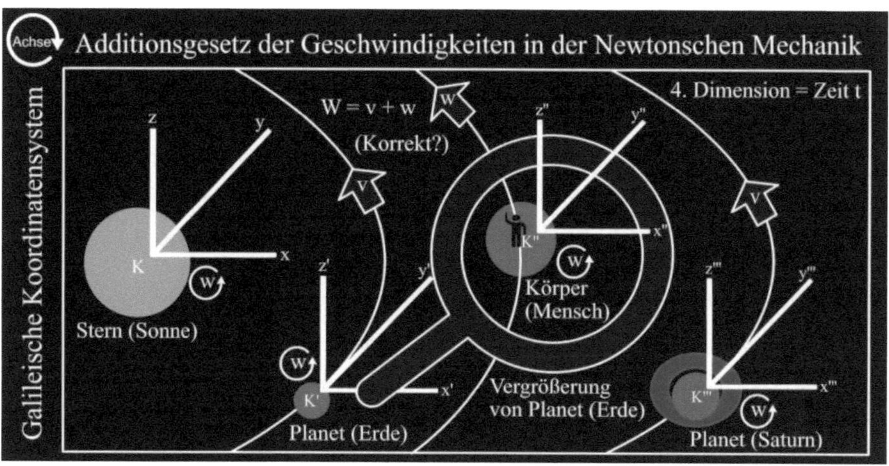

Abbildung 13. Additionsgesetz der Geschwindigkeiten in der Newtonschen Mechanik am Beispiel beliebig ausgewählter Himmelskörper (vgl. Einstein, 2009, S. 22).

27 Die angebliche Inkompatibilität zwischen dem Bewegungsgesetz der Lichtgeschwindigkeit und dem Relativitätsgrundsatz

Das Gesetz der gleichbleibenden Lichtgeschwindigkeit c (Abbildung 14) ist eines der einfachsten Gesetze in der Physik (Einstein, 2009). Die Geschwindigkeit c mit der sich das Licht im Vakuum, also im leeren Raum ohne Atmosphäre, geradlinig bewegt beträgt 300.000 km/s (Einstein, 2009). Diese Bewegungsgeschwindigkeit von Licht kann nicht von der Bewegungsgeschwindigkeit eines lichtemittierenden Körpers abhängen (Einstein, 2009). Zusätzlich ist wahrscheinlich, dass die Lichtgeschwindigkeit im Raum nicht von der Richtung abhängig ist (Einstein, 2009).

Die Lichtbewegung (Abbildung 14) muss wie jeder andere Körper auf ein starres Bezugssystem (Koordinatensystem) bezogen werden (Einstein, 2009). Ausgehend vom Ort A im Vakuum wird längs dieses Ortes ein Lichtschein verschickt, der sich relativ mit der Lichtgeschwindigkeit c zum Ort A bewegt (Einstein, 2009). Ein Körper mit der langsameren Geschwindigkeit v bewegt sich in der gleichen Richtung wie das Licht (Einstein, 2009). Interessant ist die Bewegungsgeschwindigkeit des Lichts

Kolek, Erik (2024). Über die allgemeine, die spezielle und die allgemeinspezielle Relativitätstheorie. In: *Chroniken der Wirtschaftsinformatik-Physik (CWIP)*. Band 1, Auflagen-Nr. 1.1. ISBN: 9783759735935.

relativ zu diesem Körper (Einstein, 2009). Das Additionsgesetz der Geschwindigkeiten der Newtonschen Mechanik (Abschnitt 26) kann angewendet werden, da der Lichtstrahl sich relativ zum Körper bewegt (Einstein, 2009). Für die Lichtgeschwindigkeit w gegen den Ort A gilt (43) (Einstein, 2009).

(43) $w = c - v$ (Einstein, 2009)

Die Bewegungsgeschwindigkeit des Lichts (Abbildung 14) relativ zum Körper ist demzufolge nicht c sondern geringer als c (Einstein, 2009). Dieses Resultat entspricht nicht dem Relativitätsgrundsatz (Abschnitt 25) (Einstein, 2009).

Entsprechend dem Relativitätsgrundsatz sollte das Gesetz der gleichbleibenden, das bedeutet konstanten, Lichtgeschwindigkeit c im luftleeren Raum (Vakuum) (Abbildung 14), wie alle restlichen generellen Naturgesetze, für den Körper als auch das Licht, jeweils als Bezugssystem betrachtet, gelten (Einstein, 2009). Da dies dem Relativitätsgrundsatz widerspricht, erscheint dieses Resultat ausgeschlossen zu sein (Einstein, 2009). Das Lichtgeschwindigkeitsgesetz erscheint ein anderes Naturgesetz hinsichtlich des Körpers zu sein, da sich das Licht hinsichtlich des Orts A mit der Geschwindigkeit c bewegt (Einstein, 2009).

Dieses Dilemma führt dazu, dass entweder das Gesetz der Lichtgeschwindigkeit oder Relativität (Abbildung 14) verworfen werden sollte (Einstein, 2009). Das im Vakuum bestehende Gesetz der gleichbleibenden Lichtgeschwindigkeit c sah Albert Einstein (2009) als gegeben an aufgrund seiner Verbindung zur Theorie über elektromagnetische Prozesse von Lorentz. Daher war für Albert Einstein (2009) kein komplexeres, das bedeutet verbessertes, Gesetz über die Lichtgeschwindigkeit ableitbar und mit dem Relativitätsgrundsatz vereinbar. Dies war für Albert Einstein (2009) der ausschlaggebende Grund, dass theoretische Physiker eher dazu tendierten, den Relativitätsgrundsatz anstatt das Lichtgeschwindigkeitsgesetz zu verwerfen.

Die Relativitätstheorie hatte zum Ziel dieses Dilemma zu beenden (Einstein, 2009). Mittels einer Untersuchung von Raum und Zeit wurde ersichtlich, dass eine

Kolek, Erik (2024). Über die allgemeine, die spezielle und die allgemeinspezielle Relativitätstheorie. In: *Chroniken der Wirtschaftsinformatik-Physik (CWIP)*. Band 1, Auflagen-Nr. 1.1. ISBN: 9783759735935.

Inkompatibilität zwischen Lichtgeschwindigkeit und Relativität (Abbildung 14) nicht gegeben ist und daher durch Beibehalten beider Gesetze das Resultat eine nachvollziehbare widerspruchsfreie Theorie darstellt (Einstein, 2009). Diese Theorie bezeichnete Albert Einstein (2009), welche als Fundament für seine Erweiterung diente, als spezielle Relativitätstheorie, die in den nächsten Abschnitten durch die darin eingeschlossenen Grundannahmen beschrieben wird.

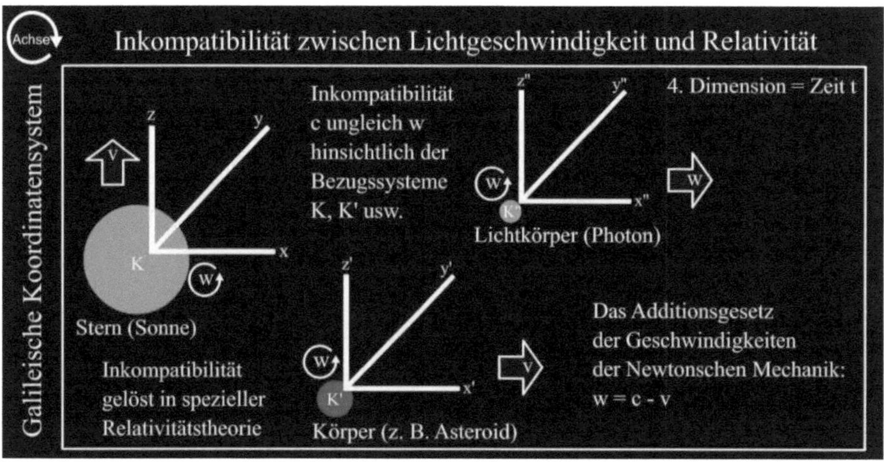

Abbildung 14. Inkompatibilität zwischen Lichtgeschwindigkeit und Relativität (vgl. Einstein, 2009, S. 22).

28 Der in der Physik bestehende Begriff der Zeit

Albert Einstein (2009) näherte sich dem in der Physik bestehenden Begriff der Zeit über die Erklärung der Gleichzeitigkeit von unendlich vielen Ereignissen an unendlich vielen Orten (Abbildung 15). Für Albert Einstein (2009) erschien also die Zeit als solche nicht existent zu sein, sondern Zeit war für ihn lediglich eine mit dem Ereignis verbundene Größe. Für die Herleitung der Zeitdefinition über das Gesetz der konstanten Lichtgeschwindigkeit c sei an dieser Stelle auf das Ursprungswerk von Albert Einstein (2009) verwiesen (Abschnitt Referenz). Die Definition der Zeit nach Albert Einstein (2009) also der Gleichzeitigkeit lautet: Gleichzeitigkeit ist nur dann

Kolek, Erik (2024). Über die allgemeine, die spezielle und die allgemeinspezielle Relativitätstheorie. In: *Chroniken der Wirtschaftsinformatik-Physik (CWIP)*. Band 1, Auflagen-Nr. 1.1. ISBN: 9783759735935.

möglich, wenn übereinstimmende Uhrzeigerstellungen synchron gleichschnell erfolgen, das ist dann der Fall wenn die an unterschiedlichen Orten hinsichtlich eines Bezugssystems (Koordinatensystems) bewegungslos angebrachten Uhren aufeinander abgestimmt sind, so dass Änderungen der Zeigerstellungen synchron gleichschnell erfolgen können. Einfacher ausgedrückt heißt das: Alle Uhren müssen synchron beschleunigt funktionieren, ansonsten gilt diese klassische Definition der Gleichzeitigkeit nach Albert Einstein (2009) nicht.

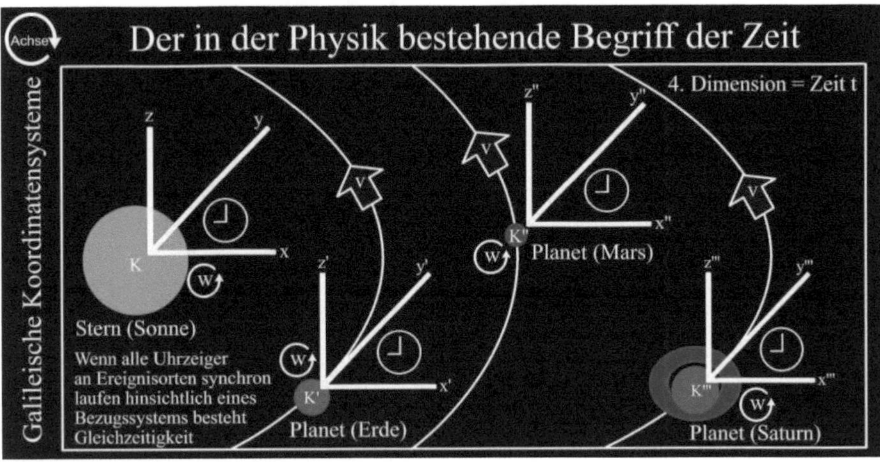

Abbildung 15. Definition der Zeit im Sinne der Gleichzeitigkeit am Beispiel beliebig ausgewählter Himmelskörper (vgl. Einstein, 2009, S. 22).

29 Gleichzeitigkeit oder über die Relativität der Zeit

Über die Relativität der Zeit (Abbildung 16), das bedeutet die der Gleichzeitigkeit, schrieb Albert Einstein (2009), dass Ereignisse, die hinsichtlich eines Ortes (Bezugssystem) asynchron sind hinsichtlich eines weiteren Ortes (Bezugssystems) synchron sind als auch im umgekehrten Sinn. Jedes Bezugssystem (Koordinatensystem) besitzt eine eigene Zeit in Form seiner zugeordneten Uhrzeigerstellung, das bedeutet annotierte Zeitwerte müssen sich demnach stets auf ein Bezugssystem beziehen (Einstein, 2009).

Kolek, Erik (2024). Über die allgemeine, die spezielle und die allgemeinspezielle Relativitätstheorie. In: *Chroniken der Wirtschaftsinformatik-Physik (CWIP)*. Band 1, Auflagen-Nr. 1.1. ISBN: 9783759735935.

Zeit (Abbildung 16) ist keine absolute Zeit wie in der Newtonschen Mechanik angenommen wurde, sondern Zeit ist von der Bewegung abhängig und daher nicht unbeweglich, das bedeutet Zeit ist nicht absolut (Einstein, 2009). Wird die Annahme der absoluten Zeit verworfen, so besteht eine Vereinbarkeit (Kompatibilität) zwischen dem Gesetz der konstanten Lichtgeschwindigkeit c und dem Relativitätsgrundsatz (Abschnitt 27) (Einstein, 2009).

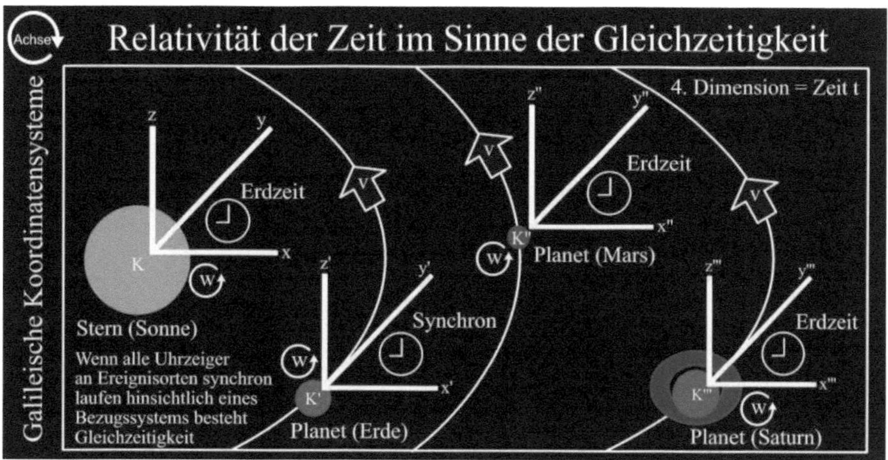

Abbildung 16. Relativität der Zeit im Sinne der Gleichzeitigkeit am Beispiel beliebig ausgewählter Himmelskörper (vgl. Einstein, 2009, S. 22).

30 Über die im Raum bestehende Relativität der Entfernung

Die im Raum zurückgelegte Entfernung (Strecke) muss nicht gleich sein (Abbildung 17) (Einstein, 2009). Dies ergibt sich aus der Zeitdefinition und Relativität der Gleichzeitigkeit (Abschnitte 28 und 29) (Einstein, 2009). Bewegt sich ein Körper auf einem Bezugskörper (Koordinatensystem) und legt dabei die Entfernung (Strecke) w zurück, dann muss diese Entfernung beobachtet von einem anderen Bezugskörper (Koordinatensystem), welcher gleichzeitig im Sinne gleichlaufender Uhrzeiger die Strecke v zurücklegt, nicht ebenfalls dieselbe Strecke sein wie w (Einstein, 2009). Nach Albert Einstein (2009) gilt die im Raum bestehende Relativität der Entfernung

Kolek, Erik (2024). Über die allgemeine, die spezielle und die allgemeinspezielle Relativitätstheorie. In: *Chroniken der Wirtschaftsinformatik-Physik (CWIP)*. Band 1, Auflagen-Nr. 1.1. ISBN: 9783759735935.

für Körper die sich hinsichtlich eines anderen Bezugssystems bewegen, dabei muss v nicht w entsprechen. Es gilt für jeden Lichtkörper (Photon) hinsichtlich eines weiteren Bezugslichtkörpers (Koordinatensystem), basierend auf der Relativität der Gleichzeitigkeit und Entfernung nach Albert Einstein (2009) für das Gesetz der konstanten Lichtgeschwindigkeit c, dass v stets gleich w also c ist, wenn die in Ruhe befindliche fest verankerte Uhr des weiteren zweiten Photons synchron eingestellt ist hinsichtlich des ersten Lichtkörpers (Abbildung 17).

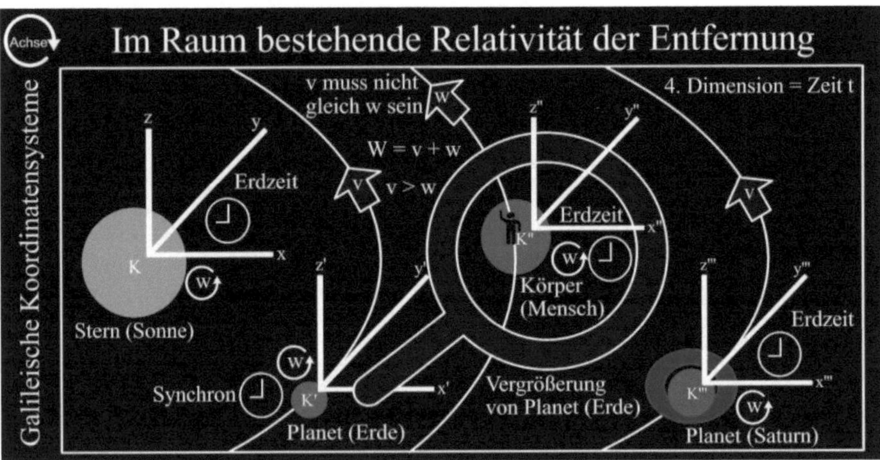

Abbildung 17. Im Raum bestehende Relativität der Entfernung am Beispiel beliebig ausgewählter Himmelskörper (vgl. Einstein, 2009, S. 22).

31 Die Transformation nach Lorentz

Die Vereinbarkeit des Gesetzes der konstanten Lichtgeschwindigkeit c mit dem Relativitätsgrundsatz kommt daher, da nun zwei Hypothesen aus der Newtonschen Mechanik keine Gültigkeit mehr haben, das bedeutet durch Albert Einstein (2009) verworfen wurden (Abschnitt 27). Diese Annahmen sind (Einstein, 2009): (1) Von der Bewegung eines Bezugssystems ist die Zeitdauer, die zwischen zwei Punkten liegt, nicht abhängig und (2) dasselbe gilt für die räumliche Entfernung zwischen zwei Ereignissen eines unbeweglichen Körpers.

Kolek, Erik (2024). Über die allgemeine, die spezielle und die allgemeinspezielle Relativitätstheorie. In: *Chroniken der Wirtschaftsinformatik-Physik (CWIP)*. Band 1, Auflagen-Nr. 1.1. ISBN: 9783759735935.

Das im Abschnitt 27 erläuterte Dilemma ist damit gelöst, da das in Abschnitt 26 vorgestellte Additionsgesetz der Geschwindigkeiten keine Gültigkeit mehr hat (Einstein, 2009). Es gibt also nach Albert Einstein (2009) eine Lösung zur Fragestellung, ob es möglich ist, dass das Gesetz der konstanten Lichtgeschwindigkeit c nicht dem Relativitätsgrundsatz widerspricht? Es besteht eine Beziehung zwischen Zeit und Ort einzelner Punkte hinsichtlich beider Bezugssysteme, in der Art, so dass das Licht relativ zum Ort und relativ zum Körper die Bewegungsgeschwindigkeit c innehat. Die Lösung besteht aus einem Verwandlungssatz (Transformationsgesetz) für die Werte eines Ereignisses in der Raum-Zeit bei der Überführung von einem zu einem weiteren Bezugssystem (Einstein, 2009).

Albert Einstein (2009) baute auf Basis der Festkörpertheorie, die besagt, dass feste Körper undurchdringlich sind, für zwei Bezugssysteme die zwei Koordinatensysteme K und K' auf. Ein Ereignis hinsichtlich K wird räumlich festgelegt durch die drei Achsen x, y, und z für die Punktflächen und zeitlich durch eine Größe t für die Zeit, entsprechend dazu erfolgt für K' dieselbe raum-zeitliche Fixierung für das gleiche Ereignis gemäß physikalischer Messergebnisse (44) (Einstein, 2009).

(44) K'(x', y', z', t') $\neq$ K(x, y, z, t) (Einstein, 2009)

Die Schwierigkeit aus (44) lautet (Einstein, 2009): Wenn die Größenfixierungen für K gegeben sind, wie hoch sind diese Größen für K' hinsichtlich des identischen Ereignisses? Die Auswahl der Beziehungen für K und K' für einen identischen Lichtkörper (Photon) erfolgt gemäß dem Gesetz der konstanten Lichtgeschwindigkeit c (Einstein, 2009). Diese Schwierigkeit wird für die in Abbildung 9 modellierte und visualisierte relative und räumliche Ausrichtung der Koordinatensysteme K und K' aufgelöst mittels den Formeln (45) bis (48) (Einstein, 2009):

(45) $x' = \dfrac{x - vt}{\sqrt{1 - \frac{v^2}{c^2}}}$ (Einstein, 2009)

(46) $y' = y$ (Einstein, 2009)

Kolek, Erik (2024). Über die allgemeine, die spezielle und die allgemeinspezielle Relativitätstheorie. In: *Chroniken der Wirtschaftsinformatik-Physik (CWIP)*. Band 1, Auflagen-Nr. 1.1. ISBN: 9783759735935.

(47) $z' = z$ (Einstein, 2009)

(48) $t' = \dfrac{t - \frac{v}{c^2}x}{\sqrt{1 - \frac{v^2}{c^2}}}$ (Einstein, 2009)

Dieses Formelsystem ist bekannt unter der Bezeichnung Lorentz-Transformation (Einstein, 2009). Über die Lorentz-Transformation wurde durch Albert Einstein (2009) dasselbe Ergebnis wie im Abschnitt 30 erzielt für die Evaluation, das bedeutet Bestätigung, der Konstanten c enthalten im Gesetz über die gleichbleibende Lichtgeschwindigkeit.

Auf eine verständliche mathematische Ableitung dieser Lorentz-Transformation sei auf das Ursprungswerk von Albert Einstein (2009) im Anhang verwiesen (Abschnitt Referenz).

Die Lorentz-Transformation zeigt auf, dass das Gesetz der konstanten Lichtgeschwindigkeit c im luftleeren Raum (Vakuum) für die Bezugssysteme K und K' gilt (Einstein, 2009). Dies zeigt sich daran, dass sich ein Lichtstrahl entlang der X-Achse von Null ausgehend zur positiven Seite hin sich mit der Geschwindigkeit c bewegt nach der Formel (49) (Einstein, 2009).

(49) $x = ct$ (Einstein, 2009)

Nach (44) der Lorentz-Transformation besteht eine Abhängigkeit zwischen x und t sowie x' und t' (Einstein, 2009). Wird in (45) und (48) für x der Term ct eingesetzt, so erhielt Albert Einstein (2009) für die erste und vierte Formel der Lorentz-Transformation (50) und (51).

(50) $x' = \dfrac{(c-v)t}{\sqrt{1 - \frac{v^2}{c^2}}}$ (Einstein, 2009)

(51) $t' = \dfrac{\left(1 - \frac{v}{c}\right)t}{\sqrt{1 - \frac{v^2}{c^2}}}$ (Einstein, 2009)

Kolek, Erik (2024). Über die allgemeine, die spezielle und die allgemeinspezielle Relativitätstheorie. In: *Chroniken der Wirtschaftsinformatik-Physik (CWIP)*. Band 1, Auflagen-Nr. 1.1. ISBN: 9783759735935.

Wird (50) durch (51) dividiert, so ergibt sich das Gleichungssystem (52) (Einstein, 2009).

(52) $x' = ct'$ (Einstein, 2009)

Nach der Formel (52) bewegt sich das Licht unabhängig von der Richtung relativ hinsichtlich des Bezugssystems K' mit der Geschwindigkeit c, die gleich hinsichtlich des Bezugssystems K ist (Einstein, 2009). Dies entspricht den Formeln der Lorentz-Transformation, da diese abgeleitet wurden nach der in (49) und (52) gegebenen konstanten Lichtgeschwindigkeit c auf der positiven X-Achse (Einstein, 2009).

32 Wie sich in Bewegung gesetzte Stäbe und Uhren verhalten

Wird hinsichtlich des Bezugssystems K' auf der X'-Achse zwischen den beiden Punkten x' = 0 und x' = 1 ein Meter festgelegt, stellt sich die Frage, wie lang dieser Stab relativ zum Bezugssystem K ist (Einstein, 2009)? Die Antwort erhielt Albert Einstein (2009), indem er überlegte an welchen Stellen der Anfang und das Ende dieses Meter-Stabs sich relativ zu K zu einer festgelegten Zeit t hinsichtlich desselben Bezugssystems K befinden (Abbildung 18) (Einstein, 2009). Die zwei Punkte für den Stabanfang und das Stabende erhielt Albert Einstein (2009) aus der Formel (45) der Lorentz-Transformation sobald er die Zeit t gleich 0 setzte.

(53) $x_{(Stabanfang)} = 0 \times \sqrt{1 - \frac{v^2}{c^2}}$ (Einstein, 2009)

(54) $x_{(Stabende)} = 1 \times \sqrt{1 - \frac{v^2}{c^2}}$ (Einstein, 2009)

Zwischen diesen Punkten besteht die Entfernung (Strecke) $\sqrt{1 - \frac{v^2}{c^2}}$ (Einstein, 2009). Dieser Meter-Stab ist relativ zum Bezugssystem K nicht mit c sondern der Geschwindigkeit v bewegt (Einstein, 2009). Der starre Stab, welcher sich längs mit der Geschwindigkeit v bewegt, hat die Länge $\sqrt{1 - \frac{v^2}{c^2}}$ Meter (Einstein, 2009). Ein

Kolek, Erik (2024). Über die allgemeine, die spezielle und die allgemeinspezielle Relativitätstheorie. In: *Chroniken der Wirtschaftsinformatik-Physik (CWIP)*. Band 1, Auflagen-Nr. 1.1. ISBN: 9783759735935.

unbeweglicher starrer Stab ist demnach länger als der gleiche Stab, wenn dieser im Status der Bewegung ist, das bedeutet der Stab wird immer kürzer mit steigender Geschwindigkeit v (Einstein, 2009). Beträgt die Geschwindigkeit v des starren Meterstabs gleich c dann wäre $\sqrt{1 - \frac{v^2}{c^2}}$ gleich Null, wodurch diese Wurzel für höhere Geschwindigkeiten als c *imaginär* wird (Einstein, 2009). Das ist der Grund dafür, dass in der speziellen (und allgemeinen) Relativitätstheorie die Lichtgeschwindigkeit c eine maximal mögliche Höchstgeschwindigkeit, eine sogenannte Grenzgeschwindigkeit, darstellt, die durch keinen massereichen Körper zu erzielen und daher auch nicht zu übertreffen wäre (Einstein, 2009).

Die Lichtgrenzgeschwindigkeit c ist ein Ergebnis aus den Formeln der Lorentz-Transformation, da diese sobald v > c festgelegt ist bedeutungslos werden (Einstein, 2009).

Entsprechend dem Relativitätsgrundsatz wäre im umgekehrten Fall für einen starren Meter-Stab, der relativ zum Bezugssystem K auf der X-Achse unbeweglich ist, dessen Länge ebenfalls $\sqrt{1 - \frac{v^2}{c^2}}$ Meter, wenn eine Betrachtung ausgehend vom Bezugssystem K' auf der X'-Achse stattfindet (Einstein, 2009).

Die Werte für x, y, z, und t entsprechen Messergebnissen, die für Vergleichsmaßstäbe und Gleichzeitigkeitsmessgeräten wie Uhren (Abbildung 18) gewonnen werden können, daher muss nicht erst ex post deren physikalischen Verhaltensweisen aus den Lorentz-Formeln erfahrbar sein (Einstein, 2009).

Als Beispiel, um das physikalische Verhalten von Stäben und Uhren zu veranschaulichen, wurde durch Albert Einstein (2009) eine nur auf sekundenbasierende Uhr als ein Gleichzeitigkeitsmesser definiert (Abbildung 18), deren Zeiger einmal auf eins springt und dann wieder auf null zurückspringt. Die Sprünge dieser Zeigeruhr, die stets im Anfangspunkt x' gleich Null ruht hinsichtlich des Bezugssystems K', erfolgen fortwährend im Wechsel zwischen t' gleich 0 und t'

Kolek, Erik (2024). Über die allgemeine, die spezielle und die allgemeinspezielle Relativitätstheorie. In: *Chroniken der Wirtschaftsinformatik-Physik (CWIP)*. Band 1, Auflagen-Nr. 1.1. ISBN: 9783759735935.

gleich 1 (Einstein, 2009). Aus den Formeln (45) und (48) der Lorentz-Transformation lassen sich (55) und (56) für die zwei Uhrzeigersprünge ermitteln (Einstein, 2009).

(55) $t = 0$ (Einstein, 2009)

(56) $t = \dfrac{1}{\sqrt{1-\frac{v^2}{c^2}}}$ (Einstein, 2009)

Diese Zeigeruhr, beziehungsweise gemessene Zeit, hat die Bewegungsgeschwindigkeit v hinsichtlich des Bezugsystems K (Abbildung 18), daher vergehen zwischen den beiden Sprüngen etwas mehr als eine Sekunde, also eine gering längere Zeiteinheit in Form von $\dfrac{1}{\sqrt{1-\frac{v^2}{c^2}}}$ Sekunden (Einstein, 2009). Dieselbe Zeigeruhr ging vorher im Status der Unbeweglichkeit schneller und nun schreitet diese Uhr bzw. Zeit langsamer aufgrund der Bewegung voran (Einstein, 2009). Die Lichtgrenzgeschwindigkeit c ist hier ebenfalls nicht möglich und stellt daher eine niemals zu erreichende Höchstgeschwindigkeit auch für die Zeit dar (Einstein, 2009).

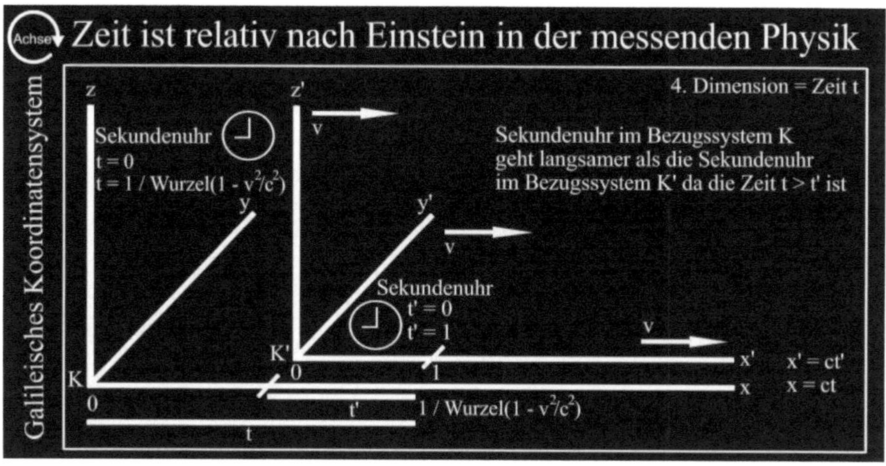

Abbildung 18. Zeit ist relativ nach Einstein in der messenden Physik (vgl. Einstein, 2009, S. 22).

Kolek, Erik (2024). Über die allgemeine, die spezielle und die allgemeinspezielle Relativitätstheorie. In: *Chroniken der Wirtschaftsinformatik-Physik (CWIP)*. Band 1, Auflagen-Nr. 1.1. ISBN: 9783759735935.

33 Fizeausches Experiment zum Additionsgesetz der Geschwindigkeiten

Aufgrund der Tatsache, dass in der Raum-Zeit Uhren und starre Stäbe nur mit geringeren Geschwindigkeiten als die der Lichtgeschwindigkeit c in Bewegung zu bringen sind (Abbildung 19), werden die Schlussfolgerungen im Abschnitt 32 höchst schwierig mit der Realität vergleichbar sein (Einstein, 2009). Anhand dieser Schlussfolgerungen soll in diesem Abschnitt eine weitere theoretische Wirkung abgeleitet werden, die bislang noch nicht beschrieben wurde und die experimentell bestens verifiziert, das bedeutet überprüft, werden kann (Einstein, 2009).

Gemäß den Annahmen der Newtonschen Mechanik wurde in Abschnitt 26 das Additionsgesetz der Geschwindigkeiten abgeleitet für parallelverlaufende Bewegungen von Körpern (Einstein, 2009). Albert Einstein (2009) nahm nun gemäß der Relativitätstheorie an, dass sich ein Punkt (Ereignis) nach der Formel (57) fortbewegt mit der Geschwindigkeit w relativ zum Bezugssystem K' (Abbildung 19).

(57) $x' = wt'$ (Einstein, 2009)

W entspricht hierbei der Geschwindigkeit des Bezugssystems K gegenüber K', wohingegen K' relativ zu K mit v und der Punkt (Lichtkörper) relativ zu seinem Bezugssystem K' mit w bewegt sei (Einstein, 2009). Werden x' und t' der Formel (57) ausgedrückt als x und t über die Formeln (45) und (48) der Lorentz-Transformation, dann bekam Albert Einstein (2009) die Gleichung (58) als Ergebnis, die mit dem Additionsgesetz parallelverlaufender Geschwindigkeiten gemäß der Relativitätstheorie übereinstimmt.

(58) $W = \dfrac{v + w}{1 + \frac{vw}{c^2}}$ (Einstein, 2009)

Das Additionsgesetz parallelverlaufender Geschwindigkeiten (58) entspricht dem Satz der Erfahrung, da (58) durch das Experiment nach Fizeau, welches die Bewegung des Lichts in einer ruhenden Flüssigkeit als Versuchsobjekt hatte, das bereits durch andere Physiker wiederholt wurde, bestätigt werden kann (Einstein, 2009). In diesem

Kolek, Erik (2024). Über die allgemeine, die spezielle und die allgemeinspezielle Relativitätstheorie. In: *Chroniken der Wirtschaftsinformatik-Physik (CWIP)*. Band 1, Auflagen-Nr. 1.1. ISBN: 9783759735935.

Experiment lautet die Fragestellung (Einstein, 2009): Wie schnell bewegt sich das Licht mit einer Geschwindigkeit w in einer Röhre K (Abbildung 19) in Richtung der Pfeile, wenn die Röhre K von einer ruhenden Flüssigkeit K' mit der Geschwindigkeit v durchflossen wird?

Unabhängig davon ob die Flüssigkeit K' relativ zur Röhre K und dem Licht bewegt ist oder nicht (Abbildung 19), muss die Lichtbewegung relativ hinsichtlich der Flüssigkeit stets mit der Geschwindigkeit w stattfinden (Einstein, 2009). Die Lichtgeschwindigkeit relativ hinsichtlich der Röhre K muss bestimmt werden, da die Lichtgeschwindigkeit relativ hinsichtlich der Flüssigkeit und die Flüssigkeits-geschwindigkeit relativ hinsichtlich der Röhre K gegeben sind (Einstein, 2009).

Die Geschwindigkeit W beschreibt die Lichtbewegung relativ hinsichtlich der Röhre K, so dass die Formel (58) gültig ist und die Lorentz-Transformation der Realität gleichkommt (Abbildung 19) (Einstein, 2009).

Die mittels Relativitätstheorie aufgestellte Formel (58) wird bis auf ein Prozent genau durch das Experiment bestätigt und diese gibt die Wirkung der Flüssigkeitsgeschwindigkeit v hinsichtlich der Lichtbewegung wieder (Einstein, 2009). Diese Wirkung wurde ebenfalls durch elektrodynamische Versuche zur Evaluation von Hypothesen hinsichtlich der elektromagnetischen Zusammensetzung von Materie durch Lorentz bestätigt (Einstein, 2009). Hierdurch wird das beschriebene Experiment in seiner Beweisfähigkeit unterstützt, da die Elektrodynamik von Maxwell-Lorentz nicht der Relativitätstheorie widerspricht (Einstein, 2009). Die Relativitätstheorie ist daher als eine Folge der Elektrodynamik zu verstehen und stellt ein nachvollziehbares Resümee als auch eine Generalisation von davor nicht gegenseitig abhängigen Annahmen dar (Einstein, 2009).

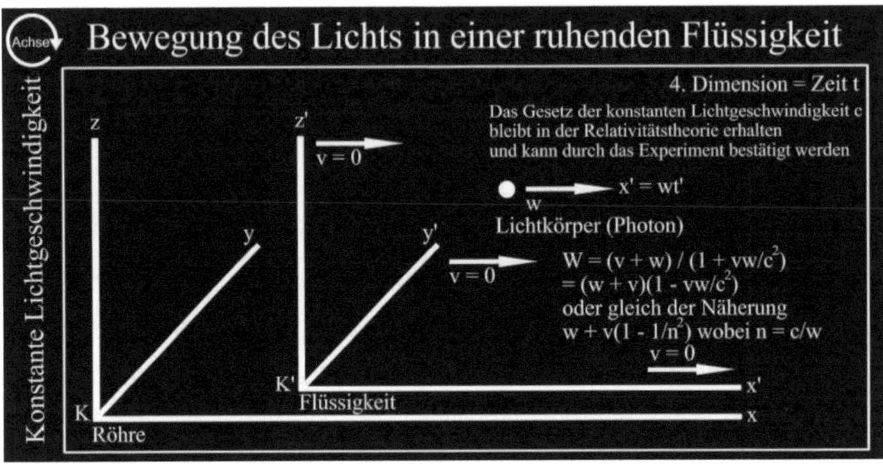

Abbildung 19. Bewegung des Lichts in einer ruhenden Flüssigkeit (vgl. Einstein, 2009, S. 22 und S. 27).

34 Die heuristischen Aussagen der speziellen Relativitätstheorie

Als Zusammenfassung der bisherigen Abschnitte 21 bis 33 kann festgehalten werden, dass der Relativitätsgrundsatz als auch die Lichtgeschwindigkeit im luftleeren Raum gelten und die Lichtbewegung mit der Konstanten c angegeben werden sollte (Einstein, 2009). Wird die Relativität der Lichtbewegung betrachtet, erhielt Albert Einstein (2009), nicht wie in der Newtonschen Mechanik angenommen, den Lorentz-Transformationssatz für die Koordinaten x, y und z sowie Zeit t der Punkte (Ereignisse), die zusammen die Naturphänomene beschreiben (Einstein, 2009).

Für die Beschreibung von Naturphänomenen ist das Gesetz der konstanten Lichtgeschwindigkeit c geeignet, da es dem aktuellen Wissensstand entspricht (Einstein, 2009). Mit der Lorentz-Transformation kann das Gesetz der konstanten Lichtgeschwindigkeit c mit dem Relativitätsgrundsatz verbunden werden zu einer Relativitätstheorie, die sich anhand ihrer heuristischen Aussagen folgendermaßen in einer Zusammenfassung beschreiben lässt (Einstein, 2009):

Kolek, Erik (2024). Über die allgemeine, die spezielle und die allgemeinspezielle Relativitätstheorie. In: *Chroniken der Wirtschaftsinformatik-Physik (CWIP)*. Band 1, Auflagen-Nr. 1.1. ISBN: 9783759735935.

Hinsichtlich der Lorentz-Transformation existieren allgemeingültige Naturgesetze kovariant (Einstein, 2009). Alle Naturgesetze sind so von gleicher Art geschaffen und sollten daher überall gleich gelten in der Raum-Zeit (Einstein, 2009). Für die Raum-Zeit wird diese Beständigkeit allgemeiner Naturgesetze mathematisch mittels Lorentz-Transformation ausgedrückt über die Variablen x, y, z und t des anfänglichen Bezugssystems K (Koordinatensystem) für die veränderten Variablen x', y', z' und t' eines anderen Bezugssystems K' (Einstein, 2009).

Bei der Relativitätstheorie handelt es sich um eine heuristische Methode zur Bestimmung von allgemeinen Naturgesetzen, welche in der Raum-Zeit ihre Geltung haben sollten, da die Relativitätstheorie existierenden Naturgesetzen eine festgelegte mathematische Voraussetzung vorgibt (Einstein, 2009). In dem Fall, dass ein allgemeines Naturgesetz entdeckt werden würde, das diese abgeleitete Voraussetzung nicht einhält, dann wäre zumindest entweder der Relativitätsgrundsatz oder das Gesetz der konstanten Lichtgeschwindigkeit c, beides enthalten in der Relativitätstheorie, ungültig und damit die Relativitätstheorie fundamental davon abweichend neu aufzubauen (Einstein, 2009).

Ein veränderter fundamentaler Aufbau der Relativitätstheorie, der dieses neue allgemeine Naturgesetz als eine physikalisch sinngebende Entdeckung beinhaltet, stellt die von Erik Kolek abgeleitete allgemeinspezielle Relativitätstheorie dar (Abschnitt 38 fortfolgend).

35 Generelle Resultate der speziellen Relativitätstheorie

Die spezielle Relativitätstheorie basiert auf der Elektrodynamik sowie Optik (Einstein, 2009). An beiden Theorien wurde durch Albert Einstein (2009) wenig modifiziert, dafür wurde deren Ableitung vereinfacht und die Anzahl der Hypothesen verringert. Die Maxwell-Lorentz-Theorie zur Elektrodynamik erhält durch die Relativitätstheorie eine höhere Evidenz, auch wenn das Experiment ein schlechteres Ergebnis als ein Prozent bestätigt hätte (Einstein, 2009).

Kolek, Erik (2024). Über die allgemeine, die spezielle und die allgemeinspezielle Relativitätstheorie. In: *Chroniken der Wirtschaftsinformatik-Physik (CWIP)*. Band 1, Auflagen-Nr. 1.1. ISBN: 9783759735935.

Die spezielle Relativitätstheorie benötigte zur Ableitung die Anforderung einer Veränderung der Newtonschen Mechanik (Einstein, 2009). Verändert wurden in der Newtonschen Mechanik nur die Gesetze hinsichtlich schneller Körperbewegungen, bei denen die Geschwindigkeit v physikalischer Körper hinsichtlich der Lichtbewegung nahe kommt (Einstein, 2009). Gemäß der Erfahrung bestehen so schnelle Bewegungen nur bei Quantenkörpern, also sehr kleinen Körpern wie Ionen sowie Elektronen (Einstein, 2009). Für die Erklärung der Bewegung von Makrokörpern, wie zum Beispiel Sterne, wird die allgemeine Relativitätstheorie relevant, das bedeutet die spezielle Relativitätstheorie verliert hinsichtlich der Bewegung von sehr großen Körpern an Aussagekraft (Einstein, 2009). Gemäß der speziellen Relativitätstheorie wird die Bewegungsenergie, auch kinetische Energie genannt, eines Körpers mit der Masse m durch die Formel (59) beschrieben (Einstein, 2009).

$$(59)\ mc^2\left(\frac{1}{\sqrt{1-\frac{v^2}{c^2}}} - 1\right)\ \text{(Einstein, 2009)}$$

Sobald sich die Geschwindigkeit v physikalischer Körper der Lichtbewegung c immer mehr angleicht, wird die Formel (59) unendlich (Einstein, 2009). Daher ist anzunehmen, dass die Geschwindigkeit v physikalischer Körper immer geringer als die Lichtgeschwindigkeit c bleiben sollte, unabhängig davon wie viel Energie für die Beschleunigung zur Verfügung steht (Einstein, 2009). Das Grenzbeschleunigungsproblem zeigt sich auch daran, wenn aus (59) eine Reihe (60) für die kinetische Energie gebildet wird (Einstein, 2009).

$$(60)\ mc^2 + m\frac{v^2}{2} + \frac{3}{8}m\frac{v^4}{c^2} + \cdots\ \text{(Einstein, 2009)}$$

Wenn $\frac{v^2}{c^2}$ gegen 1 in (60) geht, dann ist der dritte Ausdruck aus der Relativitätstheorie immer geringer als der zweite Ausdruck, der nur in der Newtonschen Mechanik relevant ist (Einstein, 2009). In mc^2 ist die Geschwindigkeit unberücksichtigt, das bedeutet dass der erste Ausdruck (60) nicht dazu geeignet ist, die Energie eines

Kolek, Erik (2024). Über die allgemeine, die spezielle und die allgemeinspezielle Relativitätstheorie. In: *Chroniken der Wirtschaftsinformatik-Physik (CWIP)*. Band 1, Auflagen-Nr. 1.1. ISBN: 9783759735935.

massereichen Körpers in Abhängigkeit von der Geschwindigkeit zu beschreiben (Einstein, 2009).

Die Klärung der Definition der Masse stellt das wegweisendste generelle Resultat der speziellen Relativitätstheorie dar (Einstein, 2009). Vor der Relativitätstheorie kannte die Physik zwei grundlegend wichtige und unabhängige Erhaltungsgesetze: Das Erhaltungsgesetz zur Energie und das Erhaltungsgesetz zur Masse (Einstein, 2009). Diese Erhaltungsgesetze wurden in der speziellen Relativitätstheorie zu einem einzigen Gesetz über die Energie und Masse vereint (Einstein, 2009).

Der Relativitätsgrundsatz bedingt, dass das Erhaltungsgesetz zur Energie hinsichtlich aller Galileischen Koordinatensysteme (K, K', K'' usw.) weiterhin Geltung haben muss, solange eine gleichmäßige Bewegung, das bedeutet Translation, zwischen den Systemen stattfindet (Einstein, 2009). Hinsichtlich des Transfers zwischen diesen Bezugssystemen ist die Lorentz-Transformation entscheidend (Einstein, 2009).

Mittels dieser Voraussetzungen und mithilfe der Maxwellschen Elektrodynamik schlussfolgerte Albert Einstein (2009): Nimmt ein bewegter Körper mit einer (konstanten) Geschwindigkeit v die Energie E_0 durch absorbierte Strahlung auf ohne Geschwindigkeitsänderung, dann wächst die körperbezogene Energie mit dem Wert (61).

Bei E_0 handelt es sich um die gewonnene Energie eines bewegten Körpers, die ausgehend von dem ebenfalls gleichförmig bewegten Koordinatensystem eine Beurteilung erfährt (Einstein, 2009).

$$(61)\ \frac{E_0}{\sqrt{1-\frac{v^2}{c^2}}}\ (\text{Einstein, 2009})$$

Die zu ermittelnde Energie physikalischer Körper (62) ist demnach durch die kinetische Energie (59) bestimmbar (Einstein, 2009).

Kolek, Erik (2024). Über die allgemeine, die spezielle und die allgemeinspezielle Relativitätstheorie. In: *Chroniken der Wirtschaftsinformatik-Physik (CWIP)*. Band 1, Auflagen-Nr. 1.1. ISBN: 9783759735935.

$$(62)\ \frac{(m+\frac{E_0}{c^2})c^2}{\sqrt{1-\frac{v^2}{c^2}}}\ \text{(Einstein, 2009)}$$

Ein Körper verfügt demnach über die gleiche Energie E wie ein fliegender Körper mit der Geschwindigkeit v und Masse $m + E_0/c^2$ (Einstein, 2009). Erhält der Körper eine Energie E_0, dann steigert sich die träge dazugehörige Masse m um E_0/c^2, das bedeutet die träge Körpermasse m ist nicht konstant und daher variabel abhängig von der individuellen Energieanpassung (Einstein, 2009). Eine träge Körpermasse m als Bezugssystem K ist eine Größe hinsichtlich der dazugehörigen Energie E (Einstein, 2009). Das Erhaltungsgesetz hinsichtlich der Masse eines Bezugssystems entspricht dem Erhaltungsgesetz hinsichtlich seiner Energie, solange durch das Bezugssystem keine Aufnahme und Abgabe von Energie erfolgt (Einstein, 2009). Wird die Formel (62) zur Beschreibung der Energie zu (63) umgeformt, so beschreibt mc^2 die Energie E des Körpers (noch) ohne die Absorption (Aufnahme) von E_0 (Einstein, 2009).

Der Körper muss dabei ausgehend von dem gleichbewegten Bezugssystem betrachtet werden (Einstein, 2009).

$$(63)\ \frac{mc^2 + E_0}{\sqrt{1-\frac{v^2}{c^2}}}\ \text{(Einstein, 2009)}$$

Die Formel (63) entzieht sich vorübergehend der Beobachtbarkeit durch Erfahrung, da die Energieanpassungen E_0, die mit den jeweiligen Bezugssystemen verbunden sind, zu gering erscheinen, so dass Anpassungen der Massenträgheit eines Koordinatensystems gering wahrnehmbar sind (Einstein, 2009). Die vor der Energieanpassung verfügbar gewesene Masse m ist (nun) zu groß verglichen mit dem Ausdruck E_0/c^2 (Einstein, 2009). Deswegen wurde das Erhaltungsgesetz der Masse mit eigener Gültigkeit erfolgreich erarbeitet (Einstein, 2009).

Eine direkte, gegenwärtige Fernwirkung gemäß der Newtonschen Gravitationssätze besteht nicht aufgrund des Durchbruchs der Faraday-Maxwellschen Erklärung von elektrodynamischer Fernwirkung mittels mit endlicher Bewegungsgeschwindigkeit

Kolek, Erik (2024). Über die allgemeine, die spezielle und die allgemeinspezielle Relativitätstheorie. In: *Chroniken der Wirtschaftsinformatik-Physik (CWIP)*. Band 1, Auflagen-Nr. 1.1. ISBN: 9783759735935.

dazwischen befindlicher Prozesse (Einstein, 2009). Diese momentane Fernwirkung mit unendlicher Bewegungsgeschwindigkeit v wird in der Relativitätstheorie immer ausgetauscht durch die mit der Lichtgeschwindigkeit c fortgepflanzte Fernwirkung (Einstein, 2009). Dieser Austausch hin zu einer Fernwirkung mit endlicher Bewegungsgeschwindigkeit c erfolgt aufgrund der wichtigen Bedeutung der Lichtgeschwindigkeit c für die Relativitätstheorie (Einstein, 2009). In dem zweiten Abschnitt über die allgemeine Relativitätstheorie wurde dargelegt, inwiefern sich diese Fernwirkung als Resultat verändern lässt (Einstein, 2009).

36 Evaluation der speziellen Relativitätstheorie mittels Erfahrung

Jeder erfahrungsbasierte Beweis, zum Beispiel die Ergebnisse eines fundamentalen Experiments wie das von Fizeau, festigt die spezielle Relativitätstheorie, der auch die ursprüngliche Maxwell-Lorentzsche Hypothese zum Elektromagnetismus unterstützt (Einstein, 2009). Albert Einstein (2009) hielt es für überaus wegweisend zu schreiben, dass das gesamte Lichtspektrum der Fixsterne beeinflusst wird durch die relative Erdbewegung hinsichtlich dieser Fixsterne und dass dies ausgezeichnet gemäß der Relativitätstheorie nachvollziehbar mit der gewonnenen Erfahrung übereinstimmt. Albert Einstein (2009) bezog sich hierbei auf die Aberration, das bedeutet die Bewegung der Erde auf ihrer Sonnenumlaufbahn, die pro Jahr eine allmählich stattfindende Veränderung der vermeintlichen Orte von Fixsternen verursacht, und auf den Effekt auf die Sternenlichtfarbe durch den radialen Anteil der relativen Umlaufbahnbewegungen dieser Fixsterne hinsichtlich der Erde. Der Lichtfarbeneffekt (Doppler-Effekt) zeigt sich an einer geringen Translation (Verschiebungsbewegung) der Resonanzlinien (Spektrallinien) dieses Fixsternlichts im Vergleich zur Spektralposition derselben Resonanzlinie, die mit einer auf der Erde befindlichen Beleuchtung hergestellt wurde (Einstein, 2009). Weiterhin bestehen allerhand Ergebnisse aus Experimenten, die sich auf die elektrodynamische Theorie nach Maxwell-Lorentz beziehen und daher auch eine Gültigkeit für die

Kolek, Erik (2024). Über die allgemeine, die spezielle und die allgemeinspezielle Relativitätstheorie. In: *Chroniken der Wirtschaftsinformatik-Physik (CWIP)*. Band 1, Auflagen-Nr. 1.1. ISBN: 9783759735935.

Relativitätstheorie innehaben, welche keine sonstige Theorie mittels der Erfahrung bestätigen (Einstein, 2009).

Nach Albert Einstein (2009) bestanden zwei Arten von seither gewonnenen Ergebnissen aus Experimenten, die die elektrodynamische Theorie nach Maxwell-Lorentz lediglich durch eine zusätzliche Behelfshypothese in der Lage ist zu beschreiben, welche sich eigentlich merkwürdig anmutet, wenn die Relativitätstheorie hierfür keine Verwendung findet.

β-Strahlen, die von Stoffen durch Atomzerfall abgestrahlt werden, als auch Kathodenstrahlen bestehen beide bekanntermaßen aus negativ geladenen elektrischen Körpern, den sogenannten Elektronen, die eine äußerst niedrige Trägheit und hohe Geschwindigkeit besitzen (Einstein, 2009). Das Bewegungsprinzip derjenigen Körper (Elektronen) kann vollständig nachgeprüft werden, indem der Effekt elektrischer sowie magnetischer Felder auf die Verschiebung der Elektronenstrahlung analysiert wird (Einstein, 2009).

Nach Albert Einstein (2009) beinhaltete die Elektrodynamik keine Aussage darüber, inwiefern sich Bewegungen von Elektronen mit einer Theorie beschreiben lassen. Wenn elektrische Massen mit gleichen Vorzeichen sich gegenseitig wegstoßen, dann sollten Elektronen, das bedeutet vielmehr ihre bestimmende elektrische negativ geladene Masse, voneinander weggezogen werden aufgrund des Effekts der dazugehörigen Wechselwirkung, falls da nicht Wechselwirkungen sonstiger Klasse zwischen den elektrischen Massen wirken könnten, die seither von ihrer Natur her finster geblieben sind (Einstein, 2009).

Gemäß der allgemeinen Relativitätstheorie werden Elektronen bzw. deren elektrischen Massen durch die Gravitation als eine fundamentale Wechselwirkung daran gehindert sich auseinander zu bewegen (Einstein, 2009).

Eine Theorie über die Elektronenbewegung, die nicht durch die Erfahrung zu erklären ist, entsteht, wenn die Annahme getroffen wird, dass die Relativentfernungen

Kolek, Erik (2024). Über die allgemeine, die spezielle und die allgemeinspezielle Relativitätstheorie. In: *Chroniken der Wirtschaftsinformatik-Physik (CWIP)*. Band 1, Auflagen-Nr. 1.1. ISBN: 9783759735935.

zwischen den bestimmenden elektrischen Massen eines Elektrons bei dessen Bewegung genauso weiter bestehen können, also eine gleichbleibende Verkettung zwischen den Massen nach der Newtonschen Mechanik angenommen wird (Einstein, 2009). Mittels völlig konventioneller Gedanken gelang es zuerst Lorentz eine übereinstimmende Theorie zu entwickeln, damit ein Elektronenkörper aufgrund seiner Bewegung verhältnisgleich zur Formel $\sqrt{1 - v^2/c^2}$ eine Zusammenziehung (Kontraktion) in seiner Geschwindigkeitsrichtung erlebt (Einstein, 2009). Als übereinstimmende jedoch nicht durch elektrodynamische Effekte gerechtfertigte Theorie entspricht diese dem Bewegungsprinzip von Elektronen, das durch Erfahrung mit hoher Genauigkeit verifiziert ist (Einstein, 2009).

Die spezielle Relativitätstheorie führt zum gleichen Bewegungsprinzip von Elektronen und verzichtet dabei auf eine zusätzliche Behelfshypothese über deren Aufbau und Veränderungen (Einstein, 2009). Gleiche Tatsachen wurden im Abschnitt 33 ersichtlich, denn hier wurde das Experiment von Fizeau beschrieben, welches als Folge die Relativitätstheorie durch Erfahrung bestätigte, dabei war es nicht notwendig Annahmen hinsichtlich der physikalischen Beschaffenheit der ruhenden Flüssigkeit zu entwickeln (Einstein, 2009).

Die Fragestellung, ob die Bewegung der Erde im Weltraum einen Einfluss hat bei einem Experiment auf der Erde, umschreibt die zweite Art von physikalischen Ergebnissen aus Experimenten (Einstein, 2009). Im Abschnitt 25 wurde bereits ersichtlich, dass jedes derartiges Experiment ein ablehnendes Ergebnis hatte (Einstein, 2009). Bevor die Relativitätstheorie entwickelt wurde, war es schwierig für die Wissenschaft (allgemein also nicht nur für die Physik) mit so einem ablehnenden Ergebnis konfrontiert zu sein, denn die Tatsachen waren wie folgt (Einstein, 2009): Die gewonnenen Erkenntnisse über die Raum-Zeit haben keine Möglichkeit offen gelassen, so dass für den Wechsel von einem Bezugssystem K zum nächsten Bezugssystem K' die Galilei-Transformation entscheidend ist (Einstein, 2009). Nahm Albert Einstein (2009) an, dass die Formeln nach Maxwell-Lorentz für das

Kolek, Erik (2024). Über die allgemeine, die spezielle und die allgemeinspezielle Relativitätstheorie. In: *Chroniken der Wirtschaftsinformatik-Physik (CWIP)*. Band 1, Auflagen-Nr. 1.1. ISBN: 9783759735935.

Bezugssystem K gültig sind, dann lernte er, dass diese ungültig sind für ein gleichmäßig fortbewegtes Bezugssystem K' relativ hinsichtlich K, wenn er annahm, dass die Ausdrücke der Galilei-Transformation zwischen den Koordinatenpunkten x, y, z, t und x', y', z', t' bestehen. Hierdurch könnte der Eindruck entstehen, dass eines von jedem der Galileischen Bezugssysteme, hier K, physikalisch von einem festgelegten Bewegungsstatus beschrieben sein könnte (Einstein, 2009). Dieses Ergebnis wurde physikalisch durch Wissenschaftler dahingehend interpretiert, so dass K als relativ unbeweglich zu einem theoretisch vorhandenen Ätherlicht betrachtet wurde (Einstein, 2009). Im Vergleich dazu müsste jedes Bezugssystem K' relativ bewegt sein zu K und entgegen diesen Lichtäther bewegt auftreten (Einstein, 2009). Der K'-Bewegung entgegen dem Lichtäther (K' relativ zur „Ätherverschiebung") wurden schwierigere Naturgesetze zugeschrieben, die relativ zu K' gültig sein müssten (Einstein, 2009). Demzufolge musste ebenfalls zur Erdbewegung eine entsprechende Ätherverschiebung vorausgesetzt werden, denn hierauf zielte das Anliegen der Wissenschaftler, den Äther zu beweisen, eine Weile ab (Einstein, 2009).

Für den Äthernachweis hatte Michelson eine Möglichkeit entdeckt, die nicht scheitern könnte (Einstein, 2009). Die Spiegel A und B sind mit ihrer reflektierenden Beschichtung zueinander an einem starren Körper angebracht (Einstein, 2009). Wenn dieses gesamte Bezugssystem hinsichtlich des Ätherlichts unbeweglich ist, braucht ein Lichtsignal eine fest definierte Zeit T, um von Spiegel A zu Spiegel B zu kommen als auch von Spiegel B zu Spiegel A zurückzukommen (Einstein, 2009). Falls dieser Körper samt Spiegeln bewegt ist relativ zum Lichtäther, fand Albert Einstein (2009) (mittels Kalkulation) für diese Hinreise und Rückreise des Lichts eine minimal abweichende Zeit T'. Wahrhaftig, diese Kalkulation erbringt ferner reichlich (Einstein, 2009). Die Zeit T' wäre bei gegebener Geschwindigkeit v des Körpers entgegen dem Lichtäther eine abweichende Geschwindigkeit w, falls dieser Körper vertikal bewegt ist zu seinen Spiegelflächen A und B, als dass dieser horizontal bewegt ist zu seinen Spiegelflächen A und B (Einstein, 2009). Auch wenn die so kalkulierte Abweichung zwischen den zwei Zeitperioden minimal war, führten

Kolek, Erik (2024). Über die allgemeine, die spezielle und die allgemeinspezielle Relativitätstheorie. In: *Chroniken der Wirtschaftsinformatik-Physik (CWIP)*. Band 1, Auflagen-Nr. 1.1. ISBN: 9783759735935.

Michelson und Morley trotzdem ein Experiment zur Bestimmung der Überlagerung (Interferenz) durch, in dem diese Abweichung genau ersichtlich hätte werden müssen (Einstein, 2009). Zur hohen Verunsicherung der Wissenschaftler ergab das Experiment jedoch ein negatives Ergebnis (Einstein, 2009). Lorentz zusammen mit Fiz Gerald entzogen der Theorie diese Verunsicherung dadurch, dass beide schlussfolgerten, dass die Körperbewegung entgegen dem Lichtäther eine Verkürzung (Kontraktion) des Körpers in seiner Geschwindigkeitsrichtung veranlasste, denn diese Kontraktion des Körpers sollte den Verlust der angeführten Zeitabweichung zielsicher bezwecken (Einstein, 2009). Die Gegenüberstellung mit den Beschreibungen des Abschnitts 32 veranschaulicht, dass diese Schlussfolgerung ebenfalls gemäß der Relativitätstheorie fehlerfrei war (Einstein, 2009). Dieses physikalische Verständnis ist jedoch gemäß der Relativitätstheorie ein einzigartiges zufriedenstellenderes Verständnis (Einstein, 2009). Gemäß der Relativitätstheorie besteht kein zu favorisierendes Bezugssystem, das zur Implementierung des Äthergedankens einen Grund fixiert, deswegen existiert auch keine Ätherverschiebung als auch kein Versuch, der den Äther in Evaluation bringen kann (Einstein, 2009). Die magnetischen und elektrischen Grundbestandteile der Theorie erklären auch in der Relativitätstheorie die Kontraktion von bewegten Körpern ohne dafür eine weitere spezielle Annahme zu benötigen (Einstein, 2009). Nach Albert Einstein (2009) war die Körperkontraktion nicht von der Bewegung abhängig, da diese alleine die Kontraktion nicht erklären kann, aber von der Bewegung des Körpers hinsichtlich eines Bezugsystems. Für den Körper samt Spiegeln aus dem Experiment von Michelson und Morley bedeutet diese physikalische Tatsache, wenn der Bezugskörper K' samt Spiegeln bewegt ist mit dem Planeten K, wie der Erde, dann findet keine Verkürzung (Kontraktion) statt, jedoch schon im Falle eines Bezugskörpers K_0 (Fixstern) relativ ruhend hinsichtlich eines Sterns, wie unserer Sonne (Einstein, 2009).

Kolek, Erik (2024). Über die allgemeine, die spezielle und die allgemeinspezielle Relativitätstheorie. In: *Chroniken der Wirtschaftsinformatik-Physik (CWIP)*. Band 1, Auflagen-Nr. 1.1. ISBN: 9783759735935.

37 Die vier Dimensionen des Minkowski-Raums

Für gewöhnlich packt den Nichtphysiker eine rätselhafte Angst, sobald er oder sie von etwas wie vier Dimensionen mitbekommt, eine Emotion, welche der durch einen Kinogeist hervorgerufen nahe kommt (Einstein, 2009). Trotzdem ist kein Prinzip einfacher wie dasjenige zu verstehen, welches unsere erlebte Umwelt anhand von vier Dimensionen als ein Zeit-Raum-Geschehen (Kontinuum) beschreibt (Einstein, 2009).

Ein Raum stellt ein Kontinuum mit drei Dimensionen dar (Einstein, 2009). Das bedeutet, dass die Menschen in der Lage sind, eine Position von einem (unbewegten) Punkt mit drei Koordinaten (Zahlen) x, y, und z anzugeben (Einstein, 2009). Hinsichtlich dieser Punkte können veränderlich angrenzende Punkte bestehen, deren Position mittels den Koordinatenzahlen x_1, y_1 und z_1 beschreibbar sind, welche sich an die Werte x, y, und z des ersten Punkts veränderlich annähern können (Einstein, 2009). Aufgrund dieser Koordinatenannäherung (Eigenschaft) wird der Begriff Kontinuum genutzt, aufgrund der drei im Koordinatensystem enthaltenen Zahlen – den drei Dimensionen (Einstein, 2009).

Entsprechend erscheint eine Umwelt des mit Physik begründeten Geschehens (das Kontinuum), durch Minkowski einfach als Universum bezeichnet, selbstverständlich mit vier Dimensionen in einer Zeit-Raum-Bedeutung (Einstein, 2009). Dies ist damit begründet, dass Kausalität und damit unser gesamtes Universum sich aus getrennten Momenten (Ereignissen) bildet, von denen jeder Moment mit vier Koordinaten, den drei Raumzahlen x, y, und z sowie einer Zeitzahl t, angegeben werden kann (Einstein, 2009). Ein Universum stellt ebenfalls das Kontinuum dar, da jeder Moment veränderlich angrenzende (verwirklichte oder noch mögliche) Momente mit den Koordinatenzahlen x_1, y_1, z_1 und t_1 besitzt, die den Koordinaten von einem anfänglich beobachteten Moment x, y, z, und t unendlich nahe kommen (Einstein, 2009).

Menschen sind an dieses neue verbesserte Zeitverständnis nicht angepasst, ihre Umwelt als ein Geschehen (Kontinuum) mit vier Dimensionen wahrzunehmen, das

Kolek, Erik (2024). Über die allgemeine, die spezielle und die allgemeinspezielle Relativitätstheorie. In: *Chroniken der Wirtschaftsinformatik-Physik (CWIP)*. Band 1, Auflagen-Nr. 1.1. ISBN: 9783759735935.

hat den Grund, dass Zeit als Phänomen in der Physik vor der Entwicklung der Relativitätstheorie hinsichtlich von Raumkoordinaten eine unterschiedliche, vielmehr feststehende, das bedeutet absolute, Bedeutung hat (Einstein, 2009). Deswegen erfolgte keine Anpassung des Menschen an dieses dynamische Zeitverständnis, sondern die Menschen nehmen Zeit (weiterhin) wahr als ein separat zum Raum bestehendes Kontinuum (Geschehen) (Einstein, 2009). Tatsächlich entspricht diese dynamische Zeit nach der Relativitätstheorie in der Newtonschen Mechanik einer absoluten Zeit, die nicht abhängig von einem Ort und einem Bewegungsstatus eines Bezugskörpers ist (Einstein, 2009). In der Galilei-Transformation ist das berücksichtigt mit der Formel t' = t (Einstein, 2009).

Aufgrund der (allgemeinen) Relativitätstheorie wird die Beobachtung des Universums (einschließlich unserer Umwelt für Menschen) auf vier Dimensionen verpflichtend, weil hier Zeit keine Eigenständigkeit mehr innehat, das gleicht der vierten Formel der Lorentz-Transformation [(48) = (64)] (Einstein, 2009).

$$(64)\ t' = \frac{t - \frac{v}{c^2}x}{\sqrt{1 - \frac{v^2}{c^2}}}\ \text{(Einstein, 2009)}$$

Nach letzterer Formel löst sich die Zeitabweichung Δt' zwischen zwei Momenten hinsichtlich K' ebenfalls nicht im Generellen auf, falls sich die Zeitabweichung Δt dieser zwei Ereignisse hinsichtlich K auflöst (Einstein, 2009). Ein Zeitabstand zwischen zwei Momenten hinsichtlich K' entsteht als eine Folge durch einen alleinigen Raumabstand zwischen diesen zwei Momenten hinsichtlich K (Einstein, 2009). Diese Erkenntnis stellt ebenfalls nicht das zentrale Ergebnis von Minkowski dar, welches für die Entwicklung einer Theorie über die existente Relativität im Universum notwendig ist (Einstein, 2009). Das Ergebnis beruht auf der Tatsache, dass in der Relativitätstheorie ein Kontinuum mit vier Dimensionen inklusive den verknüpften einzuhaltenden Eigenschaften eine nahe Beziehung aufweist mit einem Kontinuum mit drei Dimensionen wie im Raum in der Geometrie nach Euklid (Einstein, 2009).

Kolek, Erik (2024). Über die allgemeine, die spezielle und die allgemeinspezielle Relativitätstheorie. In: *Chroniken der Wirtschaftsinformatik-Physik (CWIP)*. Band 1, Auflagen-Nr. 1.1. ISBN: 9783759735935.

Nach Albert Einstein (2009) wird im vierdimensionalen Minkowski-Raum aus $x^2 + y^2 + z^2 + t^2 = x_1{}^2 + x_2{}^2 + x_3{}^2 + x_4{}^2 = x'_1{}^2 + x'_2{}^2 + x'_3{}^2 + x'_4{}^2 = x'^2 + y'^2 + z'^2 + t'^2$.

Damit die Beziehung stärker wird, sollte die gewohnte Zeitkoordinate t ausgetauscht werden gegen die hierzu verhältnisgleich erdachte Einheit $\sqrt{-1}ct$ (Einstein, 2009). Dieser Zeitwertaustausch bewirkt, dass die in der speziellen Relativitätstheorie enthaltenen Anforderungen mathematisch durch die Naturgesetze eingehalten werden, da diese der Zeitkoordinate t als auch den drei Raumkoordinaten x, y, und z die gleiche Bedeutung zuordnen (Einstein, 2009). Alle vier Koordinatenwerte zusammen entsprechen genaugenommen den drei Raumkoordinaten in der Geometrie nach Euklid (Einstein, 2009). Hierdurch gewinnt die (spezielle) Relativitätstheorie immens an Überschaubarkeit, die ebenfalls einem Nichtmathematikbegeistertem auffallen sollte (Einstein, 2009).

Die kurzen Erläuterungen veranschaulichen lediglich eine grobe Vorstellung von den zentralen Inhalten Minkowskis, würden diese fehlen wäre die vorhergehend beschriebene allgemeine Relativitätstheorie wahrscheinlich in der Entwicklung verblieben (Einstein, 2009), genauso wie die im vierten Abschnitt beschriebene allgemeinspezielle Relativitätstheorie. Da die schwierig nachvollziehbaren Ausdrücke Minkowskis für ein besseres Verstehen der Grundannahmen der allgemeinen und der speziellen (als auch der allgemeinspeziellen) Relativitätstheorie durch einen mathematisch ungeübten Leser nicht notwendig sind, wollte (nicht nur) Albert Einstein (2009) (sondern auch Erik Kolek) an dieser Stelle auf eine tiefergehende mathematische Betrachtung dieses Gegenstands (Minkowski-Raum) verzichten, damit in den abschließenden Beschreibungen des vorliegenden Buches nochmals hierauf zurückgegriffen werden kann.

Kolek, Erik (2024). Über die allgemeine, die spezielle und die allgemeinspezielle Relativitätstheorie. In: *Chroniken der Wirtschaftsinformatik-Physik (CWIP)*. Band 1, Auflagen-Nr. 1.1. ISBN: 9783759735935.

Vierter Abschnitt: Über die allgemeinspezielle Relativitätstheorie

38 Allgemeinspezieller Relativitätsgrundsatz

Der spezielle Relativitätsgrundsatz, der jede gleichförmige geradlinige Bewegung eines Körpers beschreibt, gilt insbesondere für das Gesetz der gleichbleibenden Lichtgeschwindigkeit c (Einstein, 2009). Im Gegenteil dazu sagt der allgemeine Relativitätsgrundsatz aus: Licht bewegt sich innerhalb eines Gravitationsfeldes allgemein auf einer Bogenlinie und es werden allgemein schwere träge Massen ungleichmäßig durch dieses Feld beschleunigt (Einstein, 2009).

Wie sich die Leser erinnern werden, sollte entweder der Relativitätsgrundsatz oder der konstant bleibende Lichtgeschwindigkeitsgrundsatz c wahr sein. Um das gemäß der Erfahrung herauszufinden wird nachfolgend der allgemeinspezielle Relativitätsgrundsatz (von Erik Kolek) abgeleitet (Abbildung 20), indem ausgehend vom allgemeinen nochmals auf den speziellen Relativitätsgrundsatz (beide von Albert Einstein) geschlossen wird. Der hier neu abgeleitete allgemeinspezielle Relativitätsgrundsatz soll also weiterhin den allgemeinen und speziellen Relativitätsgrundsatz gemäß einer supersymmetrischen und relativistischen Sowohl-Als-Auch-Logik umfassen.

Da es sich bei Licht allgemein nicht um eine schwere träge Masse handelt, ist Licht auch auf einer Bogenlinie in einem Gravitationsfeld gleichförmig mit der Geschwindigkeit c beschleunigt und das gilt übereinstimmend mit dem allgemeinen und dem speziellen Relativitätsgrundsatz nach Albert Einstein (2009). Zusätzlich wird die konstante Lichtgeschwindigkeit c in der Praxis gleichgesetzt mit einer Höchstgeschwindigkeit von schweren trägen Körpern; schon jetzt sollte eine Existenzfrage zwischen der Relativität und gleichförmiger Lichtgeschwindigkeit c berechtigte Zweifel aufwerfen.

Stelle ich mir beispielsweise ein Doppelsternsystem ohne Planeten vor, in dem zwei exakt gleich beschaffene Sterne K und K' sich umeinander drehen, jedoch sich

Kolek, Erik (2024). Über die allgemeine, die spezielle und die allgemeinspezielle Relativitätstheorie. In: *Chroniken der Wirtschaftsinformatik-Physik (CWIP)*. Band 1, Auflagen-Nr. 1.1. ISBN: 9783759735935.

gemeinsam in eine Richtung mit der Geschwindigkeit w bewegen, die gleich ist mit der (annähernden) gleichförmigen Geschwindigkeit c, weil die schwere Masse eines Sterns durchaus gleich zu einem Trägheitssystem K bzw. K' angesehen werden kann, fällt direkt auf bzw. erscheint übereinstimmend mit der Erfahrung beobachtbar wie sich die Lichtgeschwindigkeit c in der physikalischen Wirklichkeit gemäß der allgemeinspeziellen Relativitätstheorie verhalten sollte.

Die Trägheitssysteme verhalten sich entsprechend wie K zu K' analog zu K' zu K'' demnach verhält sich K'' zu K gleich. Die Bewegung der Körper wird durch Galileische Koordinatensysteme dargestellt, welche sich in einem Gauss-Koordinatensystem bewegen, das das Gravitationsfeld repräsentiert. Da jeder Lichtkörper (bzw. jedes Photon) unabhängig von seiner Richtung die Geschwindigkeit c innehaben muss nach der speziellen Relativitätstheorie, die das Gesetz über die konstante Lichtgeschwindigkeit c unabhängig von der Richtung der lichterzeugenden Strahlungsquelle integriert, gilt dies auch für das in die gleiche Richtung ausgestrahlte Licht des jeweiligen Sternsystems nach der allgemeinen Relativitätstheorie. Aus der Beobachtungssicht des Lichtkörpers gegenüber seines Sterns gilt stets W = v + w, also W = c + c, dann addiert ergibt W = 2c, hier ist die Zeit t stets gleich 1.

Dieses Ergebnis sollte jetzt auch nicht nach Albert Einstein (2009) verwunderlich sein, denn bereits gemäß der Newtonschen Mechanik fällt auf, dass der Ausdruck w = c – v bzw. umgeformt zu c = w + v darauf hindeutet, dass c nicht konstant und damit nur variabel sein kann, also eigentlich keine Lichtgeschwindigkeitsgrenze bestehen sollte. Wird demnach ein Lichtstrahl mit der Geschwindigkeit w bzw. w' in dieselbe Richtung abgestrahlt wie sein aussendender Bezugskörper, der sich mit der Geschwindigkeit v bzw. v' bewegt, so kann vereinfachend v = 0 angenommen werden, womit w = c ist, jedoch handelt es sich hierbei bereits gemäß der Definition von Gleichzeitigkeit um eine relative Betrachtung der Lichtgeschwindigkeit c. Wird dagegen aber klassisch gedacht und v' = 1 gewählt, so ist 1 + w' = c', wodurch c' > c

Kolek, Erik (2024). Über die allgemeine, die spezielle und die allgemeinspezielle Relativitätstheorie. In: *Chroniken der Wirtschaftsinformatik-Physik (CWIP)*. Band 1, Auflagen-Nr. 1.1. ISBN: 9783759735935.

ist und daher eine konstante Lichtgeschwindigkeit c sogar nach der Newtonschen Bewegungstheorie unwahrscheinlich wird.

Das Additionsgesetz der Geschwindigkeiten der Relativistischen Mechanik sagt aus: $W = (v + w) / (1 + vw/c^2) = (c + c) / (1 + cc/c^2) = 2c / (1 + c^2/c^2) = 2c / 2 = c$. Dieses c bedeutet jedoch lediglich, dass sich die zwei betrachteten Galileischen Koordinatensysteme konstant mit der Geschwindigkeit c innerhalb des Gauss-Koordinatensystems also im Gravitationsfeld auf einer Bogenlinie bewegen. Das Licht jedoch in diesem Allgemeinspezialfall einzeln betrachtet, gemäß der allgemeinspeziellen Relativitätstheorie, bewegt sich mit 2c; damit ist das Gesetz über die Konstanz der Lichtgeschwindigkeit c nicht mehr haltbar, gemäß der Erfahrung, und muss abgeändert bzw. bezeichnet werden als das Gesetz über die gleichzeitige Konstanz der Lichtrelativgeschwindigkeit c, die bei einzelnen Körpern unterschiedlich sein kann, jedoch gleichzeitig betrachtet konstant erscheint nach der allgemeinspeziellen Relativitätstheorie, welche den allgemeinen und speziellen Relativitätsgrundsatz beachtet.

Damit sollte jetzt klar sein, dass keine Beschränkung von Geschwindigkeit im Universum existiert, auch nicht im Falle von Licht, daher ist auch $c = v = w$. Hieraus ergibt sich der neue angepasste Energie-Ausdruck $(mv^2 + E_0) / \sqrt{(1 - w^2/v^2)}$. In noch bekannterer Schreibweise ohne Anfangsenergie E_0 lässt sich damit ausdrücken: $E = mv^2$. Die vorherige Aussage $E = mc^2$ erscheint somit in der allgemeinspeziellen Relativitätstheorie verbessert zu sein, das ist physikalisch möglich, weil das Gesetz der gleichförmigen Lichtgeschwindigkeit c lediglich eine Grundlage für Albert Einstein (2009) darstellte seine spezielle Relativitätstheorie abzuleiten. Diese gleichförmige geradlinige Bewegung wurde sodann durch Albert Einstein (2009) in seiner allgemeinen Relativitätstheorie mithilfe eines Gravitationsfeldsystems ungleichförmig krummlinig gemäß des Raumzustands unseres Universums.

Der vorherige Ausdruck $E = mc^2$ ist weiterhin gültig in der allgemeinen und speziellen Relativitätstheorie (Einstein, 2009), in der allgemeinspeziellen Relativitätstheorie

Kolek, Erik (2024). Über die allgemeine, die spezielle und die allgemeinspezielle Relativitätstheorie. In: *Chroniken der Wirtschaftsinformatik-Physik (CWIP)*. Band 1, Auflagen-Nr. 1.1. ISBN: 9783759735935.

jedoch gilt E = mv². Das nach Albert Einstein (2009) bestehende Grenzbeschleunigungsproblem für die kinetische Lichtenergie kann damit wie folgt angepasst werden: $mv^2 + m\frac{w^2}{2} + \frac{3}{8}m\frac{w^4}{v^2} + \cdots$ oder ergänzt durch die Temperatur T, weil die Lichthitze einen Bestandteil der Lichtmasse darstellt: $Tmv^2 + Tm\frac{w^2}{2} + \frac{3}{8}Tm\frac{w^4}{v^2} + \cdots$ (Einstein, 2009). Wenn $\frac{v^2}{w^2}$ gegen 1 geht, dann ist der zweite Ausdruck aus der Newtonschen Mechanik immer größer als der dritte Ausdruck aus der Relativitätstheorie (Einstein, 2009). In mv² ist die Geschwindigkeit berücksichtigt, das bedeutet dass der erste Term jetzt dazu geeignet ist, die kinetische Energie eines massereichen Körpers in Abhängigkeit von der Geschwindigkeit (und Temperatur) zu beschreiben (Einstein, 2009).

Das Experiment nach Fizeau (Abschnitt 33) beweist jedoch die Lichtgeschwindigkeit c. Das erscheint nur insoweit richtig zu sein, da es sich hierbei um ein einzelnes Experiment auf der Erde handelt und nicht um ein gleichzeitig durchgeführtes Experiment auf zwei Himmelskörpern, so könnte sich die Lichtgeschwindigkeit unterscheiden beispielsweise auf dem Mars, verglichen mit derjenigen auf der Erde, da es sich hierbei um zwei unterschiedliche Gravitationsfelder handelt. Nun jedoch sollte ein gemessener Lichtgeschwindigkeitsunterschied analog zum Gravitations-feldunterschied sein bzw. entsprechend vorliegen; dadurch erscheint es möglich, die wirkliche Gravitationsfeldstärke physikalisch mathematisch noch näher zu bestimmen.

Zusätzlich erscheint es aber auch denkbar zu sein, dass die menschlichen Augen keine Lichtbeschleunigung bzw. nur annähernd bis zur Geschwindigkeit c des Lichts sehen könnten, das bedeutet alle Bewegungen des Lichts, welche uns dann schneller erscheinen, könnten für uns demnach als schwarz zu sehen sein; alle vorliegenden Messergebnisse zur konstanten Lichtgeschwindigkeit c wären dann hierdurch gedanklich beeinflusst, weil für uns der Optik nach keine Wahrheit zu sehen sein könnte, insbesondere hierdurch könnte ein falscher Sinneseindruck über die konstante

Kolek, Erik (2024). Über die allgemeine, die spezielle und die allgemeinspezielle Relativitätstheorie. In: *Chroniken der Wirtschaftsinformatik-Physik (CWIP)*. Band 1, Auflagen-Nr. 1.1. ISBN: 9783759735935.

Lichtgeschwindigkeit c möglich sein. Diese wahrscheinlich unbemerkte jedoch denkbare Sinneseingrenzung der menschlichen Augen könnte eine gewonnene Erfahrung aus dem Experiment nach Fizeau beeinflusst haben, wodurch dann fälschlicherweise nicht die konstante Lichtgeschwindigkeit c, sondern unsere maximale Sehgeschwindigkeit c ermittelt worden wäre; das ist dem Grundsatz nach denkbar, weil die Optik ein Teil der Elektrodynamik und damit Bestandteil der (allgemeinspeziellen) Relativitätstheorie ist.

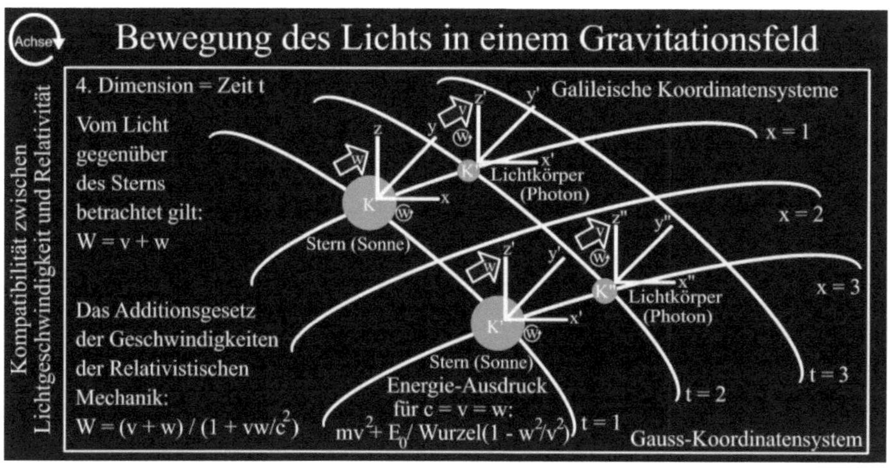

Abbildung 20. Ableitung des allgemeinspeziellen Relativitätsgrundsatzes.

39 Das Feld der Lichtausbreitung

Stelle ich mir ein Universum vor, in dem ein einziges großes Gravitationsfeld existiert aufgrund von unzählig vielen Sternen, dann ist klar, dass es eine Wechselwirkung zwischen Licht und Dunkelheit geben könnte. Setze ich gedanklich das Gravitationsfeld gleich zu einem Lichtausbreitungsfeld, so wird gedanklich ersichtlich, wenn sich allgemein vorgestellt wird, dass sonst nichts anderes im Universum existieren würde, dass das Licht als mehrdimensionales Feld betrachtet an unterschiedlichen Ereignispunkten im Kontinuum eine unterschiedliche Leuchtstärke (Energiestärke) aufweisen sollte. Aufgrund der physikalischen Tatsache, dass Sterne

Kolek, Erik (2024). Über die allgemeine, die spezielle und die allgemeinspezielle Relativitätstheorie. In: *Chroniken der Wirtschaftsinformatik-Physik (CWIP)*. Band 1, Auflagen-Nr. 1.1. ISBN: 9783759735935.

überall im Universum existieren, existiert auch Licht entsprechend lokalisiert – unabhängig von der menschlichen Wahrnehmung als eine Farbe ohne Ton im Vakuum – es kann also stets einen Einfluss auf den Raum verbunden mit der Zeit und alle darin enthaltenen Körper nehmen.

Wird Licht von einem Stern abgestrahlt, könnte es möglich sein, dass, wie anhand des Gesetzes über die gleichzeitige Konstanz der Lichtrelativgeschwindigkeit c aufgezeigt, die Geschwindigkeit v zuerst eine zunehmende Beschleunigung darstellt sowie wiederum eine abnehmende Beschleunigung aufgrund von Gravitationsfeldern denkbar ist. In diesem Fall wären beispielsweise am Rande unseres Sonnensystems Ansammlungen von Lichtemissionen zu bemerken, etwa von der Optik wie helle vielfarbige Polarlichter, die aber helle vielrotfarbige Plasmaerscheinungen darstellen sollten, die unter Umständen auch akustisch zu hören sein könnten, sollten diese wellenartig gekräuselten Gravitationsfeldoberflächen auf ein Membran eines Mikrophons treffen. Da eine Rotveränderung der Spektralgeraden besteht durch das Wirkungspotenzial des Gravitationsfeldes aller im Sternsystem vorhandenen Körper, ist die allgemeinspezielle Relativitätstheorie beständig (Einstein, 2009). Gleichzeitig ermöglicht das Verständnis der Geradenveränderung, weil dieses Wissen nun als eine Folge ursprünglich anhand des Wirkungspotenzials der Gravitationsfelder verstanden ist, bedeutende Schlussfolgerungen hinsichtlich der Massen der Körper innerhalb unseres Raum-Zeit-Kontinuums (Einstein, 2009), denn gemäß den allgemeinen Naturgesetzen sollten daher dunkler strahlende Sterne schwerer (bzw. träger) sein als heller strahlende Sterne.

Ein Lichtausbreitungsfeld sollte hinsichtlich seiner Temperatur, ausgehend vom Stern bis zum weitest möglichen Strahlungsentfernungspunkt, der Geometrie nach nicht-euklidisch sinken in den jeweiligen vierdimensionalen Raum-Zeit-Bereichen bis zur Temperatur des akustischen Hintergrundrauschens, das die Forschenden Penzias und Wilson bereits 1964 entdeckten und mit einem möglichen Urknall unseres Universums in Zusammenhang brachten. Andererseits könnte dieses

Kolek, Erik (2024). Über die allgemeine, die spezielle und die allgemeinspezielle Relativitätstheorie. In: *Chroniken der Wirtschaftsinformatik-Physik (CWIP)*. Band 1, Auflagen-Nr. 1.1. ISBN: 9783759735935.

Hintergrundrauschen auch schon immer ein Phänomen in unserem Universum sein, das schon immer in Verbindung mit Sternen und Licht existierte. Die Stärke des Hintergrundrauschens könnte jedoch variieren. Dies könnte von dem jeweiligen Raum-Zeit-Bereich abhängig sein. Ein Stern, also seine gleichzeitigen Kernspaltungs- und Kernfusionsabläufe von chemischen Elementen, sollte im luftleeren Raum (Vakuum) nicht hörbar sein, nicht einmal eine Reaktion wie eine Super Nova könnte dort hörbar sein. Das bedeutet nur, dass in dieser Analogie ein Hintergrundrauschen, das in einem Zusammenhang stehen sollte mit dem Urknall, als Analogon für die Entstehung unseres Universums allgemein auch auf ein unterschiedlich temperiertes Lichtausbreitungsfeld (allgemeinspezielles Gravitationsfeld) zurückzuführen sein müsste.

Woraus könnte ein Gravitationsfeld bestehen oder wie könnten Menschen dieses energiebedingte Phänomen außerdem wahrnehmen? Physiker wissen seit Newton, dass gravitationsbedingt ein Apfel und auch alle anderen objektivierten Körper durch diese Wechselwirkung eine Anziehung erfahren können. Nicht nur Physiker sollten sich überlegen, welche Dinge sonst noch eine Anziehung erfahren könnten und wie diese Anziehung der Geometrie nach unsere Welt beeinflussen könnte? Wie müssen wir uns diese Welt in der physikalischen Wirklichkeit also vorstellen?

Wie wir bisher gelernt haben, ging Albert Einstein (2009) zuerst von einer sphärischen Geometrie, dann elliptischen Geometrie dann sogar von einer mannigfaltigen Geometrie für unser Raum-Zeit-Kontinuum aus. Wenn jeder dieser Raumzustände für unser Universum einem Raumzustand in unserer natürlichen Umgebung gleichen sollte, so wären alle objektivierten Körper sphärisch, elliptisch oder sogar mannigfaltig gestaltet. Eine der Geometrie nach quadratische Form, also wie Menschen sich diese vorstellen etwa wie ein Würfel oder Quader, und sonstig abweichende Form (zum Beispiel Pyramide) könnte demnach trotzdem einen sphärischen, elliptischen bzw. sogar mannigfaltigen Anteil in einzelnen Bereichen haben, sobald eine genauere Betrachtung erfolgt. Um dies nochmals bildhafter

Kolek, Erik (2024). Über die allgemeine, die spezielle und die allgemeinspezielle Relativitätstheorie. In: *Chroniken der Wirtschaftsinformatik-Physik (CWIP)*. Band 1, Auflagen-Nr. 1.1. ISBN: 9783759735935.

auszudrücken, beispielsweise ein Buch wie das vorliegende könnte geometrisch krummlinig, teils nicht-euklidisch sowie auch teils euklidisch sein. Euklidische und nicht-euklidische Bereiche könnten sich optisch abwechseln, entsprechende Winkelverschiebungen wären dann mathematisch bei Bedarf zu berücksichtigen.

In der allgemeinspeziellen Relativitätstheorie werden (auch) keine gleichförmigen geraden Linien, als in der Natur vorhanden, angenommen. Das bedeutet aber nicht, dass in der physikalischen Wirklichkeit keine gleichförmigen geraden Linien existieren könnten, diese wären künstlich über die Geometrie nach Euklid herzustellen; durch mathematische Winkelanpassung in dem betreffenden Bereich. Als Messinstrument könnte hierfür nicht die Wasserwaage genutzt werden, weil diese angewendet auf Kugeln oder Ellipsen ungenaue Messergebnisse liefern könnte, weil zwar eine eigentlich geodätische Linie gedanklich als Gerade gedeutet werden könnte, jedoch den Winkelunterschied also den Abstand zur Kugeloberfläche (bzw. Ellipsoidoberfläche) nicht anzeigen kann. So würden tatsächlich beispielsweise Architekturen entstehen, deren Stabilität aufgrund fehlender sphärischer Geometrie, elliptischer Geometrie bzw. mannigfaltiger Geometrie unbefriedigend wäre. Eine neue Art Wasserwaage, welche die Unterschiede in zwei oder mehreren Punkten für die gedachte gleichförmige gerade Linie sichtbar macht, wäre sozusagen das richtige Messinstrument zur Darstellung der Kugelmetrik auf einem Himmelskörper so wie der Erde.

Ein solches Lichtausbreitungsfeld sollte stets vorhanden sein, es könnte daher eine energieübertragende Wirkung auf objektivierte Körper haben. Die (kinetische) Energie könnte gleich dem Gravitationsfeld sein und könnte zurückzuführen sein auf den Raum-Zeit-Zustand unseres Universums. Wo also ein Gravitationsfeld herrscht, könnte (kinetische) Energie vorliegen, die auch nutzbar erscheinen könnte, zum Beispiel durch ein Gravitationsfeldkraftwerk.

Kolek, Erik (2024). Über die allgemeine, die spezielle und die allgemeinspezielle Relativitätstheorie. In: *Chroniken der Wirtschaftsinformatik-Physik (CWIP)*. Band 1, Auflagen-Nr. 1.1. ISBN: 9783759735935.

40 Die Gleichheit der starren und nicht-starren Bezugskörper als eine Begründung des allgemeinspeziellen Relativitätsgrundsatzes

In der allgemeinspeziellen Relativitätstheorie werden Bezugskörper sowohl als praktisch starre und nicht starre Körper angenommen. Das liegt bei dieser Theorie in ihren Bestandteilen begründet, die spezielle Relativitätsmechanik geht von starren Körpern und die allgemeine Relativitätsmechanik von nicht-starren Körpern aus. Inwiefern kann also eine Gleichheit zwischen diesen beiden Bezugskörpern und deren Bewegung bestehen?

Hierzu muss sich für unser Universum vorgestellt werden, dass nach der Newtonschen Theorie alle Körper bewegt sind, also nicht starr sind und demgegenüber ist auch das andere Extremum denkbar, eben dass kein objektivierter Körper bewegt sein könnte, das bezeichne ich als „moderne Mechanik". Die Gleichheit dieser beiden Bezugskörperarten (starr vs. bewegt) könnte dadurch zustande kommen, dass auf der einen Seite eine Bewegung eine Bewegung ist, wie Menschen diese sehen können, und deswegen auch gleichzeitig etwas anderes sein, wie etwa eine nur kurz zu sehende Spiegelung eines einzelnen Raum-Zeit-Zustands. Gleichzeitig würde dies jedoch auch auf eine vielfach höhere Dimensionierung unseres Universums hinweisen. Objektivierte Körper könnten so gleichzeitig auf mehreren Dimensionen existieren ohne dass diese davon in ihrer physikalischen Wirklichkeit beeinflusst sein müssten.

Die einzelnen Raum-Zeit-Zustände könnten also, obwohl es keine absolute Zeit gibt, nur für einen einzigen Moment flüchtig bestehend sein. Die einzelnen Momente könnten wahrnehmbar sein, analog zu Spiegelungen, die Menschen bisher nicht bewusst wahrgenommen haben könnten, das ist mit der „modernen Mechanik" begründet. Stelle ich mir eine Bewegung eines hin und her gespiegelten Lichtkörpers in bis zu unendlicher Lichtgeschwindigkeit v vor, so pendelt der Lichtstrahl also ständig zwischen einem Startpunkt und einem Endpunkt hin und her, dann sollte ich nach der Newtonschen Mechanik lediglich einen hellen Punkt am Anfang und am Ende der Bewegung sehen. Oder nach der modernen Mechanik sollte ich zwei helle

Kolek, Erik (2024). Über die allgemeine, die spezielle und die allgemeinspezielle Relativitätstheorie. In: *Chroniken der Wirtschaftsinformatik-Physik (CWIP)*. Band 1, Auflagen-Nr. 1.1. ISBN: 9783759735935.

Ereignispunkte zwischen Anfang-Ende sehen sowie unendlich viele nur äußerst kurz erscheinende also weniger hell sichtbare Koordinaten dazwischen. Bewege ich in diesem physikalischen Sinn zum Beispiel meinen Unterarm so schnell ich kann hin und her, so kann ich dieser Erfahrung nach keine eindeutige Zuordnung gemäß der Optik zur klassischen Mechanik vornehmen, aber auch nicht zur modernen Mechanik, deswegen bleiben beide Raum-Zeit-Zustände gleichzeitig bestehend denkbar bzw. übrig.

Bewegt sich also ein Körper (wie ein Planet) um einen Stern (wie unsere Sonne) innerhalb einer mehrdimensionalen Ellipsenbahn (wie in der allgemeinen Relativitätstheorie mit 3 Raumkoordinaten + 1 Zeitkoordinate oder wie in der allgemeinspeziellen Relativitätstheorie mit 3 Raumkoordinaten + 3 Zeitkoordinaten + eine Koordinatendimension für die Krümmungsintensität) ausgehend von einem beliebig bestimmten Punktereignis, das gleichzeitig Start und Ende der Bewegung kennzeichnet, so könnte es im Falle einer absoluten Zeit (Newtonsche Theorie) sein, dass sich dieser Körper gar nicht bewegt in der physikalischen Wirklichkeit (x, y, z) aufgrund der universellen Zeit (t) des Universums. Demgegenüber könnte es im Falle einer nicht absoluten Zeit (Einsteinsche Theorie) auch gut möglich sein, dass sich dieser Körper zwar bewegt in der physikalischen Wirklichkeit (x, y, z), jedoch lediglich aufgrund der fest mit dem Raum verbundenen Zeit (t) auf unendlich vielen äußerst kurz jedoch gleichzeitig erscheinenden Koordinatenpunkten (x, y, z, t). Eine nicht absolute Zeit (Einsteinsche Theorie) könnte demnach eine absolute Zeit (Newtonsche Theorie) gedanklich umfassen und damit nicht ausschließen.

Die Leser sollten jetzt bemerkt haben, dass es sich hierbei um eine andere Vorstellung von Unendlichkeit handelt, nicht nur hinsichtlich auf die Raumdimensionen mit einer Zeitdimension (Newtonsche Theorie) gedacht, stattdessen erfolgt die Ausdehnung hinsichtlich auf die räumlichen und zeitlichen Dimensionen unseres Universums (Kontinuums) transferiert (Einsteinsche Theorie). Deswegen könnte jeder endliche Punkt in der unendlichen Punktnachbarschaft unseres Universums (Kontinuums)

Kolek, Erik (2024). Über die allgemeine, die spezielle und die allgemeinspezielle Relativitätstheorie. In: *Chroniken der Wirtschaftsinformatik-Physik (CWIP)*. Band 1, Auflagen-Nr. 1.1. ISBN: 9783759735935.

wirklich gleichzeitig endlich und unendlich existieren. An dieser Stelle sollte die gedankliche Komplexität (Schwierigkeit) wieder verringert werden, sobald sich eine schlagartige Punktausdehnung (Urknall des Universums) vorgestellt wird. Könnte diese Punktexplosion existieren, wie bisher angenommen, aufgrund von aufeinander folgenden sich ausdehnenden Raumabständen in bestimmten Zeitabständen (Newtonsche Theorie) als auch gleichzeitig in einem einzigen Moment zwischen Anfangsereignis und bestehend aus einem plötzlich ausgedehnten Raum-Zeit-Abstand (Einsteinsche Theorie)? Die Antwort auf diese Frage könnte physikalisch betrachtet tatsächlich ja lauten, aber nur wenn keine absolute Zeit und kein absoluter Raum in unserem Universum (Kontinuum) existieren würde, denn dann könnte das Universum (Kontinuum) eine Raum-Zeit-Zustandsspiegelung repräsentieren, die auch heute erst erschienen sein könnte (Einsteinsche Theorie). Dieser einzige Moment könnte sich jedoch unendlich überlagern mit den ausdehnenden Raumabständen in bestimmten Zeitabständen (Newtonsche Theorie).

41 Inwieweit bestehen Grundsätze in der allgemeinen und der speziellen Relativitätstheorie, die eine allgemeinspezielle Relativitätstheorie erfordern?

Die Grundlagen der allgemeinen und der speziellen Relativitätstheorie weisen lediglich minimalste Limitationen (Begrenzungen) auf und das ist der vortrefflichen Ableitung durch Albert Einstein geschuldet. Die spezielle Relativitätstheorie übernimmt gedanklich die (der Relativität widersprechende also eigentlich falsche) Annahme über die Konstanz der Lichtgeschwindigkeit c nur um damit gleichförmige geradlinige Bewegungen zu erklären. In der allgemeinen Relativitätstheorie wird diese Bewegung ungleichförmig krummlinig, wobei eine Konzentration auf das Gravitationsfeld gedanklich gelegt wird, jedoch wird dadurch eine indirekte Erkenntnis über das Gesetz der gleichbleibenden Lichtgeschwindigkeit möglich; diese kann schon auf dieser Grundlage nicht gleichförmig und nicht geradlinig sein,

Kolek, Erik (2024). Über die allgemeine, die spezielle und die allgemeinspezielle Relativitätstheorie. In: *Chroniken der Wirtschaftsinformatik-Physik (CWIP)*. Band 1, Auflagen-Nr. 1.1. ISBN: 9783759735935.

jedenfalls gibt Albert Einstein (2009) genug Hinweise darauf dieses allgemeine Naturgesetz zu hinterfragen.

Die vorliegende Ableitung der allgemeinspeziellen Relativitätstheorie deutet darauf hin, dass Albert Einstein (2009) bereits von Anfang an wusste, dass die Konstanz der Lichtgeschwindigkeit c nicht gedanklich haltbar ist, jedoch könnte es ihm schwergefallen sein aufgrund der heutigen Physiker-Generation direkt eine andere Meinung zu vertreten, da diese von ihren Vorstellungen über die physikalische Welt überzeugt ist und nur schrittweise pro Theorie zu Theorie mittels geometrischer mathematischer Beweisführung von Gegenteilen überzeugbar ist. Ein weiterer Hinweis für diesen möglichen Gedanken ist, dass Albert Einstein (2009) zur Angabe der Geschwindigkeit allgemein immer v anstatt c bevorzugte, es sei denn wenn diese Größe c bereits enthalten war in Gleichungssystemen wie beispielsweise in der Lorentz-Transformation.

Die meisten Limitationen hinsichtlich der allgemeinen und der speziellen Relativitätstheorie sind nicht auf die Arbeit von Albert Einstein (2009) zurückzuführen, sondern auf ein unzureichendes deswegen fehlerhaftes Verständnis seiner Leser, vor allem aus der Physik, und weil es allgemein den Menschen offenbar an geometrischer mathematischer Vorstellungskraft (Wahrnehmungsform) mangeln könnte. Insbesondere ist mir dies aufgefallen, wenn beispielsweise von einem flachen Raum-Zeit-Gebiet (wie ein aufgespanntes Tuch) auf dem die Körper (deswegen nur zweidimensional verstanden) eingebettet liegen würden fälschlicherweise gesprochen wird oder das gleich beschaffene Uhren auf bewegten Körpern schneller (bzw. langsamer) gehen würden, dabei ging es Albert Einstein (2009) nur um die Bewegung des Uhrzeigers im metrischen Sinne einer Zeitmessung durch den Vergleich der Abstände zwischen den Zeiteinheiten jeweils gemessen im inneren und äußeren eines bewegten rotierenden Körpers, der daher proportional exzentrisch ein Gravitationsfeld erzeugt und keines das konstant ausgehend vom Zentrum der klassischen Theorie folgt. Die Herkunft dieser Missverständnisse erscheint begründet

Kolek, Erik (2024). Über die allgemeine, die spezielle und die allgemeinspezielle Relativitätstheorie. In: *Chroniken der Wirtschaftsinformatik-Physik (CWIP)*. Band 1, Auflagen-Nr. 1.1. ISBN: 9783759735935.

zu sein durch die vornehmlich in der Wissenschaft gelebten induktiven objektiven Denkweise verbunden mit einer Entweder-Oder-Logik, anstatt die deduktive subjektive Denkweise verbunden mit einer Sowohl-Als-Auch-Logik wie dies Albert Einstein (2009) erfahrbar vorlebt allgemein zu akzeptieren und aufrechtzuerhalten.

Einige denkbare Gründe für solche unvollständig also fehlerhaft gebildeten Verständnisse der Leser von Albert Einstein (2009) gleichen den Beispielen und Bezeichnungen, die er für seine Beschreibungen der physikalischen Wirklichkeit heranzieht. Hierbei geht es beispielsweise um einen Bahnsteig und einen Zug sowie je einen Beobachter der entweder am Bahnsteig wartet oder sich im Zug befindet; einmal wird sogar ein Rabe sinnbildlich zur Beschreibung der Bewegung herangezogen. Ich kann mir leider nicht genau vorstellen, wahrscheinlich fehlte den Lesern hierzu die erforderliche hedonische Modellphantasie, warum alle Leser in diesem Beispiel nicht direkt einen Stern und das Licht sehen konnten, das hätten sie aber müssen, denn es handelt sich hierbei lediglich um ein Gleichungssystem (Bahnsteig = Stern), das einem leichteren Verständnis dienen sollte. Die von Albert Einstein (2009) gedanklich geforderte Voraussetzung diese mathematische Analogie selbst herzustellen erscheint deswegen allgemein für seine Leser schwierig zu sein, das bedeutet für alle seine Leser bleibt ein Bahnhof nun mal ein Bahnhof und nicht wie eigentlich mit der charmanten Anekdote gewollt ist, wird nicht aus einem Züge ausleitenden Bahnhof ein Lichtkörper ausstrahlender Stern, dafür wird eine zu hohe bildliche Vorstellungskraft eingefordert; jedenfalls solange kein textueller Hinweis entsprechend gegebenen ist. Mir ist das theoriebasiert aufgefallen, weil die Bewegung in Relation zwischen einem quasi ruhenden und bewegten Körper beschrieben wird und für eine phantasievolle Darstellung der Konstanz der Lichtgeschwindigkeit c dienlich ist.

Von den Lesern wird allgemein eine Zeitdilatation angenommen, die aber nirgends so beschrieben in den Arbeiten von Albert Einstein (2009) zu finden ist, daher kann dieses fehlerhafte Zeitverständnis jedoch nur durch fehlerhafte Interpretationen der

Kolek, Erik (2024). Über die allgemeine, die spezielle und die allgemeinspezielle Relativitätstheorie. In: *Chroniken der Wirtschaftsinformatik-Physik (CWIP)*. Band 1, Auflagen-Nr. 1.1. ISBN: 9783759735935.

Leser hinsichtlich des Bahnhofszugbeispiels von Albert Einstein entstanden sein; eine solche Zeitdilatation existiert demnach nicht. Dasselbe Unverständnis bei Lesern von Albert Einstein (2009) könnte durch das Beispiel mit den an verschiedenen Orten ruhenden Uhren entstanden sein, hier könnten Menschen aufgrund ihrer Gewohnheit allgemein an Zeit und deren Abläufe denken, anstatt an eine maschinell gedachte Zeitmessung als Uhr, deren technischen Innenleben nun mal durch das Gravitationsfeld beeinflusst ist genauso wie die Bewegungen der Uhrzeiger. Diese gleich beschaffene Uhr, also die technisch gleich aufgebaut ist, würde zum Beispiel auf dem Mars die Zeit unterschiedlich wie auf der Erde nach der messenden Physik angeben. Der so entstehende relative Unterschied in der Zeitmessung (Zeitmetrik) könnte Albert Einstein (2009) dazu veranlasst haben an keine absolute Zeit mehr zu glauben wie in der Newtonschen Theorie; gibt es also keine absolute Zeit, so ist Zeit punktuell einzeln innerhalb unseres Universums (Kontinuums) betrachtet auch nicht messbar, unabhängig davon ob gleich beschaffene Uhren für die Zeitmessung dort fest abgelegt (ruhend) sind oder nicht. Uhren können demnach lediglich für gleichzeitige Punktereignisse herangezogen werden, dann sind jedoch die gravitationsbedingten Unterschiede in den zwei Raum-Zeit-Bereichen (Ereignismomenten) innerhalb der Bezugssysteme (Gleichungssysteme) zu berücksichtigen.

Betrachte ich mehrdimensional diese real physischen Bilder in meinem Kopf, die entstehen wenn ich Arbeiten von Albert Einstein (2009) lese, dann sind diese stets verschieden von jetzt gedachten Bildern eines anderen Lesers von Albert Einstein (2009), das sollte schon allein aufgrund der rein symbolischen, das bedeutet textuellen und mathematischen Darstellungsweise von Albert Einstein (2009) in einem Zusammenhang mit nur vier Abbildungen begründet sein. Das ist einer der Gründe warum ich zur Unterstützung für die Erzeugung von Wahrheit (Erfahrung) die supersymmetrische, relativistische Modellierung und Visualisierung nutze zur didaktischen Aufbereitung schwieriger geometrischer mathematischer Zusammenhänge. Die Betrachter sollten hierdurch einen leichteren Zugang zur

Kolek, Erik (2024). Über die allgemeine, die spezielle und die allgemeinspezielle Relativitätstheorie. In: *Chroniken der Wirtschaftsinformatik-Physik (CWIP)*. Band 1, Auflagen-Nr. 1.1. ISBN: 9783759735935.

verallgemeinerten spezialisierten Theorie erhalten und dies sollte ihnen somit ermöglichen erzeugtes Wissen (Erfahrung) einfacher teilen zu können. Solange Menschen ihr real physisches Verständnisbild nur über Texte, Mathematik und Modellvisualisierungen usw. anderen Menschen mitteilen können, bleibt aufgrund der Lorentz-Transformation immer eine gewisse Diskrepanz (Differenz) bestehen; das sollte bei der allgemeinspeziellen Relativitätstheorie weniger stark physikalisch ausgeprägt sein als bei der allgemeinen und speziellen Relativitätstheorie.

42 Mehrere Schlussfolgerungen aus dem allgemeinspeziellen Relativitätsgrundsatz

Einige der weitreichendsten Schlussfolgerungen aus dem allgemeinspeziellen Relativitätsgrundsatz sind, dass die Lichtgeschwindigkeit in der physikalischen Wirklichkeit nicht begrenzt denkbar ist und das Licht betrachtet als ein Feld überall im Universum (Kontinuum) existiert.

Stelle ich mir beispielsweise einen lichtschnell oder auch überlichtschnell beschleunigten Testbezugskörper K vor, welcher an einem Stern (wie unserer Sonne) vorbei seinen geodätischen Kurs nach seiner navigatorischen Berechnung verfolgt, so muss dieser Körper den Gravitationsfeldeinfluss dieser schweren trägen Masse berücksichtigen, da dieser (spätestens) nach dem Stern (bzw. der Sonne) eine Ablenkung erfahren muss. Diese gravitationsfeldbedingte Ablenkung muss kompensiert werden je nachdem welche mehrdimensionalen Raum-Zeit-Koordinaten K' erreicht werden sollen, dazu sind mindestens 4 + n jedoch maximal 7 Dimensionen (3 Raumkoordinaten, 3 Zeitkoordinaten und ein Krümmungswinkel des jeweiligen Sternsystems) physikalisch naturkoinzident sinnvoll und je nach geforderter Präzisierung der Ergebnisse der Sternennavigation festlegbar.

Erfolgt diese Bewegung des Testbezugskörpers K noch nach der Newtonschen Theorie, dann ist klar, dass eine absolute Zeit definiert als $t = 0$ und $t = 1$ anzunehmen ist, so dass ein (praktisch) lichtschneller Körper mit der Geschwindigkeit $v = c$ ($t = 0$)

Kolek, Erik (2024). Über die allgemeine, die spezielle und die allgemeinspezielle Relativitätstheorie. In: *Chroniken der Wirtschaftsinformatik-Physik (CWIP)*. Band 1, Auflagen-Nr. 1.1. ISBN: 9783759735935.

einen anderen lichtschnellen Körper (zum Beispiel ein Lichtteilchen bzw. Photon) in jede beliebig ausgewählte Translationsrichtung mit gleichbleibender Geschwindigkeit $w = c$ ($t' = 1$) abstrahlen muss. Ansonsten wäre das Gesetz über die Konstanz der Lichtgeschwindigkeit c von vorne herein nicht haltbar (bzw. denkbar) und es ergibt sich aus der Sicht eines Beobachters, der fest auf dem abgestrahlten Lichtkörper ruht, nach $W = v_t + w_{t'}$ die Gesamtgeschwindigkeit 2c, womit der Erfahrung nach ein neues Gesetz über die gleichzeitige Konstanz der Lichtrelativgeschwindigkeit c bewiesen sein müsste, welches das alte Gesetz über die Konstanz der Lichtgeschwindigkeit c aufgrund einer modifizierten Wahrheit ergänzt und damit vervollständigt; eine gedachte Geschwindigkeitsbegrenzung $v = c$ kann demnach nicht existieren in unserem Universum (Kontinuum).

Erfolgt jetzt diese Bewegung des Testbezugskörpers K nach der Einsteinschen Theorie, dann ist auch verständlich, dass keine absolute Zeit definiert als $t = 0$ und $t = 1$ anzunehmen ist, sondern da die metrisch gemessene eindimensionale Zeit fest mit dem dreidimensionalen Raum verbunden ist gilt x, y, z, $t = 0, 0, 0, 1$ für das Anfangsereignis der Punktabstrahlung W und x', y', z', $t' = 1, 0, 0, 1$ für die gleichzeitig stattfindende Punktabstrahlung relativ zum Anfangsereignis W' betrachtet. Diese beiden Vierervektoren sind notwendig für die Ableitung der gleichzeitigen Konstanz der Lichtrelativgeschwindigkeit c. Für x, y, z, $t = $ x', y', z', t' (und für sieben Dimensionen x, y, z, t(x), t(y), t(z), $\alpha = $ x', y', z', t'(x'), t'(y'), t'(z'), α' oder $x_1 + x_2 + x_3 + x_4 + x_5 + x_6 + x_7 = x'_1 + x'_2 + x'_3 + x'_4 + x'_5 + x'_6 + x'_7$) wird die modifizierte Lorentz-Transformation zur Geschwindigkeitsbestimmung $c = w = v$ nicht herangezogen, weil diese für die koinzidenten Geschwindigkeiten v und w stets null ergibt, also eine mathematisch gedachte Geschwindigkeitsbegrenzung allgemein für die Lichtbewegung und speziell für die Körperbewegung voraussetzt (beziehungsweise beinhaltet), stattdessen wird für beide Momentbetrachtungen das Gleichungssystem $W = (v + w) / (1 + vw/c^2)$ genutzt für die Modelldarstellung der zwei beliebig auswählbaren bewegten Raum-Zeit-Bereiche $W = W'$.

Kolek, Erik (2024). Über die allgemeine, die spezielle und die allgemeinspezielle Relativitätstheorie. In: *Chroniken der Wirtschaftsinformatik-Physik (CWIP)*. Band 1, Auflagen-Nr. 1.1. ISBN: 9783759735935.

(65) $W = (v + w) / (1 + vw/c^2) = (c + 0) / (1 + c0/c^2) = c$ UND $W = v + w = c + 0 = c$

(66) $W' = (v + w) / (1 + vw/c^2) = (c + c) / (1 + c^2/c^2) = c$ UND $W' = v + w = c + c = 2c$

Nach der allgemeinspeziellen Relativitätstheorie existiert (unter Berücksichtigung der Einsteinschen Theorie) demnach stets die Geschwindigkeit $c = w = v$ zwischen zwei lichtschnell bewegten Ereignispunkten W und W', deren Geschwindigkeiten c und 2c einzeln betrachtet sich jedoch um $c = w = v$ unterscheidet, wobei allgemein c für zwei Bezugskörper W und W' seine Gültigkeit hat und das Gesetz über die gleichzeitige Konstanz der Lichtrelativgeschwindigkeit c repräsentiert, welches das vorherige Gesetz mit einem neuen einfachen physikalischen Sinn erweitert und deswegen auch einfach zu verstehen sein müsste. Die mathematisch gedachte Geschwindigkeits-begrenzung muss aus der Lorentz-Transformation entfernt werden durch eine Modifikation in übereinstimmend angepasste Gleichungssysteme. Zuerst muss aus dem Lorentz-Faktor, gegeben durch $\Omega = 1 / \sqrt{[1 - (w/v)^2]} \geq 1$, ein gemäß der allgemeinspeziellen Relativitätstheorie bestehender Lorentz-Faktor bestimmt werden. Das ist einfach auszudrücken, da (nach dem Gesetz über die gleichzeitige Konstanz der Lichtrelativgeschwindigkeit c) für beide Körper eine koinzidente Geschwindigkeit v der Erfahrung nach existieren kann; in der allgemeinspeziellen Relativitätstheorie wird also nur ein gültiger Raum-Zeit-Geschwindigkeitszustand relativ auf Grundlage von zwei beschleunigten Körpern betrachtet. Der relative Lorentz-Faktor lautet daher $\Omega = 1 / \sqrt{[1 - (1/v)^2]}$ für $0 \leq \Omega \leq 1$ (Kolek-Lorentz-Faktor), hier ist die Geschwindigkeit v stets als Bewegung auf der X-Achse zu betrachten, die positiv durch das angegebene Quadrat wird, selbst bei einer Rückwärtsbewegung, die analog zu einer Vorwärtsbewegung in einem Koordinatensystem bestimmt werden kann. Zur Angabe von einzelnen Lichtgeschwindigkeitsschritten kann daher $v = c$ gesetzt und die Zeit zur Darstellung der Gleichzeitigkeit beider Geschwindigkeitsmomente mit einem positiven Vorzeichen ausgedrückt werden, das Anfangsereignis hierzu lautet $v = 0 = c$.

Kolek, Erik (2024). Über die allgemeine, die spezielle und die allgemeinspezielle Relativitätstheorie. In: *Chroniken der Wirtschaftsinformatik-Physik (CWIP)*. Band 1, Auflagen-Nr. 1.1. ISBN: 9783759735935.

(67) $\qquad x' = \dfrac{x+t}{\sqrt{1-\frac{1}{c^2}}} = 1 \qquad$ (zur Darstellung von Raum-Zeit-

Lichtgeschwindigkeitsbewegungen modifizierte Lorentz-Transformation)

(68) y' = y = 0 (Einstein, 2009)

(69) z' = z = 0 (Einstein, 2009)

(70) $\qquad t' = \dfrac{t-\frac{1}{c^2}x}{\sqrt{1-\frac{1}{c^2}}} = 1 \qquad$ (zur Darstellung von Raum-Zeit-

Lichtgeschwindigkeitsbewegungen modifizierte Lorentz-Transformation)

Wird das Licht betrachtet als ein Feld das überall im Universum (Kontinuum) existiert, dann sollte es Einfluss nehmen auf die darin befindlichen Massen (wie Planeten und kleinste Teilchen) und (zumindest in Anteilen) gleichzusetzen sein mit dem Gravitationsfeld unseres Universums (Kontinuums). Wenn Licht als ein Feld betrachtet im Universum (Kontinuum) existiert, so sollte es in einzelnen Raum-Zeit-Bereichen unterschiedlich stark ausgebreitet sein, das bedeutet Dunkelheit wäre dann ein beobachtbares Phänomen, das aussagt, dass in diesem Raum-Zeit-Bereich Licht zwar existiert, aber mit praktisch unendlich geringerer Feldenergieintensität. Von Sternen ausgestrahltes Licht sollte in der Lage sein Punktmassen in die Raum-Zeit unseres Universums (Kontinuums) hineinzudrücken, damit wäre also ein weiterer Einflussfaktor zur Bestimmung von Gravitationsfeldern von Körpern gefunden, deren Schwerefeld sich von innen nach außen bemerkbar macht, indem beispielsweise frei fliegende Körper (wie zum Beispiel Asteroiden) ungleichförmig krummlinig angezogen werden. Diese Anziehung erfolgt allgemein umso schwächer je weiter die betreffenden Körper voneinander entfernt sind. Dieses von Sternen abgestrahlte Licht sollte ebenfalls in der Lage sein einen Einfluss auf die Bewegungsrichtung von Körpern zu nehmen, frei umherfliegende Körper sollten so eine Ablenkung erhalten nachdem das Licht auf diese Körper auftrifft. Körper, die auf elliptischen Bahnen um einen Stern (oder auch um mehrere Sterne gemäß ihrem gemeinsamen Massenzentrum) rotierend kreisen, könnten so durch das Gravitationsfeld der

Kolek, Erik (2024). Über die allgemeine, die spezielle und die allgemeinspezielle Relativitätstheorie. In: *Chroniken der Wirtschaftsinformatik-Physik (CWIP)*. Band 1, Auflagen-Nr. 1.1. ISBN: 9783759735935.

schweren trägen Punktmassen angezogen werden, jedoch gleichzeitig abgestoßen werden aufgrund der abgestrahlten Lichtstrahlenkörper. So ein Feld, das aus Anziehung und Abstoßung von Körpern in der Raum-Zeit-Struktur gleichzeitig bestehen könnte, kann allgemein als ein Anti-Gravitationsfeld bezeichnet werden.

Wenn also alle Körper wie Planeten um einen Stern (wie unserer Sonne) einem anziehenden, jedoch gleichzeitig abstoßenden Gravitationslichtfeld ausgesetzt sein sollten, so wäre dies anhand der Bahnbewegung eines oder von mehreren Planeten um diesen Stern herum berechenbar. Hierzu eignet sich der Planet Merkur wunderbar, da dieser bereits eine wichtige Rolle bei der Bestätigung der allgemeinen (und der allgemeinspeziellen) Relativitätstheorie innehat (Abschnitt 3.1). Astronomen können allgemein die Existenz des Planeten Merkurs bis heute bestätigen. Das bedeutet, Merkur ist nach wie vor im Teleskop bei seinem Sonnentransit zu sehen und er wurde scheinbar nicht von der Sonne verschluckt. Hieraus ergibt sich in dieser physikalischen Analogie die Frage: Warum wurde der Planet Merkur nicht von der Sonne angezogen und könnte das noch passieren? Um dieser Frage auf den Grund zu gehen, kann ausgedrückt werden, obwohl Merkur der Sterngravitation am nächsten (bzw. stärksten) ausgesetzt ist, scheint keine ungleichförmige krummlinige Anziehung in die Sonne zu erfolgen, aber genauso wenig erfolgt aufgrund der Lichtkörperabstrahlung eine gleichförmige geradlinige Abstoßung von der Sonne weg (Sternantigravitation). Dies bedeutet, ein Gleichgewicht zwischen Anziehung und Abstoßung könnte vorliegen auf jedem Punkt der Ellipsengerade des Merkurs um die Sonne oder bezogen auf die gesamte Merkurumlaufkurve könnte dieses Gleichgewicht als ein absolutes Punktereignis auch nur an einer Stelle gegeben sein – an seinem Perihelpunkt. Der Merkur, während er sich auf seiner Bahn bewegt mit der Geschwindigkeit v, ist also stets dem anziehenden Gravitationsfeld und dem abstoßenden Lichtfeld ausgesetzt. Manchmal (wahrscheinlich alle 100 Jahre) könnte es zu einer Fluktuation innerhalb dieses Anti-Gravitationsfeldes kommen, welche auch bereits Albert Einstein (2009) als Abweichung von der Newtonschen Theorie bemerkte. Wäre nun dieses Gravitationsfeld stärker als das Lichtfeld ausgeprägt, so

Kolek, Erik (2024). Über die allgemeine, die spezielle und die allgemeinspezielle Relativitätstheorie. In: *Chroniken der Wirtschaftsinformatik-Physik (CWIP)*. Band 1, Auflagen-Nr. 1.1. ISBN: 9783759735935.

könnte es denkbar sein, dass die Geschwindigkeit v des Merkurs in einer Spirale um die Sonne bis zu seinem Endereignis zunimmt, genauso wie wahrscheinlich seine Temperatur und Masse. Beobachtete Perihelverschiebungen sternnaher Planeten wie dem Merkur könnten, verstanden als ein allgemeines Naturgesetz, ein verändertes Anti-Gravitationsfeld von Sternen sichtbar machen, das ist aber nur eine Theorie über die möglicherweise von Sternen erzeugte Relativität.

Relativität bezieht sich allgemein immer auf die Realität der Natur und der Lebewesen darin, die jedoch in der Theorie ausgehend von mehreren Blickwinkeln beobachtet wird, wie zum Beispiel ein sich entfernender oder näherkommender Körper (wie ein Auto), dessen optischer Eindruck sich stets anhand eines dazugeschriebenen Kreisdurchmessers beurteilen lässt. Wie wären demnach Anomalien eines Gravitationsfeldes auf einer Kugeloberfläche feststellbar, falls diese existieren sollten? Am Beispiel der Bewegung zweier Elektronen kann im physikalisch negativen Ladungsfall gesagt werden, dass diese sich auseinander bewegen müssen, jedoch von ihrem Gravitationsfeld zusammengeschweißt sein könnten und trotzdem könnten dazwischen liegende Abstände bedingungsweise substituierbar (variabel) sein. Wenn also in der Natur die Abstände und damit die Größe relativ in jedem Ereignispunkt eines Koordinatensystems erscheinen, so könnten Gravitations-feldanomalien durch beliebig auswählbare Maßstäbe bestimmbar sein, weil an diesen Kugeloberflächenpunkten die Abstände zwischen den Elektronen größer oder kleiner sein müssten. Die Kugelwesen könnten jedoch abhängig von der Strahlungsintensität erfahren, dass sobald sie sich wirklich in einer möglicherweise minimal (infinitesimal) helleren farbenverschobenen Feldanomalie befinden sollten, die Gravitations-lichtwirkung selbst ihren Maßstab nicht nur optisch verändern könnte, das wäre jedoch in ihrer gedachten physikalischen Wirklichkeit (Realität) nicht bemerkbar ohne die in diesem Buch theoretisierte Relativität zwischen Licht und Gravitation; in dieser Annahme über ein dynamisches Anti-Gravitationsfeld bedeutet physikalisch mehr (bzw. weniger) Licht gleich mehr (bzw. weniger) Gravitation, jedoch nur im physikalischen Fall strahlungsabsorbierender Bezugskörper. Bei lichtemittierenden

Kolek, Erik (2024). Über die allgemeine, die spezielle und die allgemeinspezielle Relativitätstheorie. In: *Chroniken der Wirtschaftsinformatik-Physik (CWIP)*. Band 1, Auflagen-Nr. 1.1. ISBN: 9783759735935.

Körpern müsste gemäß der Relativität die Gravitation geringer (bzw. höher) werden, sollten diese mehr (bzw. weniger) Licht aussenden. Diese Annahmen über das Licht (Optik) als Teil der Elektrodynamik in der allgemeinspeziellen Relativitätstheorie könnten demnach für diese Kugelwesen eine beobachtbare Lichtfelddynamik (Optikdynamik) begründen, die übereinstimmen könnte mit der unsichtbaren Dynamik des Gravitationsfeldes der Raum-Zeit ihres Bezugskörpers in einer Wechselwirkung mit den anderen (nahegelegenen) Körpern in ihrer (direkt) erfahrbaren Welt.

Nach der allgemeinen Relativitätstheorie von Albert Einstein (2009) rotiert die Ellipsenachse des Merkurs dem Sinn nach wie eine Geradenbewegung um die Sonne und diese Rotation ist praktisch überhaupt nicht über die Bewegung der übrigen Planeten unseres Systems feststellbar (Abschnitt 3.1), deswegen denken wir uns jetzt nur noch ein Gravitationslichtfeld mit vier Dimensionen in dem sich der Merkur und die Sonne befinden. Ein praktisch vorhandenes Gleichgewicht könnte beim Merkur in einem Punkt erkannt werden, der die Rotationsbewegung des Perihels des Planeten Merkurs beschreibt. Die Gleichung (71) von Albert Einstein (2009) kann als ein Gleichgewichtssystem zwischen Sterngravitation und Sternantigravitation verstanden werden, diese enthält die Größe a, die die große Halbachse der Ellipsenbahn repräsentiert. Das e steht für die Exzentrizität (Abweichung vom Kreis), das c veranschaulicht die Lichtgeschwindigkeit in cm/Sekunde und T die Umlaufzeit in Sekunden (Einstein, 2009).

(71) $24\pi^3 \times a^2 / T^2c^2(1 - e^2)$ (Einstein, 2009)

Bis heute wurde eine Perihelbewegung nur beim Planeten Merkur durch Astronomen nachgewiesen. Das könnte nach der Erfahrung zweierlei bedeuten, zum einen hat nur der Planet Merkur diese Perihelbewegung und kein anderer Planet (auch nicht die Erde) besitzt eine solche Perihelbewegung in der physikalischen Wirklichkeit. Gemäß den allgemeinen Gesetzen der Natur ist dies als eine Theorie über das Anti-Gravitationsfeld mit vier, sechs oder sieben Dimensionen denkbar, das bedeutet die

Kolek, Erik (2024). Über die allgemeine, die spezielle und die allgemeinspezielle Relativitätstheorie. In: *Chroniken der Wirtschaftsinformatik-Physik (CWIP)*. Band 1, Auflagen-Nr. 1.1. ISBN: 9783759735935.

Perihelbewegung des Merkur zeigt eine andere wichtige physikalische Tatsache auf, nämlich ein kräfteausgleichendes Anti-Gravitationsgesetz nach dem Feldbegriff Anziehung g_{ik} = Abstoßung g_{ki} (Vierervektor). Der Feldbegriff für das beschriebene allgemeinere Lichtgravitationsfeld lautet aufgrund der Symmetrie-Eigenschaft also $g_{ik} - g_{ki} = 0$, wodurch die die Lichtablenkung nach einem Stern und die Verschiebung der Spektralgeraden (noch) präziser berechenbar und erklärbar werden sollten, worauf ich in dieser Darlegung mathematisch nicht tiefer eingehen möchte.

43 Verhalten von Maßstäben und Uhren auf einem ruhenden nicht-rotierenden Bezugskörper

Vergleiche ich das Verhalten von Maßstäben und Uhren, indem ich mir zwei ruhende nicht-rotierende quasi-sphärische Bezugskörper gedanklich vorstelle, unabhängig davon ob solche Bezugskörper in unserem Universum (Kontinuum) wirklich existieren, auf denen diese Werkzeuge für die messende Physik abgelegt sind, dann erfahre ich folgendes:

Der beliebig ausgewählte Maßstab selbst ist zwar gleich groß auf beiden Körpern, könnte jedoch trotzdem im Verhältnis einen anderen Größenabstand messen. So könnte eine metrische Einheitsgröße auf einem kleinen Körper sehr lang und auf einem großen Körper sehr kurz erscheinen, denn das ist durch die Relativität von zwei gleichzeitig betrachteten Körpern begründet.

Genauso verhält es sich bei einer Uhr, deren Zeiger (nicht die Zeit allgemein) nur dem Anschein nach auf dem kleinen Körper schneller und auf einem großen Körper langsamer gehen könnte, zumindest wenn man sich die Abstände zwischen den einzelnen Zeitperioden auf dem Uhrzifferblatt anschaut. Auf dem kleinen Körper wirken diese Abstände auf dem Uhrzifferblatt weiter auseinander zu sein, wodurch die Zeit rein illusorisch langsamer ablaufen könnte. Auf dem großen Körper wirken diese Abstände auf dem Uhrzifferblatt näher beieinander zu sein, wodurch die Zeit rein illusorisch schneller ablaufen könnte. Ein Zeitzustand existiert jedoch lediglich

Kolek, Erik (2024). Über die allgemeine, die spezielle und die allgemeinspezielle Relativitätstheorie. In: *Chroniken der Wirtschaftsinformatik-Physik (CWIP)*. Band 1, Auflagen-Nr. 1.1. ISBN: 9783759735935.

fest verbunden mit einem Raumzustand, da die Zeit nicht absolut ist (Einsteinsche Theorie) und deswegen ist es nicht möglich, dass eine beliebige Zeit schneller oder langsamer ablaufen könnte, denn Zeit ist allgemein so zu verstehen: Es gibt nur eine Zeit. Wenn wir Menschen diese eine Zeit erfahren möchten, dann ist das stets die unendlich endlich ausdehnbare Dimension unserer Welt; das entspricht auch der Einsteinschen Annahme ab der vierten Dimension über die nicht gegebene absolute Zeit.

Wenn es überhaupt so etwas wie eine absolute Zeit gemäß Newtonscher Mechanik geben sollte, dann wäre dies in der allgemeinspeziellen Relativitätstheorie quasi die eigene Zeit des Raums und aller darin befindlichen Körper. Eine quasi-absolute Zeit könnte demnach als eine einzige Eigenzeit wie als eine Raum-Zeit gleich zur Körper-Zeit aufgefasst werden, hierdurch wäre ein mannigfacher Zeitbegriff denkbar, beispielsweise für die Sternzeit, Planetenzeit und Quantenzeit. Befindet sich jeweils eine gleich beschaffene Uhr fest abgelegt auf beiden ruhenden nicht-rotierenden quasi-sphärischen Bezugskörpern, dann hat deren unterschiedlich starkes Gravitationsfeld aufgrund einer unterschiedlichen Menge an Materie einen ungleich hohen Einfluss auf den Uhrzeiger, das bedeutet ein großer Körper verlangsamt gravitationsbedingt den Uhrengang stärker während ein kleiner Körper den Uhrengang gravitationsbedingt beschleunigter ablaufen lassen könnte. Soll hierzu ein allgemeiner Ausdruck formuliert werden, so könnte der Satz gelten: *Umso gekrümmter der Raum ist, umso gekrümmter verhält sich die mit dem Raum verbundene Zeit sowie im umgekehrten Sinn.* Entsprechend erscheinen eine astrophysikalische Makro-Raum-Zeit (zum Beispiel eine Stern- oder Planetenzeit) mit einer quantenphysikalischen Mikro-Raum-Zeit (zum Beispiel eine Materieteilchenzeit) unter diesen physikalischen Umständen aufgrund von zwei Gravitationsfelddimensionen unterschiedlicher Krümmung unvergleichbar zu sein, auch im physikalischen Falle der Gleichzeitigkeit von Ereignismomenten wäre eine zeitliche Metrik zwischen einem kleinsten und größten Raumzustand (vorerst) undenkbar.

Kolek, Erik (2024). Über die allgemeine, die spezielle und die allgemeinspezielle Relativitätstheorie. In: *Chroniken der Wirtschaftsinformatik-Physik (CWIP)*. Band 1, Auflagen-Nr. 1.1. ISBN: 9783759735935.

44 Ein nicht-euklidisches und trotzdem euklidisches Universum (Kontinuum)

Wird unser Universum (Kontinuum) ausgehend von den dort innen auf einem Planeten befindlichen Beobachtern betrachtet, dann sollten diese bemerken, dass der Raum und alles, das sich in diesem Raum befindet, keiner Geometrie nach Euklid folgt demnach ungleichförmig krummlinig gestaltet ist, jedoch bei genauerem Hinsehen trotzdem euklidisch erscheint also gleichförmig geradlinig. Könnte also beispielsweise eine geodätische Linie als einzelne Bestandteile gerade Linien enthalten? Wir werden uns hinsichtlich dieser Frage erinnern, dass die Ableitung der Relativitätstheorie von Albert Einstein (2009) startet mit gleichförmigen geraden Linien (spezielle Relativitätstheorie), die durch eine folgende Ableitung zu ungleichförmigen gebogenen Linien (allgemeine Relativitätstheorie) verändert werden. In der allgemeinspeziellen Relativitätstheorie erfolgte dies rückwärts abgeleitet über die ungleichförmigen gebogenen Linien (allgemeine Relativitätstheorie) hin zu gleichförmigen geraden Linien (spezielle Relativitätstheorie), es sind in dieser Theorie also beide Linienarten gleichzeitig denkbar bzw. objektiviert als Körperbestandteile. Ein beliebig ausgewählter Bezugskörper innerhalb der Raumstruktur unseres Universums (Kontinuums) müsste als Ganzes betrachtet nicht-euklidisch sein und gleichzeitig innerhalb seiner Gestaltung euklidische Bereiche aufweisen, wenn für das Universum nicht nur als ein Modell betrachtet mindestens vier bis maximal sieben Dimensionen angenommen werden.

Vereinfachend kann man sich das so vorstellen: Wenn als ein Beispiel an eine Banane gedacht wird, können die Beobachter sich diese Banane so verkleinert wie möglich vorstellen, so dass aus dieser Makrobanane (Makro-Raum-Zeit) jetzt eine Quantenbanane (Mikro-Raum-Zeit) wird. Welche Form hat jetzt diese Quantenbanane im Ganzen und in ihren Teilen? Wahrscheinlich wird diese unendlich verkleinerte Banane unabhängig von ihrer jetzigen Größe ihre bekannte geometrische

Kolek, Erik (2024). Über die allgemeine, die spezielle und die allgemeinspezielle Relativitätstheorie. In: *Chroniken der Wirtschaftsinformatik-Physik (CWIP)*. Band 1, Auflagen-Nr. 1.1. ISBN: 9783759735935.

Form beibehalten haben, ihr Körper ist also im Ganzen nicht-euklidisch und in ihren Teilen nach wie vor euklidisch gestaltet. Es könnte sich bei unserem Universum der Erfahrung nach also um ein unendliches nicht-euklidisches und trotzdem gleichzeitig endliches euklidisches Kontinuum handeln.

Die existierenden Raumstrukturen [wie bei unseren Quantenbananen (in der Fernbeobachtung) die zu Makrobananen (in der Nahbeobachtung) gedanklich wieder anwachsen können] wiederholen sich demnach unabhängig von der Variation der Größe. Die Größe erscheint also auch relativ wie die Zeit, jedoch untrennbar von der nicht absoluten Zeit (Einsteinsche Theorie) existent zu sein. Eine Raumstruktur bleibt eine Raumstruktur unabhängig von seiner Größe und hat stets eine eigene damit verbundene Zeit ab der vierten bis zur siebten Dimension. Durch die Veränderung der Vergrößerung eines Körpers werden demnach nicht-euklidische Raum-Zeit-Bereiche in der Fernbeobachtung jedoch gleichzeitig euklidische Raum-Zeit-Bereiche in der Nahbeobachtung sichtbar. Die Banane ist in der Ferne gekrümmt zu sehen und in der Nähe betrachtet können einzelne Bananenbereiche nicht gekrümmt also optisch gerade erscheinen; natürlich soll die (allgemeinspezielle) Relativitätstheorie mithilfe dieses Raum-Zeit-Bezugs leichter zu verstehen sein.

Wenn es sich also bei unserem Universum um ein unendliches nicht-euklidisches und gleichzeitig endliches euklidisches Kontinuum handelt, dann gleicht die Beobachtung von Raumstrukturen aus der Ferne in die Nähe vergrößernd der euklidischen Geometrie bzw. Nähe in die Ferne verkleinernd der nicht-euklidischen Geometrie, einer unendlichen Folge natürlicher Raumzustände im physikalischen Sinn hinsichtlich der Topologien von Oberflächen von Körpern (wie bei unserer Quantenbanane) und für unser Universum (Kontinuum) hinsichtlich der Topologien von Mustern und Strukturen von Raum-Zeit-Zuständen; im Fokus der hier vorliegenden Betrachtung ist der erfahrbare fortwährende Wechsel zwischen der nicht-euklidischen Geometrie hin zur euklidischen Geometrie, von dieser euklidischen Geometrie abermals hin zur nicht-euklidischen Geometrie usw., weil

Kolek, Erik (2024). Über die allgemeine, die spezielle und die allgemeinspezielle Relativitätstheorie. In: *Chroniken der Wirtschaftsinformatik-Physik (CWIP)*. Band 1, Auflagen-Nr. 1.1. ISBN: 9783759735935.

nicht nur die Zeit relativ, sondern auch der mit der Zeit fest verbundene Raum bzw. vielmehr seine Größe relativ erscheint. Die Raum-Zeit im Ganzen und in Teilbereichen erscheint damit stets relativ gestaltet zu sein.

45 Gauss-Kartesische Koordinaten

In der allgemeinspeziellen Relativitätstheorie werden Gauss-Kartesische Koordinaten zur supersymmetrischen und relativistischen Modellierung und Visualisierung von Bewegung von Systemen und Körpern genutzt. Einem beliebig auswählbaren Raum-Zeit-Zustand wird hierfür ein Gauss-Koordinatensystem zugeschrieben, das ein Gravitationsfeld repräsentieren soll und worin sich deswegen die einzelnen Körper zwar frei aber ungleichförmig krummlinig bewegen müssen, deren Einsteinsche Mechanik erfolgt gleichzeitig innerhalb eines relativ zu diesem Gauss-Koordinatensystem bewegten Kartesischen Koordinatensystems gleichförmig geradlinig.

Das Gauss-Koordinatensystem gleicht der Gravitationsfeldtheorie von Albert Einstein (2009) und das bedeutet, die Bewegung der Körper verläuft relativ ungleichförmig krummlinig innerhalb der Raum-Zeit-Struktur wie in der allgemeinen Relativitätstheorie und gleichzeitig wie in der speziellen Relativitätstheorie relativ gleichförmig geradlinig innerhalb der Zeit-Raum-Struktur. Es existiert demnach für diese *moderne Mechanik* ein relativer Ausgleich auf vier Dimensionen zwischen der Ungleichförmigkeit einer gekrümmten Raum-Zeit und der Gleichförmigkeit eines geradlinigen Zeit-Raums, der es rechnerisch ermöglichen sollte in der physikalischen Wirklichkeit unseres Universums (Kontinuums) eine gleichförmige geradlinige Beschleunigungsbewegung von Körpern auszuführen in Gravitationsfeld-umgebungen mit einer ungleichförmigen krummlinigen Bewegungsablenkung dieser beschleunigten Körper.

Vereinfachend ausgedrückt sollen es Kartesische Koordinaten ermöglichen eine gerade Linie zwischen einem beliebig auswählbaren Bezugssystem A und

Kolek, Erik (2024). Über die allgemeine, die spezielle und die allgemeinspezielle Relativitätstheorie. In: *Chroniken der Wirtschaftsinformatik-Physik (CWIP)*. Band 1, Auflagen-Nr. 1.1. ISBN: 9783759735935.

Bezugssystem B gedanklich zu ziehen, um diese Strecke gleichförmig mit einem Testbezugskörper (wie einem Raumschiff) bereisen zu können, ohne dass während dieser Reise aus der Geraden eine Geodäte werden kann aufgrund raumzeitlich differierender Gravitationsfelder. Daher gleichen die Kartesischen Koordinaten den Gauss-Koordinaten, damit diese *moderne Mechanik* unbeeinflusst durch ungleichförmige krummlinige Bewegungseinflüsse stattfinden kann.

In der Praxis sollte in unserem Sonnensystem damit begonnen werden die lokal gemessenen Gravitationsfeldunterschiede für die Gauss-Kartesische-Koordinaten-berechnung zu berücksichtigen. Dies kann bereits mit Punktmassen (wie mit Satelliten) erfolgen, welche in fünf Gleichgewichtspunkten auf einer Umlaufbahn eines Körpers hinsichtlich eines weiteren Körpers ruhend platziert werden können (Gravitationsfeldbojen), so können Messdaten stets aktuell sein hinsichtlich von Gravitationsfeldverschiebungen, beispielsweise aufgrund von veränderten Sternaktivitäten und Planetenbewegungen.

46 Das Raum-Zeit-Kontinuum der allgemeinen Relativitätstheorie als nicht-euklidisches Kontinuum

In seinen Raum-Zeit-Strukturen unterscheidet sich unser Universum nach der allgemeinen Relativitätstheorie dahingehend, dass unser Kontinuum der Geometrie nach Euklid nicht (mehr) gleicht. Es existiert also eine unendliche Anzahl an endlichen unabhängigen Raum-Zeit-Bereichen. Diese Zahl kann auf mehreren (hier sind es vier) Dimensionen größere Bereiche zu winzigeren gebogenen Bereichen verkleinert (ungleichförmige nicht-lineare Mikroträgheitssysteme) und zugleich kleinere Bereiche zu größeren gebogenen Bereichen ausgedehnt (ungleichförmige nicht-lineare Makroträgheitssysteme) aufweisen. Das ist alles durch das Feld der Gravitation begründet.

Für mehr Details sei wiederholend auf den Abschnitt 15 verwiesen und insgesamt auf den zweiten Abschnitt.

Kolek, Erik (2024). Über die allgemeine, die spezielle und die allgemeinspezielle Relativitätstheorie. In: *Chroniken der Wirtschaftsinformatik-Physik (CWIP)*. Band 1, Auflagen-Nr. 1.1. ISBN: 9783759735935.

47 Das Raum-Zeit-Kontinuum der speziellen Relativitätstheorie als euklidisches Kontinuum

In seinen Raum-Zeit-Strukturen unterscheidet sich unser Universum nach der speziellen Relativitätstheorie dahingehend, dass unser Kontinuum der Geometrie nach Euklid (noch) gleicht. Es existiert also eine unendliche Anzahl an endlichen selbstständigen Raum-Zeit-Bereichen, diese Zahl kann auf vier Dimensionen nur gleichförmige geradlinige Bereiche (homogene lineare Trägheitssysteme) aufweisen, das ist alles nicht durch das Feld der Gravitation begründet, weil dieser objektivierte Körper in der speziellen Relativitätstheorie nicht enthalten ist, sondern erst in der allgemeinen Relativitätstheorie als eine Vollendung (Vervollständigung) durch Albert Einstein (2009) ergänzt wird.

Für mehr Details sei wiederholend auf den Abschnitt 14 verwiesen und insgesamt auf den dritten Abschnitt.

48 Das Raum-Zeit-Kontinuum der allgemeinspeziellen Relativitätstheorie als nicht-euklidisches und euklidisches Kontinuum

In seinen Raum-Zeit-Strukturen unterscheidet sich unser Universum nach der allgemeinspeziellen Relativitätstheorie dahingehend, dass unser Kontinuum der Geometrie nach Euklid einerseits nicht gleicht und andererseits auch gleicht. Es existiert also eine unendliche Anzahl an endlichen, jedoch nicht absoluten Raum-Zeit-Bereichen. Diese Zahl kann ab vier bis sieben Dimensionen nur ungleichförmige krummlinige Bereiche (heterogene nicht-lineare Makro- und Mikro-Trägheitssysteme) aufweisen innerhalb derer verschiedengroß gestaltete gleichförmige geradlinige Bereiche (homogene lineare Trägheitssysteme) existieren. Es ist alles durch das Gravitationsfeld begründet, das in den mannigfaltigen Raum-Zeit-Bereichen einen unterschiedlichen Einfluss haben muss auf die Geometrie nach Euklid, beispielsweise aufgrund von schweren trägen Sternsystemmassen die örtlich nahe zu finden sind.

Kolek, Erik (2024). Über die allgemeine, die spezielle und die allgemeinspezielle Relativitätstheorie. In: *Chroniken der Wirtschaftsinformatik-Physik (CWIP)*. Band 1, Auflagen-Nr. 1.1. ISBN: 9783759735935.

Um die gesamte Geometrie der allgemeinspeziellen Relativitätstheorie (Matrix) hinsichtlich unseres Universums (Kontinuums) einfach zu verstehen, müsste es gedanklich geholfen haben den zweiten und dann den dritten Abschnitt, also zuerst die allgemeine dann die spezielle Relativitätstheorie gelesen und sich bildlich vorgestellt zu haben. So müsste gelernt worden sein, da es ein Sein und ein Wollen in unserem Universum ist, dass die nicht-euklidische Geometrie komplett ohne die euklidische Geometrie unmöglich erscheint. Deswegen haben beide Theorien der Geometrie deduktiv eine Zusammenführung in die allgemeinspezielle Relativitätstheorie erfahren und in der beide Vorstellungen von Geometrie (Theorien) weiterhin ihre Geltung haben, da der vierte Abschnitt eine Erweiterung (Vervollständigung) der allgemeinen und speziellen zur allgemeinspeziellen Relativitätstheorie repräsentiert.

Die allgemeinspezielle Relativitätstheorie unterteilt demnach das Universum (Kontinuum) als ein Ganzes wie die allgemeine Relativitätstheorie in einen ungleichförmigen krummlinigen Bereich, in dem jede gestartete Linie irgendwann ihren Anfang aufgrund der Biegung des Universums (Kontinuums) wieder finden müsste, jedoch durch viele verschiedene ungleichförmige krummlinige Bereiche verläuft aufgrund der Mannigfaltigkeit unseres Universums (Kontinuums), also in verschiedenen Raum-Zeit-Bereichen eine unterschiedliche Biegung nach innen oder außen aufweisen müsste. Diese veränderliche Biegung kann jedoch in einzelnen Raum-Zeit-Bereichen soweit abnehmen, dass zeitraumweise ein gleichförmig gerader Verlauf denkbar wird bis der Krümmungswinkel wieder zunimmt.

Wenn es nach der Einsteinschen Theorie keine absolute Zeit gibt, diese nur mit dem Raum verbunden existiert, dann ergibt sich als eine Folge der Satz: In den Bereichen ohne Raum gibt es auch keine Zeit, und als Gegensatz hierzu: In Bereichen ohne Zeit gibt es auch keinen Raum. Das bedeutet, dahinter könnten andere allgemeine Naturgesetze kontravariant gültig sein als diejenigen die kovariant in diesem Universum (Kontinuum) gelten. Kein Raum und deswegen keine Zeit, bzw. keine Zeit

Kolek, Erik (2024). Über die allgemeine, die spezielle und die allgemeinspezielle Relativitätstheorie. In: *Chroniken der Wirtschaftsinformatik-Physik (CWIP)*. Band 1, Auflagen-Nr. 1.1. ISBN: 9783759735935.

und deswegen kein Raum, erscheinen mit der allgemeinspeziellen Relativitätstheorie denkbar zu werden, insbesondere in den mehrdimensionalen Bereichen, die wie Übergänge zu anders gekrümmten Bereichen strömen könnten als auch in Ereignispunkten von bedeutend ponderablen Massen wären solche physikalischen Zustände jetzt denkbar. Es könnten diverse solcher Massenereignispunkte tatsächlich über kontravariante allgemeine Naturgesetze verbunden sein. Das müsste auch eine gleichförmig verteilte Massendichte, die einen gering von Null verschiedenen Durchschnitt hat, begründen, womit die allgemeinspezielle Relativitätstheorie einer weltlichen Erfahrung bereits gedanklich standhält.

Nach der allgemeinspeziellen Relativitätstheorie muss die Geschwindigkeit der Lichtbewegung immer von Punktkoordinaten abhängig sein, da zumindest ein einziges großes Gravitationsfeld (innerhalb) unseres Universums (Kontinuums) immer existiert. Diese Existenz von Gravitationsfeldern schließt eine für eine konstante Lichtbewegungsgeschwindigkeit naturübereinstimmende Festlegung von Raum-Zeit-Koordinaten allgemein aus. Diese euklidische Mechanik wird speziell wieder mit derselben Festlegung von Raum-Zeit-Koordinaten zielführend möglich, wodurch eine gleichbleibende Lichtausbreitungsgeschwindigkeit gesetzeskoinzident beschrieben werden kann. Übereinstimmend mit der Natur können somit in der allgemeinspeziellen Relativitätstheorie die Geschwindigkeitsbewegungen aller Körper, wie die Bewegung des Lichts innerhalb von Gravitationsfeldern gedacht erfolgen, also ausgehend von einer ungleichförmigen (nicht-euklidischen) Bewegungsgeometrie zurück in konstante (euklidische) Mechanikgesetze transformiert werden.

In der allgemeinspeziellen Relativitätstheorie gleicht die Einsteinsche Gravitationsfeldbewegung einer verallgemeinerten, modernen Lichtfeldbewegung und somit einer nicht-klassischen Raum-Zeit-Bewegung. Wenn also in einem Raum objektiv ein Etwas wie Gravitation als ein Feld bestehen kann, dann kann auch Licht in diesem Raum als ein Feld betrachtet existieren, genauso wie die Zeit, die fest

Kolek, Erik (2024). Über die allgemeine, die spezielle und die allgemeinspezielle Relativitätstheorie. In: *Chroniken der Wirtschaftsinformatik-Physik (CWIP)*. Band 1, Auflagen-Nr. 1.1. ISBN: 9783759735935.

verbunden mit dem Raum also auch ein Feld darstellen müsste, wenn allgemein der Einsteinschen Theorie gefolgt wird. Dieses Zeitfeld mit allen t_{ik} (Modelltensor) könnte also bedingt durch das Gravitationsfeld und Lichtfeld schwingen (fluktuieren) wie der Raum selbst, der selbst geometrisch als ein dreidimensionales Feld begriffen werden kann. Der Raum-Zeit-Begriff gleicht hier geometrisch dem Feldbegriff, wodurch die Zeit, wird dessen Bezugssystem allgemein direkt auf das Koordinatensystem des Raums übereinstimmend abgelegt, ebenfalls dreidimensional sein müsste. Die Raum-Zeit kann demnach beliebig in der allgemeinspeziellen Relativitätstheorie mit vier Dimensionen (3 Raumkoordinaten + 1 Zeitkoordinate) als ein objektivierter Körper oder mit sieben Dimensionen (3 Raumkoordinaten + 3 Zeitkoordinaten + 1 Krümmungswinkelkoordinate) als ein objektiviertes Feld betrachtet werden. In beiden physikalischen Dimensionierungsfällen existiert keine absolute Zeit wie dies Albert Einstein (2009) ebenfalls ab vier Dimensionen akzeptierte. Als eine siebte Dimension wäre in der allgemeinspeziellen Relativitätstheorie aufgrund der Gravitationsfelder und Lichtfelder noch die Krümmungsintensität unseres Universums (Kontinuums) hinzufügbar, die sich jedoch leicht über das physikalisch wirkliche π unseres Universums (Kontinuums) bestimmen lassen sollte. Letztendlich kann sich so die Bewegung der Zeit (und des Raums) gedanklich vorgestellt werden, welche in der Newtonschen Mechanik absolut und daher eindimensional gleichförmig geradlinig in eine Richtung bewegt ist, jetzt in dieser *modernen Mechanik* ungleichförmig krummlinig also differenzierter betrachtet werden kann, so dass Zeit als gerade Linie am Ende geschlossen sein könnte.

49 Die genaue Darstellung des allgemeinspeziellen Relativitätsgrundsatzes

Das Grundverständnis des allgemeinspeziellen Relativitätsgrundsatzes gleicht dem Ausdruck: *Jedes Gauss-Kartesische Koordinatensystem ist zur Darstellung allgemeiner Gesetze der Natur grundsätzlich gleich geeignet* (Einstein, 2009).

Kolek, Erik (2024). Über die allgemeine, die spezielle und die allgemeinspezielle Relativitätstheorie. In: *Chroniken der Wirtschaftsinformatik-Physik (CWIP)*. Band 1, Auflagen-Nr. 1.1. ISBN: 9783759735935.

Generell kann dieser allgemeinspezielle Relativitätsgrundsatz auch zusätzlich mit einem anderen Satz ausgedrückt werden, der dasselbe bestimmter wie seine naturkoinzidente Erweiterung des allgemeinen Relativitätsgrundsatzes psychologisch arrangiert (Einstein, 2009). Die Gleichungen zur Beschreibung der allgemeinen Naturgesetze in der allgemeinen Relativitätstheorie müssen durch die Anwendung beliebiger Ersetzungen von Gauss-Koordinaten $(x_1, \ x_2, \ x_3, \ x_4)$ in naturübereinstimmende Gleichungen übergehen; weil jeder (Lorentz-)Übergang einer Übertragung von einem Gauss-Bezugssystem in ein anderes Gauss-Koordinatensystem gleicht (Einstein, 2009). Die allgemeinen Naturgesetze werden in der speziellen Relativitätstheorie dargestellt mit Gleichungen die in naturübereinstimmende Gleichungen übergehen, wenn allgemein anstelle von räumlichen und zeitlichen Koordinaten (x, y, z, t) eines Galileischen Bezugssystems K durch die Lorentz-Transformation neue räumliche und zeitliche Koordinaten $(x\prime, y\prime, z\prime, t\prime)$ eines anderen (Galileischen) Bezugssystems K' festgestellt werden (Einstein, 2009).

Muss allgemein eine erfahrbare Wahrnehmung mit drei Dimensionen jeweils für den Raum als auch für die Zeit erhalten bleiben, dann kann eine psychologische Weiterentwicklung, die wir verstehen anhand des ausgearbeiteten Grundsatzes der allgemeinspeziellen Relativitätstheorie, wie folgt als eine Theorie beschrieben werden (Einstein, 2009): Praktisch starre Bezugskörper existieren nicht innerhalb von Schwerefeldern und daher in diesem Gravitationsfeld ebenfalls nicht mit einer gleichförmigen geometrischen Beschaffenheit nach Euklid; deswegen funktioniert in der allgemeinen Relativitätstheorie eine Vorstellung über (praktisch) starre Bezugssysteme nicht (Einstein, 2009).

Aufbauend auf Albert Einstein (2009) sei an dieser Stelle an die Marmortischoberfläche erinnert und an die Flamme, welche zu einer hitzebedingten Verformung (Kontraktion) des quadratischen Konstruktionsdesigns des Universums (Kontinuums) nach Euklid führt.

Kolek, Erik (2024). Über die allgemeine, die spezielle und die allgemeinspezielle Relativitätstheorie. In: *Chroniken der Wirtschaftsinformatik-Physik (CWIP)*. Band 1, Auflagen-Nr. 1.1. ISBN: 9783759735935.

Allgemein werden deswegen nicht-starre Bezugssysteme eingeführt, die sich willkürlich bewegen und durch das Gravitationsfeld willkürliche Veränderungen ihres Konstruktionsaufbaus erleben können (Einstein, 2009). Dieses nicht-starre Bezugssystem gleicht einem willkürlich ausgewählten Gauss-Koordinatensystem mit drei Dimensionen (Einstein, 2009).

Schwerefelder können Einfluss nehmen auf die räumlichen und zeitlichen Bewegungen von quasi-sphärischen Systemen und darin beschleunigten Körpern also auch auf die Maßstäbe und Uhren (bzw. vielmehr auf deren physikalischen Sinn), so dass die Maßstäbe je nach Massenfeldabstand unterschiedlich starke Kontraktionen erfahren und die mit Uhren direkt gefundene homogen-lineare Begriffsfestlegung der wirklich im Universum bestehenden Zeit berechtigterweise nicht das Bestätigungsabstandsmaß auf dem Uhrzifferblatt erreicht in der allgemeinspeziellen und allgemeinen Relativitätstheorie verglichen mit der speziellen Relativitätstheorie, in der jedoch kein Lichtfeld und kein Gravitationsfeld auf die Zeitmaschinen (Uhren) einwirkt (Einstein, 2009). Für die Festlegung von Zeit werden Uhren verwendet, die einem willkürlich, stark abweichenden ungleichförmigen Bewegungsgesetz unterliegen, die allgemein an jedem Punkt eines nicht-starren Bezugssystems gedanklich fest (ruhend) abgelegt sind, sowie die nur einen einzigen physikalischen Sinn haben, die zur gleichen Zeit wahrnehmbaren Metriken (Größen) von (ebenfalls) lokal abgelegten Uhrnachbarn (unendlich oft) zueinander übereinstimmend anzuzeigen (Einstein, 2009).

Ein Spezialfall von Gravitationsfeldern existiert relativ hinsichtlich eines nicht-Galileischen (kartesischen) Bezugssystems (Abschnitt 8 und 11) (Einstein, 2009). Bestimmte Annahmen gestatten es, die nicht-Galileischen (kartesischen) Bezugssysteme mit Galileischen Bereichen zu verbinden (Einstein, 2009). Im Universum existieren in der speziellen Relativitätstheorie Galileische Bereiche, also nur derartige, innerhalb denen ein Schwerefeld (Gravitationsfeld) nicht besteht (Einstein, 2009). Ausgewählt wird ein Galileisches Bezugssystem

Kolek, Erik (2024). Über die allgemeine, die spezielle und die allgemeinspezielle Relativitätstheorie. In: *Chroniken der Wirtschaftsinformatik-Physik (CWIP)*. Band 1, Auflagen-Nr. 1.1. ISBN: 9783759735935.

(Geometriesystem), also ein praktisch starres System mit einem naturübereinstimmend ausgewählten Mechanikzustand, damit relativ hinsichtlich diesem System der Galileische Ausdruck hinsichtlich einer gleichförmigen geradlinigen Bewegungsrichtung „unabhängiger" Testbezugskörper (Punktmassen) denkbar fortbesteht (Einstein, 2009).

Bildlicher gesprochen lässt sich der allgemeinspezielle Relativitätsgrundsatzes auch so nachvollziehen: Zwischen zwei Körpern soll eine gleichförmig geradlinige Bewegung in eine bestimmte Richtung mit einer von diesen Körpern unabhängigen Probepunktmasse (zum Beispiel mit einem Raumschiff) möglich werden. Da sich jedoch alle Körper gemäß der klassischen Mechanik bewegen (sollten), verändern sich fortwährend die Entfernung zwischen den zwei Körpern und der Winkel der dazwischen gedachten Gerade. Nach der Einsteinschen Mechanik kommen noch weitere Einflüsse von außen beobachtet hinzu, das sind zumindest die zwei Gravitationsfelder der quasi-sphärischen Bezugskörper (und alle Gravitationsfelder benachbarter Massen im Universum), die stetig dazu führen sollten (ohne entsprechende andauernde Korrektur), dass aus der Geraden eine Geodäte wird und sich die Testbezugsmasse ungleichförmig krummlinig bewegt. Das bedeutet, diese nicht-starre Punktmasse (zum Beispiel ein Asteroid) sollte schneller oder langsamer beschleunigt werden sowie seine Bewegungsrichtung verändern (Mechanik-ablenkung) in Abhängigkeit von den nahegelegenen Gravitationsfeldern.

Eine Reise als ein Beispiel in unserem Sonnensystem zwischen Erde und Mars wäre so zielsicherer gestaltbar und der Gravitationslichtfeldeinfluss (Anti-Gravitations-feldeinfluss) erfahrbar berechenbar, da ab einem gewissen Punkt auf der gedachten Gerade die Marsgravitation stärker werden sollte als die zurückziehende Erdgravitation (Anti-Gravitationsfeld). Dies sollte ab einer bestimmten Entfernung Erde-Mars der physikalische Fall sein, die Bewegung würde somit gleichförmig bleiben, da je nach gewünschter Reisegeschwindigkeit v eine Beschleunigungs-anpassung erfolgen kann, hier eine Geschwindigkeitsverringerung aufgrund der

Kolek, Erik (2024). Über die allgemeine, die spezielle und die allgemeinspezielle Relativitätstheorie. In: *Chroniken der Wirtschaftsinformatik-Physik (CWIP)*. Band 1, Auflagen-Nr. 1.1. ISBN: 9783759735935.

stärker gewordenen Marsgravitation, und geradlinig weil die krummziehende Gravitationslichtfeldwirkung der betreffenden Körper anhand des Anflugwinkels stetig ausgeglichen werden kann.

Wiegen wir auf einem Planeten wie der Erde einen Kugelkörper aus Eisen und erhalten beispielsweise ein Gewicht von 1 Kilogramm und legen diese Kugel rein gedanklich auf einem anderen Planeten wie dem Mars ab, dann können wir uns folgendes fragen: Welches Gewicht hat die Kugel in einem anderen Gravitationslichtfeld ohne dass mir eine Theorie dazu bekannt wäre? Allgemein sollte am Anfang der Betrachtung gedacht werden, die Kugel müsste ein geringeres Gewicht speziell im Fall des Mars aufweisen, denn sein Gravitationslichtfeld müsste proportional exzentrisch kleiner sein als das der Erde und sollten wir unsere Wiegemaschine von der Erde zum Mars mitnehmen, dann sollten wir tatsächlich einen Unterschied der Massenschwere bemerken. Handelt es sich hierbei jedoch physikalisch betrachtet um einen Gewichtsunterschied? Was könnte stattdessen wirklich mit der Eisenkugel passiert sein, insbesondere weil mir, wie gesagt, der Theorie nach keine Konstante für die Gravitation in den Sinn kommt? Die Kugel könnte auf dem Mars eine minimale Ausdehnung in alle Richtungen erfahren haben, sie ist also ein sehr kleines Stück größer geworden als auf der Erde. Diese Größenverschiebung fällt optisch jedoch nicht ins Gewicht, denn nach dem allgemeinspeziellen Relativitätsgrundsatz könnte Schwerelosigkeit von Massen überall im Universum existieren (Anti-Gravitationsfeld), sogar auf Planeten, daher könnte auch Albert Einstein (2009) die Massenschwere gleich der Massenträgheit gesetzt haben. Es könnte also im Universum nur Massenträgheit physikalisch wirklich existieren, was bedeutet, es könnte kein Gewicht geben, stattdessen nur eine Geschwindigkeit in Richtung des Massenzentrums von trägen Bezugssystemen und trägen Bezugskörpern. Schon jetzt wäre die klassische Gravitationskonstante nach Newton nicht mehr haltbar (also dem Prinzip nach falsch), wodurch sich der Wunsch gegenüber dem Universum bemerkbar machen sollte hinsichtlich einer modernen Gravitationsvariablen. Da wir allgemein nur unsere Wahrnehmung als eine Form der

Kolek, Erik (2024). Über die allgemeine, die spezielle und die allgemeinspezielle Relativitätstheorie. In: *Chroniken der Wirtschaftsinformatik-Physik (CWIP)*. Band 1, Auflagen-Nr. 1.1. ISBN: 9783759735935.

Geometrie aufgrund der Relativität von Raum und Zeit besitzen und uns die Optik beider Planeten bekannt ist, können wir gemäß dieser beobachteten Dynamik der Optik sagen: π also Umfang U durch Durchmesser d des Großkreises (Äquator) des Körpers sollte bei dieser Ableitung einer modernen Gravitationsvariablen nützlich sein. Beim Durchmesser d können wir natürlich zusätzlich den Krümmungswinkel α aufgrund des Gravitationslichtfeldes berücksichtigen ausgehend vom Umfang in einer dreidimensionalen räumlichen Betrachtung eines sphärischen Bezugskörpers. Das kovariante Gleichungssystem hinsichtlich dieser zwei Momentaufnahmen aus derselben Entfernung lautet demnach $g_{ik} = \pi_{Erde} = \pi_{Mars}$ bzw. $g_{ik} = U/d_{m1} = U/d_{m2}$, jedoch könnte nach dieser Theorie von Allem ein fortschrittlicheres π für das dunkle quasi-sphärische Universum noch präziser geeignet sein, worauf ich aufgrund der notwendigen Mathematik nicht tiefer eingehen will. Nach dieser Optikdynamik können wir jetzt auf den zwei Momentfotos einen beliebig gewählten Maßstab anlegen und eine an die moderne Gravitationsvariable annähernde Differenzierung durchführen nach einem der beiden Terme von $d_{m1}d_{m2} = U_{m2}/U_{m1}$, welcher eine Abhängigkeit hinsichtlich der modernen variablen Gewichtskraft für das Gravitationslichtfeld g_{ik} ausdrücken sollte, die wahrhaftig eine Trägheitskraft Radius $r_{ik} = g_{ik} / 2$ zum Massenzentrum eines Körpers darstellen müsste. Berücksichtigen wir in dem letzteren Term die Wurzel, so ergibt sich eine an Gauss angelehnte Gravitationsvariable $k_{ik} = \sqrt{(g_{ik} / 2)}$, die es uns verallgemeinerter ermöglichen könnte ohne eine vorausgesetzte Massenschwere wie nach Isaac Newton nur auf Grundlage der Massenträgheit wie nach Albert Einstein (2009) zuverlässigere physikalisch mathematische Aussagen hinsichtlich von Gravitationslichtfeldern aufzustellen.

Wird die beschriebene Entfernung zwischen den zwei Körpern jetzt in einem intergalaktischen Maßstab gedacht, nachdem vorher die Lichtablenkung des anvisierten Sterns klar ist und somit gleichzeitig seine physikalisch wirkliche Position bestimmt ist (Abschnitt 3.2), wird allgemein bemerkt, dass viele störende nahegelegene Gravitationsfelder existieren können, die zu einer Abweichung der Reiseroute führen können. Ob diese Reise durch unser quasi-sphärisches Raum-Zeit-

Kolek, Erik (2024). Über die allgemeine, die spezielle und die allgemeinspezielle Relativitätstheorie. In: *Chroniken der Wirtschaftsinformatik-Physik (CWIP)*. Band 1, Auflagen-Nr. 1.1. ISBN: 9783759735935.

Sonnensystem überhaupt möglich ist, würde sich dann naturentsprechend kovariant oder kontravariant herausstellen, denn an der äußersten Gravitationslichtfeldoberfläche, die wie eine praktisch unsichtbare jedoch durchsichtige Spiegelwand aussehen könnte, falls allgemein Raumsphären der Feldgeometrie von Lichtgravitation folgend tatsächlich geschlossen sein sollten, müsste eine unendlich mannigfaltige Krümmung (also eine unvorstellbare Dimensionierung dunkler Substanz) wie ein undurchdringlicher Grenzhorizont spürbar sein; in diesem physikalisch allgemeinspeziellen Fall wären mehrdimensionale mannigfaltige Raum-Zeit-Verdrehungen zwischen den Raumsphären massenzentrisch in unserem Universum denkbar. Ohne die allgemeinspezielle Relativitätstheorie sollte demnach so eine Bewegung ohne Berechnung der Gravitationsfeldablenkung im Nirgendwo der mehrdimensionalen Raum-Zeit enden. Da sich ebenfalls die Raum-Zeit-Strukturen zwischen intergalaktischen Körpern bewegen (sollten), könnte dies bedeuten, sobald in einen entsprechend höher gekrümmten Raum-Zeit-Bereich geflogen wird auf den verschiedene Gravitationsfelder Einfluss nehmen, so könnten unvorhergesehene Punktereignisse wie Kollisionen mit einem sonstigen Himmelskörper, wie beispielsweise eine Ablenkung in ein Schwarzes Loch oder auf einen frei umher fliegenden Mond, ansonsten nicht ausgeschlossen sein, insbesondere wenn die Lösung des Lichtgeschwindigkeitsproblems auf Grundlage des allgemeinspeziellen Relativitätsgrundsatzes denkbar ist.

50 Die Lösung des Lichtgeschwindigkeitsproblems auf Grundlage des allgemeinspeziellen Relativitätsgrundsatzes

Bisher wurde fälschlicher Weise nicht nur von Wissenschaftlern angenommen, dass die Lichtgeschwindigkeit c eine Begrenzung im physikalischen Sinne einer Höchstgeschwindigkeit v von Körpern im luftleeren Raum (Vakuum) repräsentiert. Zurückzuführen ist diese falsche Annahme auf das Gesetz über die Konstanz der Lichtgeschwindigkeit c, das für Albert Einstein (2009) hinsichtlich der Ableitung der

Kolek, Erik (2024). Über die allgemeine, die spezielle und die allgemeinspezielle Relativitätstheorie. In: *Chroniken der Wirtschaftsinformatik-Physik (CWIP)*. Band 1, Auflagen-Nr. 1.1. ISBN: 9783759735935.

speziellen Relativitätstheorie nur als ein Gedankenbeispiel diente für die Beschreibung einer Gleichförmigkeit einer Bewegung mit einer konstanten Geschwindigkeit v. In die spezielle Relativitätstheorie wurde deswegen mit der Lorentz-Transformation auch der Lorentz-Faktor übernommen, der eine mathematische Begrenzungsfunktion für die Lichtbewegung darstellt. Sonstige denkbare Einflüsse wie Reibung und Gravitationslichtfeld bleiben hierbei noch unberücksichtigt, da diese die Geschwindigkeit v zwar beeinflussen jedoch nicht naturübereinstimmend zu so einer mathematischen Maximalfunktion (Gleichungssystem) führen können.

Das Experiment von Fizeau (Abschnitt 33) war für Albert Einstein (2009) auch kein Grund zur Annahme, dass das Gesetz über die Konstanz der Lichtgeschwindigkeit c eine Maximaleigenschaft der Lichtgeschwindigkeit w darstellt. Denn Albert Einstein (2009) ermittelte mit seiner (speziellen) Relativitätstheorie die Geschwindigkeit v der Flüssigkeitsströmung mit Einfluss auf die Lichtbewegung w mit seiner Gleichung für parallele Geschwindigkeiten $W = (v + w) / (1 + vw/c^2)$. Es handelt sich hierbei um eine bestimmte Lichtgeschwindigkeit w die relativ zu einer mit Flüssigkeit befüllten Röhre (auf der Erde) experimentell und rechnerisch ermittelt wird. Das Experiment von Fizeau beweist also Albert Einsteins Relativitätstheorie in exakter Weise, hat aber keine Aussage über eine Lichtmaximalgeschwindigkeit.

Der Erfahrung nach existiert in der Praxis bis heute kein Testbezugskörper, welcher bereits mit (annähernder) Lichtgeschwindigkeit c geflogen ist. Das ist jedoch auch kein Beweis für eine Geschwindigkeitsbegrenzung gemäß dem Gesetz über die Konstanz der Lichtgeschwindigkeit c, sondern nur ein wichtiger Hinweis darauf, dass unser Verständnis und unsere Beobachtung der Geschwindigkeit von Körpern noch nicht ausreichend genug gewesen sein könnten (Lichtgeschwindigkeitsparadoxon). Diese Überlegung gegenüber zu langsam angetriebenen Raumbezugskörpern ist (ebenfalls) unabhängig von einer in der physikalischen Wirklichkeit praktisch unendlichen Geschwindigkeit v des Lichts zu verstehen, denn diese muss (dennoch)

Kolek, Erik (2024). Über die allgemeine, die spezielle und die allgemeinspezielle Relativitätstheorie. In: *Chroniken der Wirtschaftsinformatik-Physik (CWIP)*. Band 1, Auflagen-Nr. 1.1. ISBN: 9783759735935.

erhalten bleiben für alle bewegten Körper in unserem Universum nach der allgemeinspeziellen Relativitätstheorie als eine praktisch unendliche Potenzialfunktion (Gleichungssystem) zur Bestimmung einer von der Richtungsgeschwindigkeit abhängigen mehrdimensionalen Oberflächenverschiebung des Testbezugskörpers analog zum Licht.

Das Lichtgeschwindigkeitsparadoxon wird in der allgemeinspeziellen Relativitätstheorie dadurch gelöst, dass anstatt einer realen Beobachtung eines frei bewegten Raumbezugskörpers einfach ein Verständnis für diese Beobachtung gebildet wird, übereinstimmend mit den allgemeinen Gesetzen der Natur bzw. der Erfahrung.

Das Lichtgeschwindigkeitsparadoxon zerfällt bereits wenn an folgende theoretische Möglichkeit gedacht wird: Wird ein (annähernd) auf Lichtgeschwindigkeit $w = c$ beschleunigter Stern betrachtet, dann strahlt dieser nach dem Gesetz über die Konstanz der Lichtgeschwindigkeit c in jede seiner Richtungen Lichtkörper mit der Geschwindigkeit $v = c$ ab, für die Lichtstrahlung, ausgehend von diesem Stern gilt dann bei gleichgerichteter Geschwindigkeit $W = v + w = c + c = 2c$; folglich bewegen sich die Lichtstrahlen nach dem Additionsgesetz bereits mit der Geschwindigkeit $W = 2c$. Hierdurch wird das Gesetz über die Konstanz der Lichtgeschwindigkeit c seinem physikalischen Sinn nach ungültig, denn der Stern bewegt sich mit c und das Licht mit 2c, jedoch ist die Entfernung zwischen beiden stets durch die relative Geschwindigkeit c gegeben, wodurch das vorherige Gesetz erneuert werden kann zu dem Gesetz über die gleichzeitige Konstanz der Lichtrelativgeschwindigkeit c hinsichtlich von gleichgerichteten bewegten Körpern.

Das Gesetz über die Konstanz der Lichtgeschwindigkeit c wird ebenfalls ungültig aus der Sicht eines Beobachters auf einem rotierenden bewegten Körper der diesen Stern und das Licht gleichzeitig beobachtet. Ein Beobachter sieht immer den Stern mit c und das Licht mit 2c in dieselbe Richtung bewegt. Ein Beobachter muss immer in jede Richtung eines Licht abstrahlenden Bezugskörpers einen konstanten Feldbereich

Kolek, Erik (2024). Über die allgemeine, die spezielle und die allgemeinspezielle Relativitätstheorie. In: *Chroniken der Wirtschaftsinformatik-Physik (CWIP)*. Band 1, Auflagen-Nr. 1.1. ISBN: 9783759735935.

einsehen können, das bedeutet, würde das veraltete Gesetz physikalisch wirklich gültig sein, so müsste in dieselbe Richtung der Sternbewegung gesehen alles dunkel sein, das wird es aber nicht sein, stattdessen wird es dort auch hell sein, da das Licht im luftleeren Raum (Vakuum) zwar keiner Reibung jedoch dem Gravitationsfeld des eigenen Sterns ausgesetzt sein sollte; wäre jedoch dieses Gravitationsfeld zu stark für das Licht um eine genügend hohe Fluchtgeschwindigkeit v zu entwickeln, dann wäre gar kein Licht rings um den Stern zu sehen und der Stern würde schwarz wie ein mehrdimensionales Loch erscheinen, um das herum dunkelleuchtende Wärmestrahlung zu sehen sein müsste.

Die Frage nach der Existenz einer praktisch endlichen Lichtgeschwindigkeit c oder praktisch unendlichen Lichtgeschwindigkeit v ist bis jetzt noch nicht vollständig beantwortet. Hierzu erfolgte eine Messung der Lichtgeschwindigkeit im Falle der Monde von Jupiter 1676 durch den Astronom und Mathematiker Ole Christensen RØMER, der eine praktisch endliche Lichtgeschwindigkeit c bestätigt glaubte; dieselbe Beobachtung habe ich auch mit einem Dobson-Newton-Teleskop mit einer 200 mm Öffnung gemacht, jedoch eine andere Annahme getroffen, nämlich die der praktisch unendlichen Lichtgeschwindigkeit v.

Nehme ich zur Beantwortung der vorherigen Existenzfrage aufgrund der allgemeinspeziellen Relativitätstheorie eine praktisch unendliche Lichtgeschwindigkeit v an, so wäre das Licht des jeweiligen Mondes des Jupiters sofort wieder hier auf der Erde zu sehen, sobald dieser Mond aus dem Schatten des Jupiters austreten würde. Auch nehme ich anstatt einer absoluten Zeit, wie dies damals scheinbar bereits vor der Newtonschen Mechanik üblich war, weil diese schon allein aufgrund der mechanischen Uhrengänge fehleranfällig ist und so Abweichungen der Versuchsergebnisse denkbar werden, eine fest mit dem Raum verbundene Zeit an (Einsteinsche Theorie). Stehe ich auf der Erde (x, y, z, t) als ein Beobachter der Jupitermonde (x', y', z', t') mit einer Uhr und einem Teleskop ausgerüstet da und schreibe jeden Zeitereignispunkt (t = t') auf ab dem ich den jeweiligen Jupitermond

Kolek, Erik (2024). Über die allgemeine, die spezielle und die allgemeinspezielle Relativitätstheorie. In: *Chroniken der Wirtschaftsinformatik-Physik (CWIP)*. Band 1, Auflagen-Nr. 1.1. ISBN: 9783759735935.

wieder aus dem Schatten hervortreten sehen kann. Dann schreibe ich lediglich Momente der Gleichzeitigkeit der Bewegung von Körpern auf, die ich auf einem der beiden Körper beobachtet habe, das bedeutet, in diesen Ereignispunkten erscheint die Erdzeit gleich der Jupitermondzeit (t = t') aufgrund der Lichtbewegung zu sein.

Würde in diesen Zeitereignispunkten (t = t') die Entfernung zwischen Erde und Jupitermond unverändert bleiben, so wäre keine Aussage über die Lichtgeschwindigkeitsfrage aufstellbar. Stattdessen muss zwischen jedem der Raum-Zeit-Punkte also immer eine veränderliche Entfernung denkbar sein, und zwar dadurch, dass sich das Licht zurückgeworfen vom Jupitermond zur Erde stets auf einer veränderlichen mehrdimensionalen Geodäte bewegt aufgrund der nahegelegenen Gravitationsfelder der Erde, der Sonne und den sonstigen Himmelskörpern.

Bewegt sich also das Licht in unserem Universum als ein objektivierter Körper entweder als einzelner Lichtstrahl oder als gemeinsames Lichtfeld im Raum? Von der Oberfläche des Jupitermonds aus beobachtet wird es ein großes gemeinsames Lichtfeld sein, das sich innerhalb einer mehrdimensionalen Geodäte in Richtung Erde ausbreitet und sobald das Licht auf der Erde erscheint wirkt es auf den dortigen Beobachter wie ein kleiner einzelner Lichtstrahl. Bei der veränderlichen mehrdimensionalen Geodäte handelt es sich demnach um einen gekrümmten Kegel dessen Spitze mit dem absorbierenden Körper verbunden zu sein scheint, also rein optisch um eine Krümmungssingularität des Lichts. Damit wäre eine bestimmte, praktisch endliche Lichtreichweite S vorstellbar, jedoch noch immer keine Aussage über eine endliche Lichtgeschwindigkeit c. Denn anstatt in einer mit ruhender Flüssigkeit befüllten Röhre (Fizeau-Experiment) bewegt sich jetzt das Licht in einem mit ruhender Gravitation befülltem Raum (analog gesetzt zu einem Feld).

Das Additionsgesetz parallelverlaufender Geschwindigkeiten $W = (v + w) / (1 + vw/c^2)$ gleicht der Erfahrung, weil dieses durch das Experiment nach Fizeau bestätigt wurde (Abschnitt 33), das die Lichtbewegung in einer ruhenden Flüssigkeit veranschaulicht (Einstein, 2009). Die Frage in diesem Zusammenhang lautet: Wie

Kolek, Erik (2024). Über die allgemeine, die spezielle und die allgemeinspezielle Relativitätstheorie. In: *Chroniken der Wirtschaftsinformatik-Physik (CWIP)*. Band 1, Auflagen-Nr. 1.1. ISBN: 9783759735935.

schnell bewegt sich das Licht von einem Jupitermond mit einer Geschwindigkeit w in einem Raum K in Richtung der Erde, wenn der Raum K von einem praktisch ruhenden Gravitationsfeld K' mit der Geschwindigkeit v durchflossen wird (Einstein, 2009)? Unabhängig davon ob das Gravitationsfeld K' relativ zum Raum K und dem Licht bewegt ist oder nicht, muss die Lichtbewegung relativ hinsichtlich des Gravitationsfeldes stets mit der Geschwindigkeit w stattfinden (Einstein, 2009). Die Lichtgeschwindigkeit relativ hinsichtlich des Raums K muss bestimmt werden, da die Lichtgeschwindigkeit relativ hinsichtlich des Gravitationsfeldes und die Gravitationsfeldgeschwindigkeit relativ hinsichtlich des Raums K gegeben sind (Einstein, 2009). Die Geschwindigkeit W beschreibt die Lichtbewegung relativ hinsichtlich des Raumes K (Einstein, 2009).

Eine direkte, gegenwärtige Fernwirkung der Gravitation ohne den Feldbegriff gemäß der Newtonschen Theorie besteht nicht in der (allgemeinspeziellen) Relativitätstheorie, daher wird diese momentane Fernwirkung mit praktisch unendlicher Bewegungsgeschwindigkeit v immer ausgetauscht durch die mit der praktisch endlichen Lichtgeschwindigkeit c fortgepflanzte Fernwirkung des Gravitationsfeldes (Einstein, 2009). Die Additionstheorie hinsichtlich parallelverlaufender Geschwindigkeiten des Lichts, das sich in einem mit ruhender Gravitation befülltem Raum (Feld) bewegt lautet daher: $W = (c + w) / (1 + cw/c^2) = (c + w) / (1 + w/c) = (c + w) / (1 + w/1 \times 1/c) = c / (1 + 1/c) = cc / (1 + 1) = c^2 / 2$. Die Geschwindigkeit des Lichts w erscheint damit stets proportional abhängig von der Geschwindigkeit des mit ruhender Gravitation befülltem Raums (Feldes) zu sein, wodurch aufgrund fehlender Massenschwere [gleich Massenträgheit nach Albert Einstein (2009)] keine praktisch endliche Lichtgeschwindigkeit c bestimmbar wird. Eine praktisch unendliche Lichtgeschwindigkeit w erscheint deswegen in dieser Translichttheorie der Erfahrung nach als eine erreichbarere Wahrheit.

Ein Rückschluss auf eine praktisch endliche Lichtgeschwindigkeit c wird mir deswegen auch nicht durch die unterschiedlichen räumlichen Entfernungen (x, y, z =

Kolek, Erik (2024). Über die allgemeine, die spezielle und die allgemeinspezielle Relativitätstheorie. In: *Chroniken der Wirtschaftsinformatik-Physik (CWIP)*. Band 1, Auflagen-Nr. 1.1. ISBN: 9783759735935.

x', y', z'), die sich im Laufe eines Kalenderjahres verändern, gedanklich möglich, zumal die Lichtablenkung nach unserer Sonne durch ihr Gravitationsfeld auch nicht naturübereinstimmend berücksichtigt ist (Abschnitt 3.2), genauso wie alle anderen Gravitationsfelder unseres Sonnensystems bzw. Universums.

Neue Anschauungen hinsichtlich des gesamten Universums

51 Limitierungen der Einsteinschen Relativitätstheorie hinsichtlich des Universums

Die allgemeine Relativitätstheorie übernimmt aus der speziellen Relativitätstheorie das Gesetz über die Konstanz der Lichtgeschwindigkeit c, woraus sich in einem direkten Zusammenhang mit den Annahmen bezüglich von im Raum existierenden Gravitationsfeldern gedankliche Limitierungen hinsichtlich der allgemeinen Gesetze der Natur unseres Universums ergeben haben könnten. Natürlich sind diese Begrenzungen der Aussagen von Albert Einstein (2009) minimal und von ihm als Herausforderungen formuliert, wie dass diese Feldrelativitätstheorie noch nicht vollendet (vollständig) ist, daher lösbar erscheint durch eine anknüpfende Ableitung der kovarianten Gleichungssysteme – hier zur allgemeinspeziellen Relativitätstheorie.

Hinsichtlich der kovarianten allgemeinen Naturgesetze gelten folgende Einschränkungen. Gravitation existiert als ein Feld im Raum und hat einen Einfluss auf das Licht im Raum in der allgemeinen Relativitätstheorie. Jedoch sagt diese Gravitationsfeldtheorie lediglich etwas über die farbliche Verschiebung und richtungsweisende Ablenkung des Lichtes aus und nichts über eine praktisch endliche oder unendliche Lichtgeschwindigkeit c bzw. v, außer dass in einem Spezialfall dieser Theorie das Gesetz über die Konstanz der Lichtgeschwindigkeit c integriert ist. Ein Geschwindigkeitsbegriff hinsichtlich des Lichtes wird nur indirekt über das Gravitationsfeld gedanklich möglich. Denn sollte die vorhandene Anziehungsgeschwindigkeit der ponderablen Masse größer sein als die notwendige Abstoßungsgeschwindigkeit des Lichtes, dann erscheint die Geschwindigkeit des

Kolek, Erik (2024). Über die allgemeine, die spezielle und die allgemeinspezielle Relativitätstheorie. In: *Chroniken der Wirtschaftsinformatik-Physik (CWIP)*. Band 1, Auflagen-Nr. 1.1. ISBN: 9783759735935.

Lichtes gewissermaßen endlich zu sein innerhalb einer praktisch unendlichen Beschleunigungsmetrik, aber eine konstante Feldgeschwindigkeit der Gravitation und des Lichtes wird dadurch nicht erfahrbar, vielmehr wird auf eine Mannigfaltigkeit des Universums und seiner naturgegebenen Metriken für Körper und deren Wechselwirkungen hingewiesen, wodurch deren Geschwindigkeit jederzeit gleichzeitig veränderlich erscheint. Die Geschwindigkeit des Lichts ist also direkt abhängig von der Geschwindigkeit des Gravitationsfeldes bzw. beide sind gleichzusetzen in einem kovarianten Gleichungssystem. Es ist somit allgemein eine praktisch unendliche Beschleunigungsmetrik denkbar, in der die Geschwindigkeit von Körpern (einschließlich des Lichtes) gravitationsfeldbedingt endlich zu sein scheint, jedoch ist dieser Endlichkeitsbegriff so auszulegen, dass diese Betrachtung praktisch unendliche Formen innerhalb der Beschleunigungsmetrik annehmen kann.

Die kovarianten allgemeinen Naturgesetze müssen immer vollumfänglich gelten hinsichtlich der durch Albert Einstein (2009) abgeleiteten Gravitationsfeldtheorie, das bedeutet eine beobachtbare Abweichung würde einen Widerspruch darstellen und eine Modifikation der Gravitationsfeldtheorie erfordern. Beobachtungen können jedoch aufzeigen, dass die Gravitationsfeldgesetze immer dem beschriebenen physikalischen Fall gleichen, insbesondere bei Gasen scheint dies genauso wie bei sonstiger Materie zuzutreffen. Diese Theorie ist beispielsweise jetzt wichtig für die Planetenforschung, insbesondere hinsichtlich von Gasplaneten wie dem Jupiter und Saturn. Allgemein gilt für nicht ruhende Gase, wie die die in unserer bewegten Atmosphäre unseres Planeten existieren, ein nach unten strömendes kaltes Gas ist träger (schwerer) als ein nach oben strömendes warmes Gas. Die Strömungsgeschwindigkeit der Gase auf Körpern wie Planeten kann zurückzuführen sein auf die von innen stammende Gravitationsfeldgeschwindigkeit und von außen kommende Lichtfeldgeschwindigkeit. Am Boden des mit Licht beschienenen Körpers (zum Beispiel ein Planet) angekommen und (teilweise) zurückgespiegelt erwärmt das Licht während dieser Bewegung das Gas, soweit vorhanden steigt es auf, gleichzeitig zieht das Gravitationsfeld das kältere Gas an diese geöffnete lokale Stelle wieder nach

Kolek, Erik (2024). Über die allgemeine, die spezielle und die allgemeinspezielle Relativitätstheorie. In: *Chroniken der Wirtschaftsinformatik-Physik (CWIP)*. Band 1, Auflagen-Nr. 1.1. ISBN: 9783759735935.

unten. So kommt es zu Reibung zwischen den Gasteilchen während der Strömungsbewegung und einem Atmosphärenausgleich auf der Oberfläche hinsichtlich Temperatur, Masse und Geschwindigkeit, also gemäß des naturkoinzidenten Ausdrucks für die Energie $E = Tmv^2$ nach der allgemeinspeziellen Relativitätstheorie; einem Gravitationsfeld kann damit auch eine bestimmte Ordnungsfunktion in unserem Universum (Kontinuum) zugesprochen werden.

Die Ordnungsfunktion des Gravitationsfeldes wird schon dadurch erfahrbar, sofern allgemein an die zwei Pole solcher quasi-sphärischen Bezugskörper (zum Beispiel eines Planeten) gedacht wird. Denn diese sind im Vergleich mit ihrem drehenden Äquator und dadurch differentiell bedingten Atmosphärengasrotation allgemein jeweils auf halber Umlaufbahnkurve mit mehr bzw. weniger Licht konfrontiert, wodurch das Gravitationsfeld dort lokal eine größere Bedeutung nicht nur für den Atmosphärenausgleich haben sollte; elektrodynamische Wirkungen auf das Magnetfeld der Körper sind im nächsten Absatz berücksichtigt. Daher sinkt das warme Gas meist über den Polen abgekühlt herunter und am Boden verteilt es sich bis dieses Gas überwiegend spätestens am Äquator erwärmt wieder nach oben aufsteigt; ein Gasteilchenwind entsteht also stets ungleichförmig verwirbelt jedoch gleichzeitig verursacht durch die *moderne Mechanik* der zwei überlagernden Felder von Licht und Gravitation. Naturübereinstimmend mit einer Beobachtung, dass erwärmte Gase aufsteigen können, erscheint es demnach nicht möglich zu sein, dass kovariant bestimmte allgemeine Naturgesetze die allgemeine Relativitätstheorie kontravariant umgehen können – bzw. noch nicht oder nur unvollständig erfasst sein könnten. Warum also die wärmeren leichteren weniger trägen Gasteilchen rein optisch unbeeinflusst von dem Gravitationsfeld nach oben strömen können, während immer die kälteren schwereren deswegen trägeren Materieteilchen nach unten hin zu der Körperoberfläche durch das Gravitationsfeld geordnet ausgerichtet sein müssen, wird durch die Einsteinsche Gravitationsfeldtheorie beschrieben und daher erscheint diese trotzdem stets haltbar zu sein, eine Eingrenzung der allgemeinen Naturgesetze erfolgt

Kolek, Erik (2024). Über die allgemeine, die spezielle und die allgemeinspezielle Relativitätstheorie. In: *Chroniken der Wirtschaftsinformatik-Physik (CWIP)*. Band 1, Auflagen-Nr. 1.1. ISBN: 9783759735935.

(wie vorher abgeleitet) nur hinsichtlich der Vorgehensweise wie die Bewegungsgeschwindigkeiten ponderabler Materieteilchen zu beschreiben sind.

Das Gravitationsfeld muss elektrodynamische Auswirkungen auf das Magnetfeld der Körper (zum Beispiel eines Planeten) haben beziehungsweise dieses elektromagnetische Feld bestimmen können nach der Einsteinschen Theorie. Stelle ich mir einen quasi-sphärischen bewegten rotierenden Körper vor, der schwer also träge in einem luftleeren Raum (Vakuum) lokalisiert ist, so sollte bereits nach der Newtonschen Mechanik eine Proportionalität der Körpergeometrie zu seinem Elektromagnetfeld bestehen in dem physikalischen Sinn der allgemein bekannt ist von Eisenspänen, welche entsprechend geformt an einem rundlichen Magneten haftenbleiben und bildlich gesprochen empor stehen wie die Stacheln eines Igels in der Raum-Zeit unseres Universums (Kontinuums). In Abhängigkeit von der gleichgerichteten Bewegungsgeschwindigkeit W und der Gravitation G zweier Körper sowie deren Abstand r kann die Kraft des Elektromagnetfeldes ermittelt werden mit dem Ausdruck: $W \times G_1G_2/r^2$. Die Elekromagnetfeldkraft e_{ik} erscheint auf einer (gekrümmten) Strecke zwischen zwei Gravitationsfeldereignispunkten gelegen und hinsichtlich seiner Eigenschaft proportional zu dem Produkt der zwei Gravitationsfelder sowie entgegengesetzt proportional zu dem Quadrat ihrer Entfernung zu sein. Aufgrund der Ableitung der Gravitationsfeldgesetze durch Albert Einstein (2009) wurde hier ebenfalls eine symmetrische Eigenschaft hinsichtlich der Elektromagnetfelder angenommen. Die Einsteinsche Gravitationsfeldtheorie erscheint daher konform für die kovarianten allgemeinen Naturgesetze dargestellt zu sein, trotzdem lässt diese noch etwas Spielraum für die Modellgestaltung offen für weitere anknüpfende (kontravariante) allgemeine Naturgesetze.

Hinsichtlich der kontravarianten allgemeinen Naturgesetze gelten folgende Einschränkungen. Es existieren hinsichtlich der allgemeinen Relativitätstheorie keine Einschränkungen für kontravariante allgemeine Naturgesetze, da diese nicht von der Theorie berücksichtigt werden wegen rein kovarianter Gleichungssysteme.

Kolek, Erik (2024). Über die allgemeine, die spezielle und die allgemeinspezielle Relativitätstheorie. In: *Chroniken der Wirtschaftsinformatik-Physik (CWIP)*. Band 1, Auflagen-Nr. 1.1. ISBN: 9783759735935.

Kontravariante allgemeine Naturgesetze können jedoch trotzdem in einen Zusammenhang gebracht werden mit kovarianten allgemeinen Naturgesetzen, insbesondere da sich das Universum (Kontinuum) nicht-euklidisch als auch euklidisch erweist, die bereits in der allgemeinen Relativitätstheorie beschrieben sind, wie beispielsweise über den Lorentz-Koordinatenübergang, da deren Bestandteile allgemein gleichförmig und geradlinig transformiert werden müssen. Eine mathematische Anwendung der Lorentz-Transformation erfordert also die Annahme von Kovarianten. Kontravariante allgemeine Naturgesetze erscheinen dagegen schwieriger transformierbar zu sein, da diese ungleichförmig und krummlinig zu transformieren sind. Dies gleicht nicht dem vom Albert Einstein (2009) gelebten Gleichungsgrundsatz (Äquivalenzgrundsatz), daher dürfen kontravariante Gleichungssysteme nicht einfach mit kovarianten Ausdruckweisen gleichgesetzt werden. Stelle ich mir hierzu zwei weit auseinanderliegende Raum-Zeit-Bereiche vor in denen nur kovariante Naturgesetze allgemein gelten, also die Einsteinschen Gravitationsfeldgesetze, so könnte das, auf je einen Ereignispunkt konzentrierte Gravitationsfeld, dazu führen, also abhängig von der Massenträgheit (gleich Massenschwere) und seiner Rotationsgeschwindigkeit, dass sich von zwei Seiten je ein Strudel bilden und sich zu einer neuen völlig verwirbelten Raum-Zeit verbinden könnte. Diese veränderte Raum-Zeit wäre demnach anders zu betrachten als die restlichen kovarianten Bestandteile des Universums, da in diesem mehrdimensionalen Bereich andere kontravariante allgemeine Naturgesetze gelten könnten. Von außen durch einen Beobachter betrachtet könnte solch ein Strudelphänomen abwechselnd hell schimmern, da das Licht der Sterne abgelenkt und ständig in der Richtung geändert werden könnte. Würde ein Körper in einen solchen mannigfaltig verwirbelten, wahrscheinlich hin und her springenden Drehstrudel innen hinein gelangen, dann könnte seine Bewegungsrichtung von dem größeren Gravitationsfeldereignispunkt abhängig sein. Sollte dieser Körper den Übergang in diese Gravitationsfeldbewegung überhaupt aushalten, falls ja, könnten anschließend die dort herrschenden Gezeitenbeschleunigungen diesen nicht erst dehnen, sondern

Kolek, Erik (2024). Über die allgemeine, die spezielle und die allgemeinspezielle Relativitätstheorie. In: *Chroniken der Wirtschaftsinformatik-Physik (CWIP)*. Band 1, Auflagen-Nr. 1.1. ISBN: 9783759735935.

sofort in seine Teilchen auseinander reißen. Für kontravariante allgemeine Naturgesetze sind also stets einzelne, für diese physikalischen Szenarien neu gestaltete oder modifizierte Relativitätsmodelle kontravariant aufzustellen, deren inhaltlichen Überlegungen aber an einzelnen Übergängen mit der bestehenden kovarianten (allgemeinen) Relativitätstheorie verknüpft werden können.

52 Die Theorie über ein unendliches und trotzdem endliches Universum

Folge ich der Vorstellung von Albert Einstein (2009) (Abschnitt 19), dass das Universum eine Raumsphäre bzw. wahrscheinlicher einen Raumellipsoid darstellt, der unendlich erscheint aber trotzdem innen aufgrund des Gravitationsfeldes eine wahrscheinlich heller als der davor befindliche Raum anzusehende Barriere (Grenze) nach außen besitzen könnte, dennoch innerhalb dessen eine praktisch endliche Anzahl an gravitationsfeldbedingten Quasi-Raumsphären (Raumkugeln) existieren könnte, die allesamt innen quasi-symmetrisch gekrümmt sein müssten und daher Grenzen (Übergänge) haben sollten und sich in ihren Dimensionen nach außen einzeln bis hin an den Rand des Raumellipsoids mehrfach überlagern (transformieren) könnten, so müsste der Geometrie nach ein mannigfaltiges elliptisches Raum-Zeit-Kontinuum (Universum) bestehen. Es könnten also geschlossene Räume (bzw. Raumfelder) wie die (Quasi-)Raumsphären existieren, die aber trotzdem gleichzeitig keine sichtbaren Grenzen (Barrieren) aufweisen. Genauso wie es offene Räume wie die Raumellipsoiden geben könnte, die aber trotzdem gleichzeitig sichtbare Grenzen (Hindernisse) beobachtbar machen. Umso höher (bzw. niedriger) die Krümmung in der (Quasi-)Raumsphäre ist, desto kleiner (bzw. größer) könnte die (Quasi-)Raumsphäre sein (und im umgekehrten Sinn). Eine hohe endliche Anzahl an kleinen (bzw. großen) Quasi-Raumsphären würde für den Raumellipsoid selbst eine praktisch unendliche (bzw. endliche) Krümmung bedeuten, wodurch unser Universum (Kontinuum) zu seinem Rand hin wärmer (bzw. kälter) werden könnte; das ist alles denkbar aufgrund der geometrisch möglichen Mannigfaltigkeit (Vielfältigkeit) von Raumsphären und Raumellipsoiden, welche auch eine wirklich

Kolek, Erik (2024). Über die allgemeine, die spezielle und die allgemeinspezielle Relativitätstheorie. In: *Chroniken der Wirtschaftsinformatik-Physik (CWIP)*. Band 1, Auflagen-Nr. 1.1. ISBN: 9783759735935.

naturübereinstimmende Thermodynamik unseres Universums (Kontinuums) bestimmen könnte.

Als eine Folge dieser Theorie über ein unendliches und trotzdem endliches Universum (Kontinuum) bzw. dessen Entropie könnte eine aufweckende Vorstellung bemerkt werden, besteht innen unser (außer) an praktisch endlichen Ereignispunkten dunkles Universum, zwar unendlich offen mit einem Oberflächenhorizont, bestehend aus begrenzenden (unüberwindbaren) Temperaturpunktereignissen, jedoch trotzdem endlich aufgrund der uns umgebenden gravitationsfeldbedingten (Quasi-)Raumsphären (Raum-Zeit-Realitäten)? Nach der allgemeinen und der allgemeinspeziellen Relativitätstheorie könnte das wirklich so sein, allerdings hat die Raum-Zeit-Praxis darüber bis heute noch nicht genügend Erfahrung sammeln können. Die Menschen werden sich also ihrem Sonnensystem bzw. ihrer (Quasi-)Raumsphäre und damit dem gesamten raumzeitelliptischen Universum (Kontinuum) immer bewusster; diese von mir als Einstein-Hawking-Theorie bezeichnete Theorie von Allem könnte demnach dazu beitragen, dass darüber Klarheit für unsere Gegenwart erzeugt werden könnte, ob und inwieweit alle Körper physikalisch wirklich den allgemeinen Naturgesetzen eines unendlich (groß) und trotzdem endlich (winzig) ausgedehnten schwarzen Raumellipsoids (Universums) ausgesetzt sein könnten.

53 Die Raumstruktur nach der allgemeinspeziellen Relativitätstheorie

Da nach der allgemeinen Relativitätstheorie ein Universum nach Euklid nur an einzelnen Koordinaten mit kondensierter Materie existieren könnte, müsste die durchschnittliche Dichte dieser nur lokal verteilten Massen Null an jedem Ereignispunkt in diesem Kontinuum betragen (Einstein, 2009). Unser Universum besitzt jedoch einen gering von Null unterschiedlichen Durchschnitt an Massendichte, wodurch für diesen physikalischen Fall ein Universum nach Euklid undenkbar wird (Einstein, 2009). Die durchschnittliche Massendichte bestätigt, dass unser Universum als eine Raumsphäre (oder Raumellipsoid) existieren müsste mit einer gleichförmig verstreuten Masse (Einstein, 2009). Von einem Raumellipsoid wird gesprochen, weil

Kolek, Erik (2024). Über die allgemeine, die spezielle und die allgemeinspezielle Relativitätstheorie. In: *Chroniken der Wirtschaftsinformatik-Physik (CWIP)*. Band 1, Auflagen-Nr. 1.1. ISBN: 9783759735935.

die Materie in der physikalischen Wirklichkeit in vielen Raumsphären asymmetrisch verteilt ist, deren Verhalten wird dadurch auch dimensional asymmetrisch, wodurch demnach unser Universum zu einer Quasi-Raumsphäre (zu einem Raumellipsoid) gravitationsfeldbedingt verformt wird, daher sollte unser Kontinuum auch nicht unendlich groß sein (Einstein, 2009). Die allgemeine Relativitätstheorie liefert über das Verhältnis der Raumexpansion zu seiner durchschnittlichen Materiedichte den „Radius" R als Ergebnis aus der Gleichung $R^2 = 2/kp$ (Einstein, 2009). Die Leser können wie Albert Einstein $1,08 \times 10^{27}$ für $2/k$ annehmen und diesen Wert mit p (durchschnittliche Massendichte) multiplizieren und schließlich die Wurzel ziehen, dann müssten diese einen unerwartet sehr kleinen „Radius" R ermittelt haben, abhängig davon welcher Wert für p eingesetzt wird (Einstein, 2009). Wenn alles, das sich der Theorie von Allem nach in unserem Universum befindet, aufgrund der Beobachtung unserer Realität sehr groß erscheinen sollte, so könnte alles in der physikalischen Wirklichkeit unseres Kontinuums gleichzeitig sehr klein sein (Einstein-Hawking-Theorie).

Da die Antwort, die im vorherigen Abschnitt geklärt wurde, auf die Frage befindet sich „alles der Theorie nach" in einem schwarzen Loch *vielleicht* (also nicht mehr klar nein und heute auch nicht bestimmt ja) lautet (Abschnitt 51), kann hinsichtlich der Raumstruktur ausgedrückt werden, dass die Raumstruktur nach der allgemeinspeziellen Relativitätstheorie – verglichen mit der Raumstruktur in einem schwarzen Loch – in unserem Universum (Kontinuum) gleichförmig (Raumsphäre) oder ungleichförmig (Raumellipsoid) aufgebaut sein könnte. Beispielsweise allein die Annahme aus der allgemeinspeziellen Relativitätstheorie, dass sich das Licht auch während seiner Bewegung verhalten könnte wie ein Feld, das optisch erscheinen könnte wie eine von der Körperoberfläche abgestrahlte Krümmungssingularität, deren Anfangspunkte diese Körpergeometrie für das Lichtfeld übernehmen und deren Endpunkte mit größer werdender Entfernung allgemein (ohne Gravitationsfeldverschiebung) diese abgestrahlte Lichtfeldoberfläche in jedem Ereignispunkt immer benachbarter (verdichteter) erscheinen lassen könnten, weist auf

Kolek, Erik (2024). Über die allgemeine, die spezielle und die allgemeinspezielle Relativitätstheorie. In: *Chroniken der Wirtschaftsinformatik-Physik (CWIP)*. Band 1, Auflagen-Nr. 1.1. ISBN: 9783759735935.

eine ungleichförmige (nicht-euklidische) Bewegung auf einer siebendimensionalen geodätischen Feldlinie zwischen den leuchtenden und beleuchteten trägen (schweren) Körpern hin. Eine solche Krümmungssingularität ist deswegen in der allgemeinspeziellen Relativitätstheorie siebendimensional zu betrachten, da ihre Beschreibung über drei Raumkoordinaten und drei Zeitkoordinaten sowie eine Biegungswinkelkoordinate möglich wird. Dies müsste ihre gravitationsfeldbedingte überlagernde Mannigfaltigkeit (Vielfältigkeit) zum (mathematischen) Ausdruck bringen können, insbesondere im physikalischen Fall des Lichtfeldes und des Raumellipsoids, jeweils ausgehend von deren Oberflächen betrachtet, denn eine praktisch unendliche Mannigfaltigkeit unseres Universums (Kontinuums) könnte über endliche feldlinienartige ineinander verwurzelte Krümmungssingularitäten darstellbar sein. Dieses Lichtfeld könnte praktisch unendlich ungleichförmig (mannigfaltig) werden aufgrund der Entfernung zu den unterschiedlichen Gravitationsfeldern der Körper, denn ein Lichtfeld das von einem trägen (schweren) Körper abgestrahlt wird als quasi-sphärische Lichtoberfläche könnte sich, wenn es sich einem leichteren (bzw. schwereren) Körper annähert, naturübereinstimmend mit π verkleinern (bzw. vergrößern); das veranschaulicht eine Analogie hinsichtlich eines praktisch unendlichen raumzeitlichen Universums mit Ereignisgrenzen (Raumellipsoid), das trotzdem endliche zeiträumliche Welten ohne Ereignisgrenzen (Raumsphären) aufweisen könnte. Das bedeutet, unsere Welt könnte eine der Welten in der Welt sein, die auch getrennt von den anderen Welten in der Welt existieren könnte. Parallele Bewegungen von Raumsphären innerhalb eines Raumellipsoids könnten entsprechend dann entweder Gravitationsfelddynamiken oder Spiegelungen (Ablenkungen) des eigenen Lichtfeldes darstellen also in beiden physikalischen Fällen Transformationen (Übergänge) in der Raum-Zeit, denn „alles" in unserem praktisch unendlichen Universum erscheint „der Theorie nach" ungleichförmig (nicht-euklidisch) und trotzdem in endlichen Bereichen gleichförmig (euklidisch) zu sein (Einstein-Hawking-Theorie).

Kolek, Erik (2024). Über die allgemeine, die spezielle und die allgemeinspezielle Relativitätstheorie. In: *Chroniken der Wirtschaftsinformatik-Physik (CWIP)*. Band 1, Auflagen-Nr. 1.1. ISBN: 9783759735935.

Fünfter Abschnitt: Anhang

54 Fortschrittliche Ableitung (Deduktion) der Transformation nach Lorentz

Jetzt wissen wir, dass es wirklich keine Begrenzung für die Lichtgeschwindigkeit physikalisch geben könnte. Es stellt sich jedoch die Frage, ob das nicht nur für das Lichtfeld, also auch für träge (schwere) Körper in unserem Universum gelten könnte? Dazu ist lediglich die Lorentz-Transformation zu modifizieren (72 und 75), damit diese die Erkenntnis c = v = w also die Konstanz der Lichtrelativgeschwindigkeit c für zwei gleichzeitig betrachtete Körperbezugssysteme darstellt. Es gilt die Geschwindigkeit w für den bewegten Raumzustand und die Geschwindigkeit v für den beliebig ausgewählten Testbezugskörper. Als ein Testbezugskörper kann jede Punktmasse beliebig ausgewählt werden, welche gleichzeitig zu dem bewegten Raumzustand nicht ruhend ist.

(72) $x' = \dfrac{x - wt}{\sqrt{1 - \frac{w^2}{v^2}}}$ (modifizierte Lorentz-Transformation)

(73) $y' = y$ (Einstein, 2009)

(74) $z' = z$ (Einstein, 2009)

(75) $t' = \dfrac{t - \frac{w}{v^2}x}{\sqrt{1 - \frac{w^2}{v^2}}}$ (modifizierte Lorentz-Transformation)

Doch welcher objektivierter Zustand repräsentiert den bewegten Raum? Betrachte ich beispielsweise den Raum, den eine Materie in einem Punkt einnimmt, so ist stets sein Raumzustand gleichzeitig konstant bewegt während sich der Körper fortpflanzt. Verhält sich dieser kleine bewegte Raumbestandteil nicht gleich zu einem umfassenden mehrdimensionalen Raumbereich, der diese Bewegungsrichtung beinhaltet? Nach der allgemeinen Relativitätstheorie von Albert Einstein (2009) bewegt sich dieser kleine Raumbestandteil in dem Gravitationsfeld unseres unendlich

Kolek, Erik (2024). Über die allgemeine, die spezielle und die allgemeinspezielle Relativitätstheorie. In: *Chroniken der Wirtschaftsinformatik-Physik (CWIP)*. Band 1, Auflagen-Nr. 1.1. ISBN: 9783759735935.

großen Universumraums ungleichförmig krummlinig. Der Raumbestandteil wird also schneller, gleich oder langsamer beschleunigt sein, gleichzeitig beobachtet zum Gravitationsraumfeld unseres Universums. In der Newtonschen Mechanik sind alle objektivierten Körper bewegt und die Zeit ist absolut und das betrifft also auch beide Raumzustände.

Wenn jedoch keine Bewegung bei allen Körpern im Universum aus irgendeinem noch nicht denkbaren Grund gegeben wäre und die Zeit wie Albert Einstein (2009) sagte, nicht absolut sondern fest mit dem Raumzustand verbunden ist, dann würde jede Bewegung eine punktuelle Veränderung der Raum-Zeit auf mehreren Dimensionen darstellen, wobei nach dem neuem Gesetz der gleichzeitigen Konstanz der Lichtrelativgeschwindigkeit c alle Körperbewegungen gleichzeitig erfolgen würden. Eine Bewegungsabfolge wäre demnach eine Art von Vorspiegelung aufgrund unserer absoluten Zeitbeobachtung während der Materiepunkt bewegt ist. Die Spiegelungen stellen in diesem physikalischen Sinn keine Illusion dar, sondern einfach gesagt verschiedene zu sehende Raum-Zeit-Zustände, die entweder bei absoluter Zeit nacheinander bestehen würden oder alle gleichzeitig bestehen könnten, da die Zeit nicht absolut gegeben ist. Welchen Grund kann es also geben, dass wir diese Bewegungsgleichzeitigkeit von Körpern (Raum-Zeit-Zuständen) nicht sehen können? Es könnte sich um unendlich viele Raum-Zeit-Bewegungszustände handeln, deren einzelnen Spiegelungen von der Geschwindigkeit v abhängig sein sollten, umso höher die Geschwindigkeit v umso kleiner der Augenblick, also umso kürzer ist der einsehbare Zeitmoment t.

Ein möglicher Schluss aus dieser Erfahrung ist, dass die Geschwindigkeit von Körpern in Wahrheit viel höher ist in der physikalischen Wirklichkeit als wir heute anzunehmen glauben bzw. messen können. Dann würde es auch nur optisch so aussehen als würde eine wirkliche Bewegung vorhanden sein und nicht unendlich viele einzelne Raum-Zeit-Zustände, deren Spiegelung nur ganz kurz zu sehen sein könnten und dann sofort wieder verschwindet. Unser Gehirn könnte das

Kolek, Erik (2024). Über die allgemeine, die spezielle und die allgemeinspezielle Relativitätstheorie. In: *Chroniken der Wirtschaftsinformatik-Physik (CWIP)*. Band 1, Auflagen-Nr. 1.1. ISBN: 9783759735935.

fälschlicherweise, ausgehend von einem Startpunkt hin zu einem Endpunkt, wie einen Realitätsfilm auf mehreren Dimensionen ablaufen lassen; hierdurch würde der Apfel, dem Newton angeblich, als er unter einem Baum saß, auf seinen Kopf gefallen ist, niemals herunter gefallen sein, sondern immer noch am Baum hängen, jedoch in einer anderen Raum-Zeit-Spiegeldimension. Das Herunterfallen des Apfels wäre dann mit der Lorentz-Transformation sowie der allgemeinspeziellen Relativitätstheorie gut erklärbar; es handelt sich hierbei um eine *„moderne Mechanik"* integrierter mit minimal 11 bzw. 12 Dimensionen oder differenzierter mit maximal 18 bzw. 21 Dimensionen für zwei nicht absolute Raum-Zeit-Zustände mit je vier bzw. sieben Dimensionen (je drei Raumkoordinaten (x, y, z), eine Zeitkoordinate t wahlweise hinsichtlich von x, y und z, letztere „spiegeln" Vergangenheit und Zukunft gleichzeitig wieder in der Gegenwart, und wahlweise eine Krümmungswinkelkoordinate α) und einem kovarianten Raum-Übergang mit den drei Raumdimensionen sowie der Krümmungsdimension zwischen jedem nicht absoluten Raum-Zeit-Zustand, in einem kontravarianten Gleichungssystem ist dem Raum-Zeit-Übergang eine von der kovarianten Zeit getrennte Dimension t wahlweise hinsichtlich x, y, und z hinzu zu addieren. Es ist also denkbar, dass der Moment in dem der Apfel noch am Baum hängt, noch immer besteht, genauso wie der Moment existiert in diesem Augenblick der Apfel auf Newtons Kopf fiel bzw. mit seinem Körper kollidierte (zusammentraf).

An dieser Stelle habe ich Albert Einstein (2009) etwas widersprochen hinsichtlich der Gleichzeitigkeit und seiner deswegen nur einmal bestehender Zeitkoordinate t, weshalb Albert Einstein 10 Dimensionen (davon sind 9 Raumkoordinaten) für unser Universum in seiner (allgemeinen) Relativitätstheorie annimmt, was auch stimmt, wenn alle Bewegungen im Raum nach Newton in einer nicht absoluten Zeit nach Albert Einstein (2009) stattfinden sollten, wonach eine Zeitmechanik nur in eine Richtung möglich erscheinen müsste. In meiner allgemeinspeziellen Relativitätstheorie dagegen, als eine Folge der allgemeinen und speziellen Relativitätstheorie von Albert Einstein (2009), postuliere ich, dass es keine

Kolek, Erik (2024). Über die allgemeine, die spezielle und die allgemeinspezielle Relativitätstheorie. In: *Chroniken der Wirtschaftsinformatik-Physik (CWIP)*. Band 1, Auflagen-Nr. 1.1. ISBN: 9783759735935.

Bewegungen gemäß der Physik nach Newton wirklich geben könnte und ebenfalls eine nicht absolute Zeit nach Albert Einstein (2009) feststeht, jedoch betrachte ich jeden einzelnen Raum-Zeit-Zustand nach dem Gleichheitsgrundsatz (Äquivalenzsatz) als eine einzelne Bewegung; es könnte sich hierbei um separate (sinnestäuschende) Raum-Zeit-Spiegelungen (anstatt um Raum-Zeit-Bewegungen) von Körpern handeln, womit ich Isaac Newtons Theorie ausdrücklich differenzierend widerspreche und gleichzeitig Albert Einsteins Theorie integrierend beibehalte. Es könnte also kein bewegter Raumzustand existieren mit der Geschwindigkeit w, woraus für die Lorentz-Transformation für die Beschreibung von Raum-Zeit-Dimensionen folgen sollte; hier steht v für die Anzahl möglicher Spiegelungen zwischen Start und Ende einer beobachteten nur scheinbar vorhandenen Bewegung eines Körpers, wodurch nur im physikalischen Fall eines kontravarianten Übergangs eine Zeitmechanik in zwei verschiedene Richtungen denkbar erscheinen müsste:

$$(76)\ x' = \frac{x-t}{\sqrt{1-\frac{1}{v^2}}}\ \text{(zur Darstellung von Raum-Zeit-Zustandsspiegelungen modifizierte}$$

Lorentz-Transformation)

$$(77)\ y' = y\ \text{(Einstein, 2009)}$$

$$(78)\ z' = z\ \text{(Einstein, 2009)}$$

$$(79)\ t' = \frac{t-\frac{1}{v^2}x}{\sqrt{1-\frac{1}{v^2}}}\ \text{(zur Darstellung von Raum-Zeit-Zustandsspiegelungen modifizierte}$$

Lorentz-Transformation)

55 Das Minkowski-Universum mit sechs Dimensionen

Die nächsten vereinfachten Annahmen basieren auf Minkowski übereinstimmend mit der Lorentz-Transformation (Einstein, 2009). In diesem Universum (Kontinuum) mit sechs Dimensionen (Abschnitt 48) gibt es zwei zu untersuchende Punktereignisnachbarn, denen eine wechselseitige Lage zugeschrieben ist hinsichtlich des Galileischen Bezugssystems K gemäß der Unterschiede in den Raum-Koordinaten

Kolek, Erik (2024). Über die allgemeine, die spezielle und die allgemeinspezielle Relativitätstheorie. In: *Chroniken der Wirtschaftsinformatik-Physik (CWIP)*. Band 1, Auflagen-Nr. 1.1. ISBN: 9783759735935.

dx, dy und dz und der Unterschiede in den Zeit-Koordinaten $dt(x)$, $dt(y)$ und $dt(z)$ (Einstein, 2009). Es existieren die gleichen Unterschiede hinsichtlich des zweiten Galileischen Bezugssystems K' für die zwei Punktereignisse dx', dy', dz' und $dt(x')$, $dt(y')$, $dt(z')$ (Einstein, 2009). Demnach ist zwischen beiden Punktereignisnachbarn immer folgendes Relationssystem (80) gültig (Einstein, 2009).

Die für diese Raum-Zeit-Koordinaten relevanten abgeleiteten Gleichungen für c = v lauten $\quad x + y + z + \sqrt{-1}vt(x) + \sqrt{-1}vt(y) + \sqrt{-1}vt(z) = x' + y' + z' +$ $\sqrt{-1}vt(x') + \sqrt{-1}vt(y') + \sqrt{-1}vt(z')\quad$ und $\quad x_1^2 + x_2^2 + x_3^2 + x_4^2 + x_5^2 + x_6^2 =$ $x_1'^2 + x_2'^2 + x_3'^2 + x_4'^2 + x_5'^2 + x_6'^2$; diese Gleichungen sind ebenfalls gültig hinsichtlich von Koordinatenunterschieden, das bedeutet auch hinsichtlich von unendlich geringen Koordinatenunterschieden (Koordinatendifferentialen) (Einstein, 2009).

(80) $\quad dx^2 - c^2 dt(x)^2 + dy^2 - c^2 dt(y)^2 + dz^2 - c^2 dt(z)^2 = dx'^2 - c^2 dt(x')^2 + dy'^2 - c^2 dt(y')^2 + dz'^2 - c^2 dt(z')^2$ (Einstein, 2009)

Die Relation (80) gleicht dem Grund hinsichtlich der (immer noch bestehenden) Gültigkeit der Lorentz-Transformation (Einstein, 2009). Dazu formuliere ich folgenden Satz: Die Zahl ds^2 die beiden Punktnachbarn in der Raum-Zeit unseres Universums mit sechs Dimensionen zugeordnet ist, ist gleich in jedem Galileischen Bezugssystem (81) (Einstein, 2009).

(81) $\quad ds^2 = dx^2 - c^2 dt(x)^2 + dy^2 - c^2 dt(y)^2 + dz^2 - c^2 dt(z)^2\ \text{UND}\ ds'^2 = dx'^2 - c^2 dt(x')^2 + dy'^2 - c^2 dt(y')^2 + dz'^2 - c^2 dt(z')^2$ (Einstein, 2009)

Wird allgemein $x, y, z, \sqrt{-1}vt(x), \sqrt{-1}vt(y)$, und $\sqrt{-1}vt(z)$ ausgetauscht gegen x_1, x_2, x_3, x_4, x_5 und x_6, dann ergibt sich allgemein ebenfalls das Ergebnis, dass die Zahl ds^2 nicht abhängig ist von der Auswahl des Bezugssystems (82) (Einstein, 2009).

(82) $\quad ds^2 = dx_1^2 + dx_2^2 + dx_3^2 + dx_4^2 + dx_5^2 + dx_6^2\ \text{UND}\ ds'^2 = dx_1'^2 + dx_2'^2 + dx_3'^2 + dx_4'^2 + dx_5'^2 + dx_6'^2$ (Einstein, 2009)

Kolek, Erik (2024). Über die allgemeine, die spezielle und die allgemeinspezielle Relativitätstheorie. In: *Chroniken der Wirtschaftsinformatik-Physik (CWIP)*. Band 1, Auflagen-Nr. 1.1. ISBN: 9783759735935.

Wir bezeichnen die Zahl ds als die Entfernung (Strecke) zwischen den zwei Punktereignissen auf sechs Dimensionen (Einstein, 2009).

Die abgeleiteten Konstrukte lauten $dx_4 = -1v^2 dt(x)^2$ und $dx'_4 = -1v^2 dt(x')^2$ sowie $dx_5 = -1v^2 dt(y)^2$ und $dx'_5 = -1v^2 dt(y')^2$ sowie $dx_6 = -1v^2 dt(z)^2$ und $dx'_6 = -1v^2 dt(z')^2$ (Einstein, 2009).

Werden allgemein demnach die gedachten Modellkoordinaten $x_4 = \sqrt{-1}vt(x)$ und $x'_4 = \sqrt{-1}vt(x')$ sowie $x_5 = \sqrt{-1}vt(y)$ und $x'_5 = \sqrt{-1}vt(y')$ sowie $x_6 = \sqrt{-1}vt(z)$ und $x'_6 = \sqrt{-1}vt(z')$ ausgewählt anstatt der reellen Modellkoordinaten für die Zeit $t(x) = x_4$ und $t(x') = x'_4$ sowie $t(y) = x_5$ und $t(y') = x'_5$ sowie $t(z) = x_6$ und $t(z') = x'_6$, dann ist auch in der allgemeinspeziellen Relativitätstheorie die Raum-Zeit allgemein speziell bestimmt als ein Universum nach Euklid mit sechs Dimensionen (Abschnitt 45) (Einstein, 2009), solange die Krümmung g_{ik} als siebte Dimension unberücksichtigt ist hinsichtlich eines nicht-euklidischen Universums. Diesen sechs Dimensionen kann also eine siebte Dimension zur Berücksichtigung der Geometrie g_{ik} (Optikdynamik) eines nicht-euklidischen Universums in Form einer Krümmungswinkelkoordinate α hinzugeordnet werden, wodurch das Raum-Zeit-Kontinuum der allgemeinspeziellen Relativitätstheorie als nicht-euklidisches und trotzdem euklidisches Universum vollständig beschrieben ist.

56 Über die durch Erfahrung bestätigte allgemeinspezielle Relativitätstheorie

Jede Erfahrung, welche bis heute die allgemeine und spezielle Relativitätstheorie von Albert Einstein (2009) bestätigte, bestätigt auch die allgemeinspezielle Relativitätstheorie als eine Folge rückblickend von der allgemeinen zur speziellen hin zur allgemeinspeziellen Relativitätstheorie. Das betrifft also die Perihelbewegung des Planeten Merkurs auf seiner Ellipsenbahn um die Sonne, die Umleitung der Lichtbewegung aufgrund des Gravitationsfeldes eines Sterns, sowie die

Kolek, Erik (2024). Über die allgemeine, die spezielle und die allgemeinspezielle Relativitätstheorie. In: *Chroniken der Wirtschaftsinformatik-Physik (CWIP)*. Band 1, Auflagen-Nr. 1.1. ISBN: 9783759735935.

Rotveränderung des Lichtspektrums die durch Hubble für unser Universum bestätigt wurde, deswegen wird hier wiederholend auf den Abschnitt 3 dieses Buches verwiesen. Darüber hinaus wird auf alle Bestätigungen in der Literatur verwiesen, welche die allgemeine und spezielle Relativitätstheorie insgesamt oder in einzelnen Bestandteilen anerkennen. Im Falle von kritischen Meinungen gegenüber der allgemeinen und speziellen Relativitätstheorie muss nochmals darauf hingewiesen werden, dass insbesondere die allgemeine Relativitätstheorie einer gewissen Anstrengung bedarf die Modelltensorrechnung (Vektorenrechnung) zu verstehen, denn nur so könnte sich die Quantenmechanik mit der allgemeinen Relativitätstheorie zu einer Quantengravitationsfeldtheorie verbinden lassen.

Alle Beschreibungen aus der Theorie, die bis heute nicht der Erfahrung aus der Praxis zugänglich gewesen sind, unabhängig davon ob diese die allgemeine, spezielle oder allgemeinspezielle Relativitätstheorie betreffen, die es vielleicht noch sein werden oder wahrscheinlich niemals zu überprüfen möglich sind (zum Beispiel Annahmen über das Verhalten des Randes unseres Universums), können trotzdem immer evaluiert werden. Denn solange diese Annahmen denkbar sind und nicht im Widerspruch zu anderen Sätzen (Axiomen) stehen, muss eine bestimmte Wahrheit allgemein akzeptiert werden. Das ist direkt durch die Theoriebildung begründet, denn diese muss immer auf denkbaren physikalischen Tatsachen beruhen, etwas das nicht vorstellbar ist, darf gar nicht erst in eine solche Theorie aufgenommen werden. Zur Überprüfung von Relativitätstheorien sollte demnach allgemein Erfahrung ebenfalls stets relativ erzeugt werden: Beispielsweise über Experimente auf zwei unterschiedlichen Himmelskörpern (wie Erde und Mond) und sonstige auf einem Himmelskörper mehrmals (gleichzeitig) ausgeführte Raum-Zeit-Beobachtungen, deren unabhängig voneinander gewonnenen Ergebnisse als dokumentierte Momentaufnahmen mithilfe von verschiedenen Metriken (Raum-Zeit-Stäben) angesehen werden können. Hierdurch müsste Erfahrung hinsichtlich bisher unerklärter Phänomene aus der physikalischen Realität der Menschen direkt zu neuen Erkenntnissen über die physikalische Wirklichkeit unseres Universums

Kolek, Erik (2024). Über die allgemeine, die spezielle und die allgemeinspezielle Relativitätstheorie. In: *Chroniken der Wirtschaftsinformatik-Physik (CWIP)*. Band 1, Auflagen-Nr. 1.1. ISBN: 9783759735935.

transformierbar sein, da allgemein nach dieser wissenschaftsphilosophischen Betrachtung jede Erkenntnis der Menschen direkt auch eine Erfahrung der Menschen repräsentiert und da die Optikdynamik eine rein formale Logik und Mathematik übereinstimmend mit unserer Natur und Wahrnehmung geometrisch substituiert (bzw. erneuert); die Optikdynamik (mindestens) zweier Momentaufnahmen und der darin berücksichtigten Lichtbewegung stellt deswegen nach der Physik eine völlig (neue) reale Logik und Mathematik dar. Denn stehe ich ruhend im Zentrum eines bewegten Kreises, so sieht ein Beobachter die rotierende Planetenoberfläche (unserer Erde) von oben, und denke mir über diesem Kreis am Nachthimmel zwei gleichförmige krummlinige Sechsecke wie Sternbilder, um das Licht und die Rotation der Fixsterne naturkoinzident zu verstehen, dann erhalte ich mithilfe des Abstands der zwölf Fixsterne zum Kreisumfang als ein genaueres Pi (π) das wahre Pi des Universums (π_U).

57 Die Raumstruktur in Verbindung mit der allgemeinspeziellen Relativitätstheorie

Um nicht nur für die Quantenphysik eine folgenschwere nicht ausreichende Übereinstimmung zwischen der Theorie und Beobachtung, also die Einschränkung der Hubbleschen Beobachtung, auflösen zu können, muss es verständlich sein, wie diese Inkongruenz mit Gleichungssystemen auszugleichen ist (Einstein, 2009). Das Problem hierbei stellt die fehlende Erfahrung dar, denn astronomisch physikalisch können wir bis heute nur unser Sonnensystem beobachten und verstehen, alle außenliegenden Sternsysteme können wir dagegen zwar beobachten jedoch nicht unbedingt gleichsetzen mit unserem Sonnensystem, deswegen erscheint ein direktes Verständnis (bzw. eine sofortige Wahrheit) wahrscheinlich falsch zu sein (alles andere ist eine Illusion), wodurch sich die Abweichungen in der Entstehung unseres Universums zwischen der Hubble-Beobachtung und der Astronomiephysik angegeben als eine kurze gegenüber einen langen Zeitperiode erklären lassen müssten (Einstein, 2009).

Kolek, Erik (2024). Über die allgemeine, die spezielle und die allgemeinspezielle Relativitätstheorie. In: *Chroniken der Wirtschaftsinformatik-Physik (CWIP)*. Band 1, Auflagen-Nr. 1.1. ISBN: 9783759735935.

Besteht möglicherweise ein Paradoxon zwischen den Hubble-Beobachtungen und dem darauf aufbauenden Verständnis für Relativität? Hubbles Annahmen basieren auf verschiedenen Momentaufnahmen von Galaxien, denen er verschiedene Linien und Veränderungen dieser Linien zugeschrieben hatte. Gedanklich erscheint das zwar möglich, jedoch physikalisch fragwürdig zu sein, denn die in den aufgenommenen Galaxien herrschenden Gravitationsfelder erscheinen bis heute aufgrund der Entfernung zu unserem Sonnensystem unbestimmbar zu sein (abgesehen von mathematisch zu ungenauen Näherungen), deswegen sollten diese geraden Linien eigentlich Geodäten sein und deren Veränderungen nicht nur in der Länge sondern auch durch ihre Winkel in Bogensekunden bestimmt werden, wodurch die Hubble-Annahmen sich irgendwann als zu ungenau erweisen könnten, da Spektrallinienverschiebungen keine direkten Rückschlüsse auf Gravitationsfeldveränderungen in den betrachteten Raum-Zeit-Bereichen zulassen sollten – zumindest nicht in konstanter Weise. Die Hubble-Beobachtungen, hier stimme ich Albert Einstein (2009) zu, beweisen daher nur die Rotverschiebung des Lichts bedingt durch das Wachstum unseres Universums im Ganzen (Einstein, 2009). Mehr Aussagen über die Relativität unseres Universums sind bis heute nicht möglich, da nach wie vor die Erfahrung vor Ort an jedem Ort unseres Kontinuums undenkbar ist bzw. zumindest die Erfahrung in einem größeren Umkreis um unser Sonnensystem herum nicht vorliegt, wodurch eine höhere Genauigkeit der Analysen von Hubble auch nicht denkbar erscheint aufgrund seiner Momentaufnahmen, obwohl Beobachtungen niemals täuschen bzw. direkt falsch sein können, nur das daraus gewonnene Verständnis kann unzureichend sein.

(Denn) alle durch die Astronomie angehäuften Messdaten von Beobachtungen (beziehungsweise deren empirische Forschungsergebnisse) bieten losgelöst ohne Gleichungssysteme keinerlei Entscheidungsgrundlage darüber, ob eine Expansion des Raums bzw. dessen allgemeiner Zustand unendlich oder endlich (auf drei Dimensionen) möglich erscheint, unabhängig von ursprünglich mathematisch bestimmten Raumzuständen, die eine Raumgeschlossenheit als Resultat gestatteten

Kolek, Erik (2024). Über die allgemeine, die spezielle und die allgemeinspezielle Relativitätstheorie. In: *Chroniken der Wirtschaftsinformatik-Physik (CWIP)*. Band 1, Auflagen-Nr. 1.1. ISBN: 9783759735935.

(Einstein, 2009). Das ist dadurch begründet, da alle empirischen Forschungsergebnisse der Astronomie (Modellbeobachtungen) mit den theoretischen Forschungsergebnissen der Physik (Modellbegründungen) gegenseitig auf Grundlage der Mathematik (Modellobjektivierung) übereinstimmen müssen. Es müssen folglich reale Phänomene und Objekte in unserem Universum beobachtet und empirische Daten darüber gesammelt werden, welche beispielsweise die Gravitationsfeldgleichungen für die Modellbegründung der Relativität unseres Universums voraussetzen, dadurch wird der Zusammenhang zwischen der Astronomie und der Physik ersichtlich. Der Begriff der Astronomiephysik stammt dabei von Albert Einstein (2009), jedoch wurde diese Überlegung nicht so vertieft wie folgt: Deswegen gilt keine Physik ohne Astronomie (Physikastronomie), denn die Beobachtungen müssen immer den Begründungen hinsichtlich des Modells unseres Universums (möglichst) gleichen, genauso gilt keine Astronomie ohne Physik (Astronomiephysik), denn die Begründungen müssen immer den Beobachtungen hinsichtlich des Modells unseres Universums (möglichst) gleichen. Erst jetzt können allmählich „genauere Aussagen" über die Relativität unseres Universums bzw. über eine kürzere oder längere Zeitperiode für die Entstehung unseres Universums im Ganzen denkbar werden, da dann in beide Richtungen jeweils durch Substitution zwischen einem Anfangspunkt und einem (späteren) Ereigniszustand (Bewegung) oder Endpunkt und einem (früheren) Ereigniszustand (Entwicklung) die theoretischen Gleichungssysteme der Physik mit den empirischen Datensystemen der Astronomie „mit einer geringeren Abweichung" übereinstimmen müssen. Denn Theorie und Praxis sind in dieser bedeutsamen Verschmelzung psychologisch und mathematisch „naturkoinzidenter" und müssen daher nach der Wahrheit zu „kovarianteren" allgemeinen Gesetzen der Natur führen, die auch nach der Theorie der Relativität „gesetzeskoinzidenter" gleichen und somit „physikalisch wirklicher" die Existenz also das Sein bzw. die Existenz unseres Universums beschreiben.

Kolek, Erik (2024). Über die allgemeine, die spezielle und die allgemeinspezielle Relativitätstheorie. In: *Chroniken der Wirtschaftsinformatik-Physik (CWIP)*. Band 1, Auflagen-Nr. 1.1. ISBN: 9783759735935.

58 Raumtheorie sowie deren Relativität im Allgemeinspeziellen

Allgemeinspezielle Gravitationsfeldtheorie. Eine Annahme über ein unabhängiges und trotzdem abhängiges Gravitationsfeld ist auf der Grundlage der allgemeinspeziellen Relativitätstheorie nicht schwierig zu gestalten, weil ein „feldloser" Minkowski-Raumzustand übereinstimmen muss mit einer bestimmten metrischen Eigenschaft der allgemeinen Gravitationsfeldtheorie (Einstein, 2009). Mithilfe dieses Spezialfalls entsteht als eine Folge die erweiterte Gravitationsfeldtheorie aufgrund einer Verallgemeinerung der fast nur Systematisierung anhaftet (Einstein, 2009). Die physikalische Realität unseres Universums (Kontinuums) ist gleich wie zu einem Lichtfeld zu verstehen, dieses Lichtfeld gleicht einer Verallgemeinerung des Gravitationsfeldes. Die Lichtfeldtheorie gleicht einer Verallgemeinerung der Theorie über ein unabhängiges und trotzdem von einem Lichtfeld abhängigen Gravitationsfeld (Einstein, 2009). Diese allgemeinspezielle Gravitationsfeldtheorie müsste konfrontiert mit allen Erfahrungsmöglichkeiten (der Astrophysik) bestehen bleiben (Einstein, 2009), außer mit Annahmen zu seiner Quantenmechanik, denn diese repräsentiert keine Theorie über das Quantengravitationsfeld, da eine solche Theorie die Quantenphysik mit der Astrophysik zur Quantenastrophysik verbinden muss.

Eine Verallgemeinerung ist generell folgendermaßen beschreibbar (hinsichtlich einem Lichtstrahl der als ein Feld also noch allgemeinspezieller das Feld der Gravitation beschreibt) (Einstein, 2009). Ein unabhängiges Lichtfeld aller $L_{ik} = G_{ik}$ besitzt übereinstimmend mit dem inhaltslosen „Minkowski-Raumzustand" eine symmetrische Funktion L_{ik} gleich L_{ki} (L_{34} gleich L_{43} etc.) (Einstein, 2009). Ein Lichtfeld existiert im Allgemeinfall mit der gleichen Beschaffenheit, jedoch mit einer anti-symmetrischen Funktion L_{ik} ungleich L_{ki} (L_{34} ungleich L_{43} etc.) (Einstein, 2009). Eine Deduktion (Ableitung) der Lichtfeldtheorie gleicht vollkommen dem Spezialfall eines unabhängigen Lichtfeldes (Einstein, 2009). Das folgende Gleichungssystem

Kolek, Erik (2024). Über die allgemeine, die spezielle und die allgemeinspezielle Relativitätstheorie. In: *Chroniken der Wirtschaftsinformatik-Physik (CWIP)*. Band 1, Auflagen-Nr. 1.1. ISBN: 9783759735935.

(83) entspricht daher der allgemeinspeziellen Gravitationsfeldtheorie über die kovarianten allgemeinspeziellen Naturgesetze.

(83) $ds^2 = g_{ik}dx_{ik} = g_{ki}dx_{ki} = L_{ik}dx_{ik} = L_{ki}dx_{ki}$

Hinsichtlich der vorherigen allgemeinen Überlegung erscheint eine Fragestellung hinsichtlich der quantenmechanischen Feldtheorie über das Licht und die Gravitation zweitrangig (Einstein, 2009). Eine der wichtigsten Fragestellungen lautet heute, ob die Lichtfeldgesetze hinsichtlich ihrer betrachteten Beschaffenheit einfach zu einer Wahrheit leiten können (Einstein, 2009). Hiermit beziehe ich mich auf die Lichtfeldtheorie, die die physikalische Realität (unter Berücksichtigung eines Raumzustands mit mindestens vier Dimensionen) mithilfe eines Gravitationsfeldes vollständig darstellen kann (Einstein, 2009). Der heutige Jahrgang an Quantenphysikern tendiert dazu, auf diese (bedeutendste) Fragestellung nicht mit einem Ja zu antworten; dieser Quantenphysiker-Jahrgang meint als eine Folge der heutigen Ausdrucksweise der allgemeinen Gravitationsfeldtheorie von Albert Einstein (2009), dass ein Status von einem Raum(-Zeit-System) keinesfalls unmittelbar, stattdessen lediglich unmittelbar mittels Abbildung von Zahlenstatistiken aller innerhalb diesem Raum(-Zeit-System) erfahrbaren Messergebnissen beschreibbar ist; die überwiegende Auffassung wirkt (gedanklich) begrenzend, als ob eine versuchsweise evaluierte trialistische Lichtnatur (Körperwellenfeldgestaltung) lediglich mit so einem beschriebenen Mindestmaß an Realitätsverständnis erfahrbar wäre (Einstein, 2009). Es kann allgemein nach Albert Einstein (2009) angenommen werden, dass eine solche umfangreiche gruppendynamische Wissensablehnung trotz der heutigen (einzeldynamisch gleichwahren) Wissenserfahrung, inzwischen ohne Sinn und Verstand fortbesteht sowie dass die Allgemeinheit (an Quantenphysikern bzw. alle Fachgebiete gemeinsam) sich hiervon aufgefordert denken muss, diese Methode zur Ableitung einer Relativitätstheorie über das Lichtfeld bis zur Vollendung (Vervollständigung) weiterzuentwickeln also zu modifizieren hinsichtlich dem Quantengravitationsfeld (Einstein, 2009). Denn so eine Theorie ist immer direkt im

Zusammenhang mit dem Zustand eines jeden Raum(-Zeit-Systems) aufstellbar (subjektive Deduktion), also ohne dass dafür Zahlenstatistiken der messenden Physik notwendig erscheinen (objektive Induktion), da Erfahrung auf mindestens zwei grundsätzlichen Wegen gelernt werden kann, das sind Wahrnehmen (Beobachten), dann Verstehen (objektive Induktion gleich Erfahrungserkenntnis) oder Verstehen, dann Wahrnehmen (Beobachten) (subjektive Deduktion gleich Erkenntniserfahrung). Hierbei erweist sich, aufgrund des vorliegenden Buches über die allgemeinspezielle Relativitätstheorie und deren Ableitung über die allgemeine und die spezielle Relativitätstheorie, die subjektive Deduktion als die effizientere Denkweise zur Erzeugung von Erkenntnis analog zu Erfahrung speziell mit dieser vereinten Wissenschaft, die ich als Wirtschaftsinformatik-Physik bezeichnet habe, also auch allgemein mit einer aus beliebig ausgewählten gestalteten Teilgebieten vereinten Wissenschaft von Allem.

Referenz

Einstein, Albert (2009). *Über die spezielle und die allgemeine Relativitätstheorie.* Springer, 24. Auflage.